现代土木工程精品系列图书

现代结构实验技术

MODERN EXPERIMENTAL METHODS IN STRUCTURAL ENGINEERING

许国山 丁 勇 田玉滨 宁西占 曾 聪 周惠蒙 编著

哈尔滨工业大学出版社
HARBIN INSTITUTE OF TECHNOLOGY PRESS

内容简介

本书根据土木工程专业教学大纲和培养方案的要求撰写而成,不仅介绍结构实验的基本原理和技术,而且提供大量工程实例,还融入了作者多年来取得的科研成果,可以使读者比较全面地了解和掌握现代结构实验技术。本书共分8章,主要内容包括结构静力试验、结构动力试验、结构抗震试验、非破损检测技术、模型相似、试验数据整理与误差分析、动态数据后处理等。

本书可作为土木工程方向研究生和本科生的教材,也可供科研人员和相关工程技术人员参考。

图书在版编目(CIP)数据

现代结构实验技术/许国山等编著.—哈尔滨:
哈尔滨工业大学出版社,2023.3
ISBN 978-7-5767-0550-8

Ⅰ.①现… Ⅱ.①许… Ⅲ.①土木工程－工程结构－结构试验 Ⅳ.①TU317

中国国家版本馆 CIP 数据核字(2023)第 027121 号

策划编辑	王桂芝	
责任编辑	陈雪巍	
出版发行	哈尔滨工业大学出版社	
社　　址	哈尔滨市南岗区复华四道街 10 号　邮编 150006	
传　　真	0451-86414749	
网　　址	http://hitpress.hit.edu.cn	
印　　刷	哈尔滨市工大节能印刷厂	
开　　本	787 mm×1 092 mm　1/16　印张 19.75　字数 493 千字	
版　　次	2023 年 3 月第 1 版　2023 年 3 月第 1 次印刷	
书　　号	ISBN 978-7-5767-0550-8	
定　　价	59.00 元	

前　言

　　结构实验就是在结构物上，以仪器设备为工具，利用各种实验或试验技术手段，在荷载或其他因素的作用下，通过测量与结构工作性能有关的各种参数，从性能指标以及结构实际破坏形态来判明建筑结构的实际工作性能，了解并掌握结构的力学性能，对结构或构件的承载能力和使用性能做出评估，为验证和发展结构理论提供实验依据。

　　结构实验是检验结构性能的有效手段，对科学研究和生产实践起重要的支撑作用。结构实验是一项科学实践性很强的技术工作，对土木工程结构的发展有巨大的推动作用。它是研究和发展工程结构新材料、新体系、新工艺以及探索结构设计新理论的重要方法，对进行工程结构科学研究和技术革新等具有重要意义。建筑结构从开始设计到施工建造完成，甚至到结构整个服役期满都离不开结构实验技术的保驾护航；因此结构实验对保障建筑结构合理设计、合格建造、安全运营都起至关重要的作用，是关系国计民生的重要学科。"现代结构实验技术"已成为土木工程专业本科生和研究生必修的一门专业课程。本书根据土木工程专业教学大纲和培养方案的要求撰写而成，以结构实验的基本原理和方法为核心，还融入了作者多年来取得的科研成果，可以使读者比较全面地了解和掌握现代结构实验技术。

　　全书共分为 8 章，分别为绪论、结构静力试验、结构动力试验、结构抗震试验、非破损检测技术、模型相似、试验数据整理与误差分析、动态数据后处理。本书在注重介绍结构试验的基本原理和技术的同时，还结合了实际应用案例以加深理解，做到理论与实践相结合。本书由许国山、丁勇、田玉滨、宁西占、曾聪和周惠蒙共同撰写，具体分工如下：许国山负责撰写第 1～8 章主体内容，丁勇负责修订和补充第 3、8 章，田玉滨负责修订和补充第 1、2 章，宁西占负责修订和补充第 4、7 章，曾聪负责修订和补充第 5 章，周惠蒙负责修订和补充第 6 章；全书由许国山统稿。

　　本书是作者在国家自然科学基金项目（51978213，51778190，51308159，90715036，51161120360，91315301-9）、教育部博士点基金项目（20132302120078）、国家重点研发计划项目课题（2017YFC0703605，2016YFC0701106）、中国博士后科学基金特别资助项目（2012T50362）、中国博士后科学基金面上项目（20110491082）、黑龙江省博士后资助项目（LBH－Z10158）和哈尔滨工业大学 2022 年高水平研究生教材建设项目的支持下撰写而成的。对为本书的撰写及修订工作提供支持的所有人员,在此一并表示感谢。另外,本书在撰写过程中参阅了相关文献和书籍,同时也向其作者致以诚挚的谢意。

由于作者水平有限,在理论和技术方面还有很多不足,还未能将更多的国内外最新成果涵盖其中,衷心希望广大读者批评指正,作者将努力在后续的工作中对本书做进一步完善。

许国山

2023 年 1 月

于哈尔滨

目　　录

第1章 绪论

本章介绍结构实验的主要内容,通过对结构实验的基本任务、分类和培养目标进行介绍,使学生初步认识"现代结构实验技术"这门课程。

结构实验是一项科学性、实践性很强的技术工作,对土木工程结构发展有巨大的推动作用。它是研究和发展工程结构新材料、新体系、新工艺以及探索结构设计新理论的重要方法,对于工程结构科学研究和技术革新等方面具有重要意义。

土木工程结构涉及建筑结构、交通桥梁、地下工程、水工坝体以及海洋工程结构等。这些工程结构均是由不同材料经过加工制作而成的不同类型的工程实体。为了满足工程结构的功能要求,必须保证结构在规定的工作年限中安全、耐用、经济地服役和工作。如何保证工程结构有效承受各种内力和外力作用? 如何准确揭示结构的承载力、刚度、稳定性等性能? 土木工程科研人员一直在探索以上问题,试图从不同的方法中寻找答案。

土木工程结构的分析,不仅可以利用经典、传统的理论方法,而且也可以通过结构实验来解决。结构实验是解决上述问题的有效手段之一。早在 1590 年,伽利略在比萨斜塔上做了"两个铁球同时着地"的实验,如图 1.1 所示,得出了质量不同的两个铁球同时下落、同时着地的结论,从此推翻了亚里士多德"物体下落速度和质量成比例"的学说,纠正了这个持续了 1 900 多年之久的错误结论。伽利略上述实验的贡献不仅仅在于获得了正确结论,更重要的是提出了通过实验揭示真相的科学方法。我国的大教育家孔子在《礼记·中庸》中讲到"博学之,审问之,慎思之,明辨之,笃行之。"简要的理解就是"多方面地学,审慎地求问,慎重地思考,明白地分辨,笃诚地践行。""笃行"是为学的最后阶段,就是既然学有所得,就要努力践履所学,使所学最终有所落实,做到"知行合一"。

图 1.1 比萨斜塔实验

因此,实验对于检验科学真理、推动科学实践具有重要意义。

1.1 结构实验的基本任务

结构实验的基本任务是在结构物(原型或模型)上,以仪器设备为工具,利用各种实验或试验技术手段,在荷载(重力、地震力、风力等)或其他因素(温度、变形)作用下,通过测量与结构工作性能有关的各种参数(变形、应变、振幅、频率等),从强度、刚度和抗裂性以及结构实际破坏形态来判明建筑结构的实际工作性能,了解并掌握结构的力学性能,对结构或构件的承载能力和使用性能做出评估,为验证和发展结构理论提供实(试)验依据。

由结构实验的基本任务可知,它是以实验或试验方式在加载过程中测量有关数据,由此反映结构或构件在某种作用下的工作性能、承载能力,为结构的安全使用和设计理论的建立提供重要的根据。

如图 1.2(a)和图 1.2(b)所示,钢筋混凝土简支梁承受静力集中荷载作用,可以通过测得梁在不同受力阶段的挠度、角变位、截面上纤维应变和裂缝宽度等参数,来分析梁在整个受力过程中强度、刚度和抗裂性能的变化。当一个框架承受水平方向的动荷载时(图 1.2(c)),可以实测结构的位移、加速度、应变等动力反应,进而由这些数据获得结构的自振频率、阻尼比等动力特性,以评价结构性能。在结构抗震性能研究中,经常通过结构在承受低周往复荷载作用时的滞回曲线(图 1.2(d))来分析结构的强度、刚度、延性等性能。

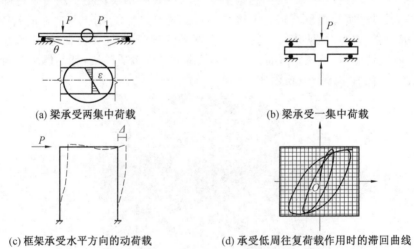

(a) 梁承受两集中荷载

(b) 梁承受一集中荷载

(c) 框架承受水平方向的动荷载

(d) 承受低周往复荷载作用时的滞回曲线

图 1.2 结构实验的基本任务

如图 1.3 所示,在钢桁架结构模型静力试验中,以钢桁架结构模型为对象,在静荷载作用下,使用应变仪测量结构各处的应变,以此计算结构的内力,评估结构的使用性能,为验证结构性能提供试验依据。从某种程度上讲,结构实验的基本任务可与病人在医院就医的过程相类比:对象就是病人,受到的外部作用就是病因;医生通常采用检测仪器或工具对病人进行检查,通过化验等手段得到能反映病情的各项指标,然后通过指标评定病人的状况,给出病情的结论及治疗方案。

图 1.3 钢桁架结构模型静力试验

1.2 结构实验分类

结构实验按实验目的、实验对象、荷载性质、作用时间、实验场地和破坏程度等因素进行分类,具体见表1.1。

表 1.1 结构实验分类

分类标准	实验类别
实验目的	验证性实(试)验、探索性实(试)验
实验对象	原型实(试)验、模型实(试)验
荷载性质	静力实(试)验、动力实(试)验
作用时间	短期荷载实(试)验、长期荷载实(试)验
实验场地	实验室实(试)验、现场实(试)验
破坏程度	破坏性实(试)验、非破坏性实(试)验

注:本书中主要采取试验方式。

1.2.1 验证性试验和探索性试验

1.验证性试验

验证性试验指的是以证实科研假定和计算模型、核验新技术(材料、工艺、结构形式)的可靠性等为目的而进行的试验。大多数验证性试验直接服务于生产,以实际建筑物、结构或构件为试验鉴定对象或者检验检测对象,通过试验或检测给出具体结构和构件的正确技术性结论,常用来解决以下几类有关问题。

(1) 结构设计和施工时的鉴定

在结构设计阶段,通过验证性试验获得试件性能曲线以及各项技术指标,为设计和施工提供依据。对于一些比较重要的结构与工程,除了在设计阶段进行大量必要的试验研究外,在实际结构建成后,还要求通过验证性试验综合鉴定其质量的可靠程度。如图 1.4 所示,北京首都体育馆加固改造时对软钢耗能器进行验证性试验,用以评估其力学性能。如图 1.5 所示,对新型阻尼器进行模拟荷载试验。

图 1.4   软钢耗能器验证性试验   图 1.5   新型阻尼器模拟荷载试验

(2) 对既有结构进行可靠性鉴定、抗震鉴定以及其他专项鉴定等

通过检测、验证性试验推断和估计结构的剩余寿命和可靠性,给工程委托单位提供技术文件。既有结构随着建造年份和使用时间的增长,结构逐渐出现不同程度的材料劣化、老化和性能退化现象。为了保证既有建筑的安全使用,尽可能地延长其使用寿命以及防止建筑物破坏,通过对既有建筑物的观察、检测和建模分析,按相应的可靠性鉴定规程评定结构所属的安全等级,判断其可靠性,评估其剩余寿命。可靠性鉴定中对结构的试验或检测,可采用非破损检测方法和现场加载试验方法等。对于材料力学性能、内部质量方面多采用非破损检测方法,如回弹法测定混凝土抗压强度。

(3) 工程改建或加固时,判断具体结构的实际承载能力

既有建筑的扩建、加层或者由于需要提高建筑抗震设防烈度而进行的加固改造等,经常需通过验证性试验确定这些结构的潜在能力。这在缺乏既有结构的设计计算书、图样资料和工程档案而要求改变结构工作条件的情况下更有必要。例如对北京某住宅进行抗震加固改造,包括外套结构加固(图1.6)和加层隔震改造(图1.7),可通过验证性试验检验结构的抗震性能。

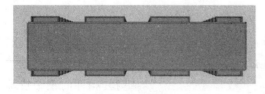 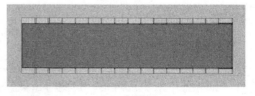

(a) 加固前   (b) 加固后

图 1.6   外套结构加固

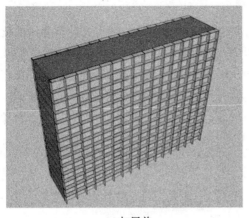

(a) 加层前

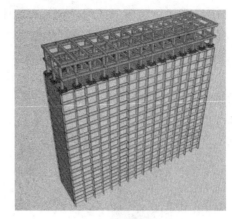

(b) 加层后

图 1.7　加层隔震改造

（4）为处理工程事故提供技术依据

对遭受地震、火灾、爆炸等突发灾害而受损的结构，或在建造和使用过程中发现有严重缺陷（如施工质量事故、结构过度变形和严重开裂等）的危险建筑，必须进行必要的详细检测，为处理工程事故提供技术支持。

（5）预制构件、耗能减振产品的质量检测

构件厂或现场生产的钢筋混凝土预制构件，在构件出厂或现场安装之前，必须根据抽样试验的科学原则，按照预制构件质量检验评定标准和试验规程，开展一定数量的试件试验，以推断成批产品的质量。近几年，为提高结构应对地震的能力，越来越多的耗能减振产品用于实际工程中，这类产品在安装前需要完成质量检测，如图 1.8 所示。

(a)磁流变阻尼器检测

(b)防屈曲支撑检测

图 1.8　耗能减振产品质量检测

2.探索性试验

探索性试验指的是以科学研究及开发新技术（材料、工艺、结构形式）等为实验目的而进行的探讨结构性能和规律的试验。其目的往往是为验证和发展新的设计理论和设计方法，为制订设计规范提供依据，以及为发展和推广新结构、新材料与新工艺提供实践经验。

（1）验证和发展新的设计理论和设计方法

在结构设计中,为了计算上的方便,常对结构和构件的计算图式与本构关系做某些简化的假定。例如在较大跨度的钢筋混凝土结构厂房中,采用 30 ~ 36 m 跨度竖腹杆形式的预应力钢筋混凝土空腹桁架,这类桁架的计算图式可假定为多次超静定的空腹桁架,也可按两铰拱计算,而将所有的竖杆看成是不受力的吊杆,以上假定可以通过探索性试验加以验证。在构件静力和动力分析中,本构关系的模型化则完全是通过探索性试验加以确定的。例如低碳钢拉伸试验的力学模型(图1.9)和钢筋混凝土梁(RC梁)的平截面假定试验(图1.10)。

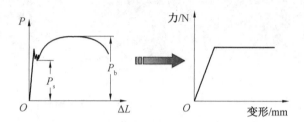

(a)低碳钢拉伸试验　　　　　　　　(b)简化的应力–应变曲线

图 1.9　　低碳钢拉伸试验的力学模型

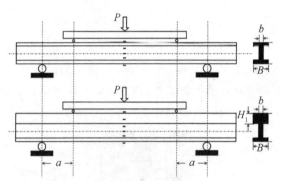
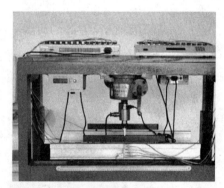

(a)RC梁加载装置和测点布置　　　　　　　　(b)平截面假定试验装置

图 1.10　　RC梁的平截面假定试验

（2）为制订设计规范提供依据

我国现行的各种结构设计规范总结了已有的大量科学实验成果和经验,同时为了理论和设计方法的发展,很多研究人员进行了大量钢筋混凝土结构、组合结构和钢结构的梁、柱、框架、节点、墙板、砌体等实物和缩尺模型的试验,以及实体建筑物的试验研究,为我国编制各类结构设计规范提供了基本资料与试验数据。事实上,现行规范采用的钢筋混凝土结构和构件、砌体结构的计算理论,几乎全部是以试验研究的直接结果为基础的,这也进一步体现了结构实验学科在发展结构设计理论和改进设计方法上的作用。例如,材料性能指标相关设计规范有《混凝土结构设计规范》(GB 50010—2010)、《砌体结构设计规范》(GB 50003—2011)和《木结构设计标准》(GB 50005—2017);计算分析模型相关设计规范有《钢结构设计标准》(GB 50017—2017)。

（3）为发展和推广新结构、新材料与新工艺提供实践经验

随着建筑科学和基本建设发展的需要，新结构、新材料与新工艺不断涌现。例如在钢筋混凝土结构中各种新钢种的应用，薄壁弯曲轻型钢结构的设计推广，升板、滑模施工工艺的发展，以及大跨度结构、高层建筑与特种结构的设计施工等。但是一个新结构的设计或是一种新材料的应用和新工艺的施工，往往需要经过多次的工程实践与科学试验，即：由实践到认识、由认识到实践的多次反复，从而积累资料，丰富认识，使设计计算理论不断改进和不断完善。例如上海某剧场改建工程中，在以往理论研究和通过模型试验积累的经验基础上，采用了一种新的眺台结构形式 —— 预应力悬带结构，有效地解决了建筑空间与结构受力性能的矛盾。为了验证悬带眺台的结构性能，进行了现场的静力和动力试验，获得了结构刚度、次弯矩影响、预应力损失和结构自振频率等第一手资料，为这种新型结构的使用和推广提供了经验。又如在升板结构与滑模施工中，通过现场实测积累了大量与施工工艺有关的数据，为发展以升带滑、滑升结合的新工艺创造了条件。

1.2.2　原型试验和模型试验

1.原型试验

原型试验的研究对象，一类是按施工图纸设计建成的直接投入使用的结构（图 1.11 和图 1.12），一般用于验证性试验；另一类是按实物结构足尺复制的结构或构件。以往一般对构件的足尺试验做得较多，事实上试验对象就是一根梁、一块板或一榀屋架之类的实物构件，它可以在实验室内试验，也可以在现场进行。

图 1.11　某客运站桥梁裂缝检测　　　　图 1.12　某公寓结构动力试验

2.模型试验

当进行原型试验由于投资大、周期长、测量精度受环境因素等影响，在物质上或技术上存在某些困难时，在结构设计的方案阶段进行初步探索比较或对设计理论计算方法探讨研究的过程中，可以采用比原型结构缩小的模型进行试验，如图 1.13 ～ 1.16 所示。

模型是仿照原型结构（真实结构）并按照一定比例关系复制而成的试验代表物，它具有实际结构的全部或部分特征，但尺寸却比原型小得多。模型的设计制作与试验根据相似理论，用适当的比例尺和相似材料制成与原型几何相似的试验对象，在模型上施加相似力系

（或称比例荷载），使模型受力后重演原型结构的实际工作状态，最后按照相似理论由模型试验结果推算实际结构的工作状态。为此这类模型要求有比较严格的模拟条件，即要求做到几何相似、力学相似和材料相似。

由于严格的相似条件给模型设计和试验带来一定困难，在结构实验中尚有另一类型的模型。它仅是在原型结构基础上缩小几何比例尺寸得到，将该模型的试验结果与理论计算对比和校核，用以研究结构的性能，验证设计假定与计算方法的正确性，并认为这些结果所证实的一般规律与计算理论可以推广到实际结构中，这类试验就不一定要满足严格的相似条件了。

图 1.13　剪力墙模型地震模拟振动台试验

图 1.14　恐龙塔模型地震模拟振动台试验

图 1.15　CCTV 主楼模型地震模拟振动台试验

图 1.16　网壳模型地震模拟振动台试验

1.2.3　静力试验和动力试验

1.静力试验

静力试验是结构实验中最常见的基本试验，因为大部分建筑结构在工作时主要承受的是静荷载,可以通过重力或各种类型的加载设备来实现和满足加载要求。静力试验的加载过程是从零开始,逐步递增一直到结构破坏为止,也就是在一个较短的时间段内完成试验加载的全过程,称之为结构静载单调加载试验。图 1.17 所示为梁的静载试验。

20 世纪 70 年代,尤其是唐山地震、海城地震等发生后,探索结构抗震性能、寻求有效的抗震结构体系成为科技人员研究的热点之一。当然,结构抗震试验无疑成为一种重要的手段。地震作用是动荷载,理想化的抗震试验应该在动荷载作用下进行。然而也有以静荷载的方式模拟地震作用的试验,它是一种控制荷载或控制变形作用于结构的周期性的静力往复循环加载。为区别于一般的结构静载单调加载试验,称之为低周往复循环加载试验,亦有时称之为拟静力试验。图 1.18 所示为内藏钢板剪力墙的拟静力试验。

图 1.17 梁的静载试验 　　图 1.18 内藏钢板剪力墙的拟静力试验

静力试验的最大优点是加载设备相对简单,荷载可以逐步施加,还可以停下来仔细观测结构变形的发展,展示最明确和清晰的破坏过程,有利于科研人员分析结构破坏(损伤)机理。在实际工作中,即使是承受动荷载作用的结构,在试验过程中为了了解静荷载作用的工作特性,在动力试验之前往往也先进行静力试验,如结构或构件的疲劳试验就是这样。静力试验的缺点是不能反映应变速率对结构的影响,特别是在结构抗震试验中,与任意一次确定性的非线性地震反应相差很远。目前在抗震静力试验中虽然已发展出一种计算机与加载器联机的试验系统,可以弥补后一种缺点,但设备耗资大大增加,而且静力试验的每个加载周期还是远远大于实际结构的基本周期。

2.动力试验

对于那些在实际工作中主要承受动荷载作用的结构或构件,为了解结构在动荷载作用下的工作性能,一般要进行结构动力试验,通过动力加载设备直接对结构或构件施加动荷载。动荷载可以是地震(图 1.19)、海啸(图 1.20)和爆炸(图 1.21)等。如研究厂房结构承受吊车动荷载作用时,吊车梁的疲劳强度与疲劳寿命问题;如研究多层厂房由于机器设备上楼后所产生的振动影响;又如高层建筑和高耸构筑物(塔楼、烟囱)等在风载作用下的动力问题;结构抗爆炸、抗冲击荷载(撞击等,如图 1.22 所示)的性能等均属于动力试验的研究范围。对于这些动力试验,较理想的是直接施加动荷载进行试验。目前结构抗震试验一般用电液伺服加载设备或地震模拟振动台等设备来完成。对于现场或野外的动力试验,利用环境随机振动试验测定结构动力特性模态参数的试验也日益增多。另外还可以利用人工爆炸产生人工地震的方法,甚至直接利用天然地震对结构进行试验。由于荷载特性的不同,动力试验的加载设备和测试手段也与静力试验有很大的差别,并且要比静力试验复杂得多。

图 1.19　地震

图 1.21　爆炸

图 1.20　海啸

图 1.22　撞击

1.2.4　短期荷载试验和长期荷载试验

1.短期荷载试验

对于主要承受静荷载的构件,其受到的荷载实际上经常是长期作用的。但是在进行结构实验时限于实验条件、时间和基于解决问题的步骤,不得不大量采用短期荷载试验,即荷载从零开始施加到最后结构破坏,或到某阶段进行卸荷的时间总和只有几十分钟、几小时或者几天。对于承受动荷载的结构,即使是结构的疲劳试验,其整个加载过程也仅在几天内完成,与实际情况有一定差别。对于爆炸、地震等特殊荷载作用,整个试验加载过程只有几秒甚至是微秒或毫秒级的时间,这种试验实际上是一种瞬态的冲击试验。所以严格地讲,这种短期荷载试验不能代替长年累月进行的长期荷载试验。这种由于具体客观因素或技术的限制所产生的影响,在分析试验结果时就必须加以考虑。如图 1.23 所示的阻尼器性能短期荷载试验,通常只需要几十分钟即可完成。

(a)黏滞阻尼器　　　　　　(b)磁流变阻尼器(MR阻尼器)

图 1.23　阻尼器性能短期荷载试验

2.长期荷载试验

在研究结构在长期荷载作用下的性能,如混凝土结构的徐变(图 1.24)、预应力结构中钢筋的松弛时,必须要进行的长期荷载试验。这种长期荷载试验也可称为持久试验,它将连续进行几个月或几年时间,通过试验以获得结构的变形随时间变化的规律。为了保证试验的精度,经常需要对试验环境进行严格控制,如保持恒温恒湿、防止振动影响等,当然这就必须在实验室内进行。如果能在现场对实际工作中的结构物进行系统、长期的观测,则这样积累和获得的数据资料对于研究结构的实际工作性能,进一步完善和发展建筑结构的实践和理论都具有极为重要的意义。

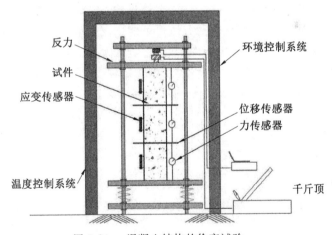

图 1.24　混凝土结构的徐变试验

1.2.5　实验室试验和现场试验

1.实验室试验

建筑结构和构件的试验可以在有专门设备的实验室内进行,也可以在现场进行试验。实验室试验由于可以获得良好的工作条件,可以应用精密和灵敏的仪器设备进行试验,具有较高的准确度。通过实验室试验甚至可以人为地创造一个适宜的工作环境,以减少或消除各种不利因素对试验的影响,所以实验室试验适宜于进行研究性试验。这样有可能突出研究的主要方面,而消除一些对试验结构实际工作有影响的次要因素。这种试验可以在原型结构上进行,也可以采用小尺寸的试验模型,并可以将结构一直试验到破坏。尤其近年来在发展足尺结构的整体试验时,大型实验室为之提供了比较理想的条件。如图 1.25 所示的桁架结构静载模型试验,为了创造一个良好的试验环境,可以在实验室搭建所需要的平台进行试验。

图 1.25　桁架结构静载模型试验

2.现场试验

现场试验可针对正在施工、施工终止、竣工投入使用的结构开展。与实验室试验相比,由于受到考察内容和客观环境条件的影响,现场试验不宜采用高精度的加载和测试仪器设备来进行试验。相对来看,现场试验的方法也可能比较简单,但会对试验精度和准确度有较大影响。现场试验多数用以解决生产性的问题,所以大量试验是在生产和施工现场进行,有时研究或检验的对象就是已经使用或将要使用的结构物,它可以获得近乎完全实际工作状态下的数据资料。例如图 1.11 所示的某客运站桥梁裂缝检测的试验,由于需要对结构裂缝进行检测,因此必须要到现场进行试验。

1.2.6　破坏性试验和非破坏性试验

1.破坏性试验

破坏性试验是指试验对象发生破坏的试验。通常情况下,探索性试验、实验室试验和短期试验多为破坏性试验。

2.非破坏性试验

非破坏性试验是指不能对试验对象产生破坏或影响其使用功能的试验。通常情况下,现场试验和长期试验多为非破坏性试验。例如,现场检测混凝土强度的非破损检测法有回弹法、超声法、拔出法和钻芯法。这些方法可以检测试验对象的性能,且不会导致结构出现影响使用功能的损伤。

1.3 培养目标

"现代结构实验技术"是土木工程专业的一门专业课,与其他课程有很密切的关系。首先,它以建筑结构的专业知识为基础。为设计一个结构实验,在实验中准确地测量数据、观察试验现象,必须有完整的结构概念,能够对结构性能做出正确的计算。因此,"材料力学""结构力学""弹性力学""混凝土结构""砌体结构""钢结构"等结构类课程是本课程的基础,掌握本课程的理论和方法,也将对结构性能和结构理论有更深刻的理解。其次,结构实验依靠试验加载设备和仪器仪表来进行,了解这些设备和仪器仪表的基本原理和使用方法是本课程一个很重要的环节。掌握机械、液压、电工学、电子学、化学、物理学等方面的知识,对理解结构实验方法是很有好处的。再次,电子计算机是现代结构实验技术的核心,结构实验中常运用计算机进行试验控制、数据采集、信号分析和误差处理。最后,结构实验技术还涉及"自动控制""信号分析""数理统计"等课程。总之,"现代结构实验技术"是一门综合性很强的课程,结构实验常常以直观的方式给出结构性能,但只有综合运用各方面的知识,全面掌握结构实验技术,才能准确理解结构受力的本质,提高结构理论水平。

在对结构进行鉴定性试验和研究性试验时,试验方法必须遵守一定的规则。近年来,我国先后颁布了《混凝土结构试验方法标准》(GB/T 50152—2012)、《建筑抗震试验规程》(JGJ/T 101—2015)等专门技术标准。对不同类型的结构,也用技术标准的形式规定了检测方法。这些与结构实验有关的技术标准或在技术标准中与结构实验有关的规定,有确保试验数据准确、保证结构安全可靠、统一评价尺度的功能,其作用与结构设计规范相同,在进行结构实验时必须遵守。

"现代结构实验技术"强调动手能力的训练和培养,是一门实践性很强的课程。学习这门课程,必须完成相关的结构和构件试验,熟悉仪器仪表操作。除掌握常规测试技术外,很多知识是在具体试验中掌握的,要在试验操作中注意体会。通过阅读本书,希望读者能学会以下内容:

① 掌握常用仪器,如电阻应变仪、加速度计等的工作原理和使用方法。

② 掌握结构动载和静载的加载方法、测量方法以及数据处理方法。

③ 初步培养建筑结构实验的设计与实施能力,学会采用试验手段进行课题研究。

建筑结构实验技术的形成与发展,与建筑结构实践经验的积累和试验仪器设备及测量技术的发展有着极为密切的关系。由于结构实验的应用日益广泛,目前几乎每一个重要的新结构都是经过规模或大或小的检验而投入使用,建筑设计规范的制订和建筑结构理论的发展亦更加与试验研究相紧密联系。我国伟大的社会主义建设实践为结构实验积累了丰富经验。此外,近代仪器设备和测量技术的发展,特别是非电量电测、自动控制和电子计算机等先进技术和设备在结构实验领域的应用,为结构实验工作提供了有效的工具和先进的手段,使试验的加载控制、数据采集、数据处理以及曲线图表绘制等实现了整个试验过程的自动化。国内科研机构、高等院校及生产单位等新建的结构实验室和科技工作者对结构实验技术的研究,也为建筑结构实验学科的发展在理论和物质上提供了有利条件。

第 2 章   结构静力试验

2.1   概述

2.1.1   建筑结构上的作用

建筑结构上的作用是指使结构或构件产生内力(应力)、变形和裂缝的各种原因的总称。建筑结构上的作用可分为直接作用和间接作用。直接作用即荷载作用,包括施加在结构上的自重。间接作用包括温度变化和地基不均匀沉降对结构的作用。

2.1.2   静载和动载的区别

静载是指对结构或构件不引起加速度或引起的加速度可以忽略不计的作用,动载是指对结构或构件引起的加速度不可以忽略不计的作用。比如当游人在桥上随机运动、观望风景时可视为静载;而整齐队伍按固定频率跑步过桥时有可能会引起结构共振,乃至倒塌,则被视为动载。再如,正常煤气罐静置于地面上时显然可看作静载,而煤气罐发生爆炸时应考虑爆炸冲击的作用而变成动载。

2.1.3   静力试验系统组成

结构实验的目的是研究结构在实际受力工作状态下的结构反应,不难理解结构静力试验是结构实验的基本方法。试验用荷载的形式、大小、加载方式等须根据试验的目的要求选取,以尽可能更好地模拟结构的实际荷载。结构静荷载的模拟相对比较容易实现,而动荷载的模拟相对比较复杂。本章介绍结构静力试验,第 3 章介绍结构动力试验。

图 2.1 和图 2.2 所示分别为典型钢筋混凝土梁和钢桁架的静力试验。静力试验系统的组成包括试验件、反力装置、加载系统、测量系统、支座和支墩等,由千斤顶作为加载元件、力传感器作为测力元件、百分表作为位移测量元件、应变片作为内力测量传感器,由门式框架和地锚组成反力系统,将铰支座用于模拟边界条件。

对于静力试验,本章将分别介绍静力试验加载设备、测量仪器,试验荷载与加载制度,试验数据整理和结构性能的评定等内容。

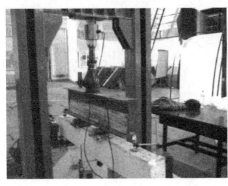 

　图 2.1　典型混凝土梁的静力试验　　　　图 2.2　典型钢桁架的静力试验

2.2　静力试验加载设备

2.2.1　加载设备应满足的基本条件

　　静力试验又称为静力荷载试验,是指对结构施加静荷载并考察结构在静荷载下力学性能的试验。因此合理设计试验加载方案,正确使用加载设备完成试验,是结构静力试验的一个基本环节。一般来说,"静力"是指试验过程中结构的反应不包含任何惯性作用或加速度效应的影响。静力试验的加载设备应满足以下基本条件:

　　① 选用的试验荷载图式应与结构设计计算的荷载图式所产生的内力值相一致或接近,即使截面或部位产生的内力与设计计算等效。其中试验荷载图式是指根据试验目的在试验结构上的荷载布置形式。如图 2.3 所示,框架结构中梁所受楼面荷载的设计简图可认为是均布荷载。在做试验时,可采用图 2.4 所示的集中荷载和均布荷载加载方法模拟设计均布荷载作用。例如,对于图 2.4 所示的加载方法,要求对梁产生的弯矩图和剪力图要一致。

 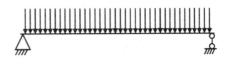

　　　　(a)框架结构　　　　　　　　　(b)梁所受楼面荷载的设计简图

图 2.3　简支梁设计计算简图

　　② 荷载传递方式和作用点明确,产生的荷载数据要稳定,满足试验的准确度,施加的荷载不应随时间、温度及结构的变形而变化。如图 2.5 所示,混凝土徐变长期加载试验过程中,考虑到锚固、时间长等因素导致的松弛可引起荷载随时间变化,应进行定期检查并补加荷载,以实现稳定的加载要求。

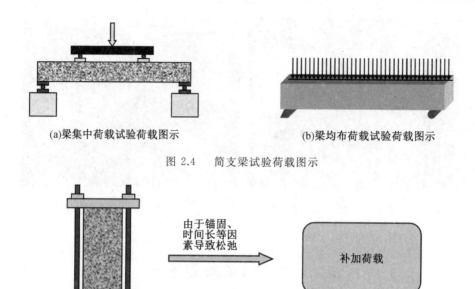

(a)梁集中荷载试验荷载图示　　　　　　　(b)梁均布荷载试验荷载图示

图 2.4　　简支梁试验荷载图示

由于锚固、
时间长等因
素导致松弛

补加荷载

图 2.5　　混凝土徐变长期加载试验示意图

③ 荷载分级的分度值要满足试验测量的精度要求。加载系统的测力应具有足够的精度,以满足加载过程中所要测得的物理量(如位移、荷载)精度要求。静力试验通常要求分级加载,分级多无疑会获得更多数据,每级加载均要保证加载和测量有足够的精度。

④ 加载装置要安全可靠,不仅满足强度、刚度要求,还必须满足稳定性要求。有一定的安全储备,可避免发生意外事故,防止对试件产生卸荷作用而减轻了结构实际承担的荷载。合理地选择加载设备,可以保证静力试验的顺利完成,提高试验精度,节约试验经费,反之会影响静力试验工作的顺利进行,或者达不到试验的目的,甚至导致试验失败,严重时还会发生安全事故。如图 2.6 所示的柱试件轴向预应力加载,预应力锚杆在地梁中要有足够的锚固长度,否则被拔出后可能导致危险事故。

⑤ 加载设备要操作方便,便于加载和卸载,既能控制其加载速度,又能适应同步加载或先后加载的不同要求。在确定加载设备时,还应该考虑实验室的设备条件和现场所具备的试验条件。例如当通过一块一块放置重物来加载时,工作效率比较低,加载速度很难控制一致,尤其在破坏性试验后期,对于控制和捕捉特征荷载是比较难的。

⑥ 加载设备不应参与结构工作,因其不能改变结构的受力状态或者使结构产生次应力。图2.7(a)中,千斤顶与试件接触面积较小,对试件加载面产生局部压力,不能真实考察试件本身的受力情况。对于这种情况,可在试件和千斤顶之间布置一块垫板,如图 2.7(b)所示,让千斤顶出力均布传递到试件顶部。

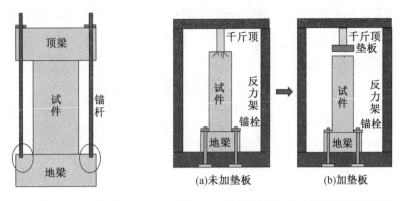

图 2.6　柱试件轴向预应力加载示意图　　图 2.7　柱试件轴向均布荷载施加示意图

⑦ 尽量采用先进的试验技术,满足自动化要求,减少人为误差,减轻劳动强度,提高效率和质量,提高试验精度。例如,对于图 2.8 所示的调谐液体阻尼器(TLD)减振控制结构,可将性能复杂的 TLD 选为试验子结构通过振动台加载,将底部框架结构选为数值子结构用数值模型模拟,加载与模拟两子结构联机共同完成试验。这种新型试验技术称为振动台子结构试验技术,能够开展大尺度试件试验,同时节省劳动力和试验成本。

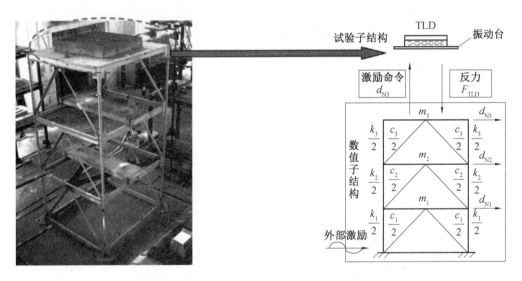

图 2.8　TLD 减振控制结构的振动台子结构试验示意图

2.2.2　重力加载方法

重力加载即利用物体的重量加于结构上作为荷载,如图 2.9 所示。实验室内常用的重物一般有铸铁块、混凝土块、水箱等;在现场可以就地取材,经常采用砂、石、水泥、砖块等建筑材料,或者铸铁、钢锭、废构件等。

通常根据重物的作用方式,将重力加载分为直接加载和杠杆加载。直接加载指的是重物荷载不用经过放大或缩小加载量,加载部位所产生的荷载量与重物自身重量是一致的。

而杠杆加载是指重物不是直接作用在加载部位,而是通过杠杆转换加载点达到加载量的放大或缩小目的。

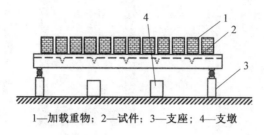

1—加载重物;2—试件;3—支座;4—支墩

图 2.9　用重物作均布加载荷载

（1）直接加载

直接加载是将重物直接堆放在结构表面(如平面结构构件)形成均布荷载。优点:设备简单,取材容易,荷载稳定,加载形式灵活,可重复使用。缺点:荷载量不是很大,操作笨重且工作效率低,耗费大量劳力,尤其是当采用重物加载方法完成试验时,一旦结构达到极限承载力,荷载不能随结构变形而自动卸载,容易使结构产生过大的变形,甚至垮塌,在试验中应加强安全保护,因此标准荷载块通常每块要小于 20 kg;对于砂石等松散材料,堆放时可形成内拱现象,从而不能产生均布荷载,如图 2.10 所示。

为使加载的重物能等效成均布荷载,《混凝土结构试验方法标准》(GB/T 50152—2012)规定:采用规则块重物时,要求堆放整齐,每堆宽度＜试件计算跨度的 1/6,并且每堆之间有一定的间距,通常不小于 50 mm;松散材料置于容器之中。图 2.11 所示为重物对单向板加等效均布荷载,其中 l 为试件的计算跨度。

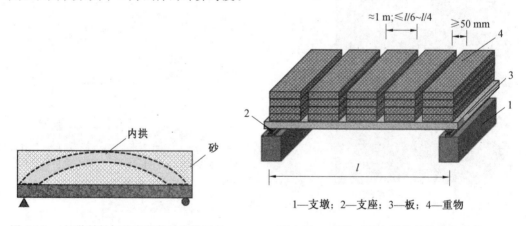

图 2.10　松散材料加均布荷载的内拱现象　　图 2.11　重物对单向板加等效均布荷载

1—支墩;2—支座;3—板;4—重物

水作为加载重物,简易、方便且经济,不仅适用于集中荷载也适用于均布荷载。图2.12所示为用水作为均布加载的试验装置。

当重物加载的荷载较大且作用面积小时,荷载无法分布到加载部位,可采用荷载盘加载方法。该方法多用于施工现场,尤其适用于对屋架节点施加集中荷载。图 2.13 所示为荷载盘重物加载试验装置。

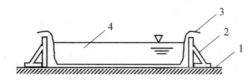

1—试件；2—侧向支承；3—防水胶布或者塑料布；4—水

图 2.12　　用水作为加载重物时均布加载的试验装置

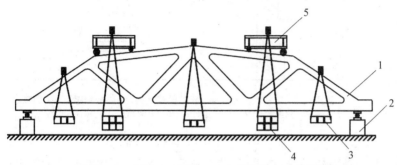

1—试件；2—支承；3—重物；4—加载吊盘；5—分配梁

图 2.13　　荷载盘重物加载试验装置

（2）杠杆加载

利用重物作为集中荷载，经常会受到荷载量的限制。这时可以利用杠杆将荷载放大后作用在结构上（也称为间接加载），不仅解决了重力荷载的适用范围问题，也可以降低劳动强度。杠杆加载使用过程中应注意：三个着力点应在同一条直线上，加载的放大比例不宜大于5 倍。根据试验条件，杠杆反力提供的方式有 4 种，对应的试验装置如图 2.14 所示。典型杠杆加载示意图如图 2.15 所示，主要包括试件、支座、试件铰支座、分配梁铰支座、分配梁、加载点、杠杆、加载重物、杠杆拉杆、平衡重物、钢销（支点）等。

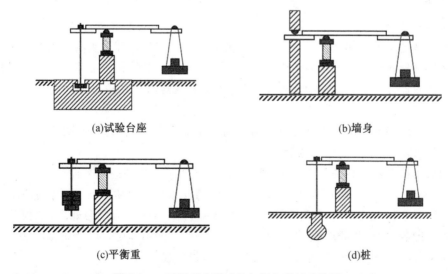

(a)试验台座　　　　　　　　　　　　　　　(b)墙身

(c)平衡重　　　　　　　　　　　　　　　(d)桩

图 2.14　　不同反力形式的杠杆加载试验装置

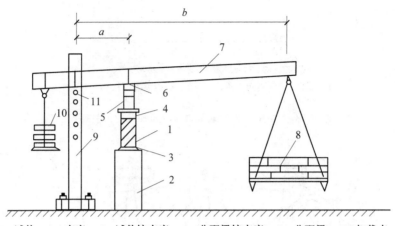

1—试件；2—支座；3—试件铰支座；4—分配梁铰支座；5—分配梁；6—加载点；
7—杠杆；8—加载重物；9—杠杆拉杆；10—平衡重；11—钢销（支点）

图 2.15　典型杠杆加载示意图

　　杠杆加载具有荷载较大、操作方便、荷载稳定的特点，适合于做持久荷载试验，对进行刚度与裂缝的研究尤为合适。如荷载长期作用裂缝观测中需要荷载量恒定，因为荷载量是否恒定对裂缝的开展与闭合有直接影响。

2.2.3　液压加载方法

　　液压加载是结构静力试验中比较普遍、比较理想的加载方法。最大的优点：利用油压使液压加载器（千斤顶）产生较大的荷载，试验操作安全方便，特别适用于大型结构或构件试验中要求荷载点数多、吨位大时；尤其是当电液伺服系统在试验加载设备中得到广泛应用后，为结构动力试验模拟地震荷载、海浪波动等不同特性的动荷载创造了有利条件，使动力加载技术发展到了一个新的水平。

1.液压加载器

　　液压加载器是液压加载设备中的一个主要部件。其工作原理是用高压油泵将具有一定压力的液压油压入液压加载器的工作油缸，使之推动活塞，对结构施加荷载。荷载值由油压表示值和加载器活塞受压底面积求得，也可由液压加载器与荷载承力架之间所置的测力计直接测读。

　　在静力试验中液压加载器常见形式为手动液压加载器，也有为静力试验专门设计的单作用液压加载器、双作用液压加载器等。

　　手动液压加载器示意图与工作原理图如图 2.16 所示。当手柄向上提时，贮油箱中的油被抽到小液压缸中；当手柄向下压时，小液压缸中的油被挤入大液压缸中，从而使工作活塞上升。如果活塞顶在结构上，其运动受到阻碍，加载油缸内的压力就会升高，结构就会承受荷载作用。卸载时，打开截止阀，使油从大液压缸流回贮油箱即可。该加载器的缺点是每台手动液压加载器必须有专人操作，不能实现多点同步加载。

　　单作用、双作用液压加载器统称为油泵液压加载器。为了满足静力试验同步加载的需要，专门设计了单作用液压加载器，这种液压加载器的贮油箱、油泵、阀门等部件不附在加载

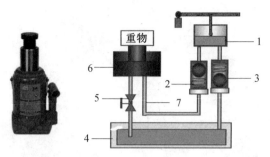

1—小液压缸；2—单向阀；3—单向阀；4—贮油箱；5—截止阀；6—大液压缸；7—油管

图 2.16　手动液压加载器示意图与工作原理图

器上,构造简单,只有活塞和油缸,活塞行程较大,顶端有球铰,可在一定范围内转动。为了模拟往复作用,专门设计了双作用液压加载器,在液压缸两端各有一个油孔,两个油孔通过油泵与换向阀交替改变供油或回油,连接于结构的液压缸活塞可以对其产生拉、压双向作用。这两种液压加载器均可以通过油路连接将多个加载器组合成多点加载系统,如图 2.17 和图 2.18 所示。

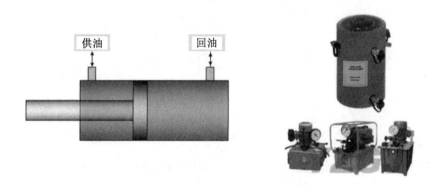

图 2.17　油泵液压加载器原理图

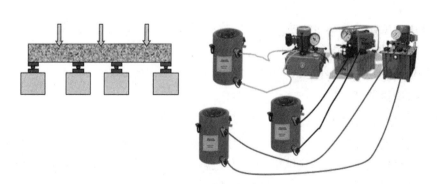

图 2.18　油泵液压加载器多点加载系统

多台液压加载器可以通过单一油泵和分油器,实现多点同步加载。图 2.19 所示为油泵液压加载器多点同步加载系统。

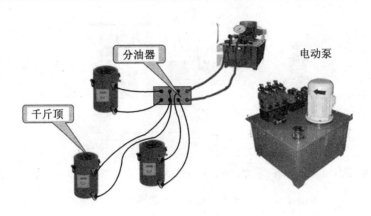

图 2.19　　油泵液压加载器多点同步加载系统

2.液压加载系统

　　液压加载中利用前述手动液压加载器配合加载试验反力架和静力试验台座,是比较简单的一种加载方式。该方式设备简单,作用力大,加载、卸载安全可靠,与重力加载方法相比,可以降低劳动量。液压加载系统主要由手动液压加载器、液压操作台、管理系统、试验反力架、静力试验台座、测量装置和各类阀门组成,如图 2.20 所示。

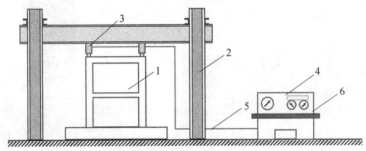

1—试件;2—试验反力架;3—手动液压加载器;4—液压操作台;5—管路系统;6—静力试验台座

图 2.20　　液压加载试验系统示意图

　　利用液压加载试验系统可以进行各类结构(屋架、柱、梁、节点、墙体等)的静力试验,尤其对大吨位、大跨度的结构更为合适,它不受加载点数、加载点的距离和高度限制,并能适应均布或非均布、对称和非对称加载的需要。

3.大型结构试验机

　　大型结构试验机是实验室内进行大型结构实验的专门设备,是一种固定、独立、标准、完善的液压加载系统。比较典型的大型结构试验机有结构长柱试验机、材料万能试验机等。结构长柱试验机加载系统由试验机架、大吨位的液压加载器和液压操作台等部分组成,如图 2.21 所示,主要可用于结构或构件的受拉、受压和受弯等试验。目前的结构长柱试验机高度可达 10 m,加载能力可达到 10 MN 以上。液压试验机也是比较典型的通用加载设备,在实验室进行试验时应优先选用,整个系统由液压加载器、液压控制台和机架组成,其优点为荷载大、使用方便,其缺点为空间受限。

(a)照片

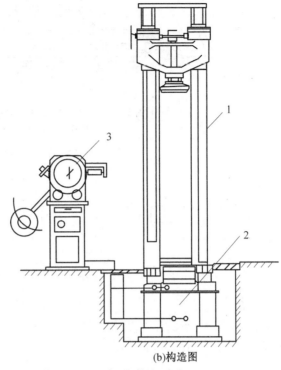
(b)构造图

1—试验机架；2—大吨位的液压加载器；3—液压操作台

图 2.21　结构长柱试验机加载系统

2.2.4　电液伺服加载系统

电液伺服加载系统是一种先进的液压加载设备。在 20 世纪中叶开始首先应用于材料试验，由于它可以较为准确地模拟试验件所受的实际外力或受力状态，因此被迅速地应用到静力试验的各种加载设备及振动台上。目前，结构实验室大多数液压加载设备都是属于这种类型。电液伺服加载系统采用闭环控制，主要包括电液伺服作动器、控制器、液压油源、液压管路和测量仪器等。电液伺服作动器是电液伺服加载系统的动作执行者，电液伺服阀接收到命令信号后立即将电压信号转换成活塞杆的运动，从而对试件进行推和拉的加载试验，如图 2.22 所示。目前国际上有专门的厂家生产高性能的电液伺服作动器，其产品已经形成了系列，实验室可以根据具体情况选择合适的电液伺服作动器及其配套设备和控制软件。电液伺服加载系统通过闭环反馈控制实现对位移和力的高精度加载，其电压控制闭环回路如图 2.23 所示。

电液伺服加载系统主要由液压源、控制系统、电液伺服作动器三大部分组成。如图2.24所示，左侧虚线部分为液压源，右侧虚线部分为控制系统，中间为带有电液伺服阀的液压加载器（电液伺服作动器）。高压油（通常工作油压为 20 ～ 30 MPa）由大功率电机驱动至油泵（若干油泵形成泵组），然后将液压油从油箱内输出，液压油经滤油器进入电液伺服阀后输入液压加载器的左右油腔内，对试验件施加荷载，力（荷载）、位移和应变等传感器反馈的信号经放大处理后作为控制参数的反馈值。反馈值可显示和记录，控制器将反馈信号与指令信

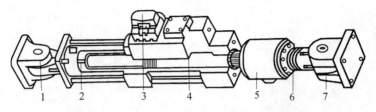

1—铰支基座；2—位移传感器；3—电液伺服阀；4—活塞杆；

5—荷载传感器；6—螺旋垫圈；7—铰支接头

图 2.22　电液伺服作动器构造示意图

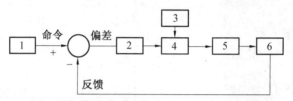

1—指令信号；2—调整放大系统；3—油泵；4—伺服阀；5—作动器；6—传感器

图 2.23　电液伺服加载系统的电压控制闭环回路

号进行比较,将偏差作为信号用来控制伺服阀调整液压加载器的活塞运动,直到满足误差要求,从而实现系统的闭环控制。

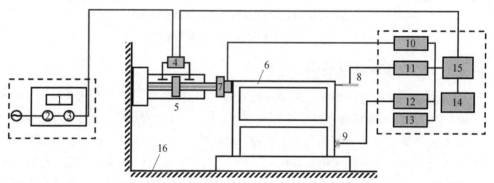

1—冷却器；2—电机；3—高压油泵；4—电液伺服阀；5—作动器；6—试验对象；7—力传感器；

8—位移传感器；9—应变传感器；10—力信号调理器；11—位移信号调理器；12—应变信号调理器；

13—记录及显示装置；14—指令发生器；15—伺服控制器；16—试验台座

图 2.24　电液伺服加载系统工作原理

2.2.5　其他加载方法

1.机具加载

机具加载设备包括手动葫芦、螺旋千斤顶、卷扬机、绞车、花篮螺丝及弹簧等,如图 2.25～2.27 所示。手动葫芦、卷扬机、绞车和花篮螺丝等主要是配合钢丝或绳索对结构施加拉力,还可与滑轮组联合使用,以改变作用力的方向和拉力大小。拉力的大小通常用拉力测力计测定。螺旋千斤顶是利用齿轮及螺杆式蜗轮蜗杆机构传动的原理,当摇动手柄时,手柄带动螺旋杆顶部升起,对结构施加顶推压力,用测力计测定加载值。

(a)手动葫芦　　(b)螺旋千斤顶　　(c)卷扬机　　　　(d)绞车　　(e)花篮螺丝

图 2.25　一些常见的机具加载设备

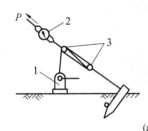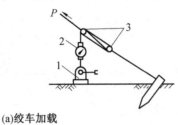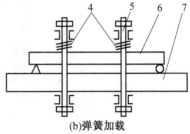

(a)绞车加载　　　　　　　　　　　　　　　　(b)弹簧加载

1—绞车或卷扬机；2—测力计；3—滑轮；4—弹簧；5—螺杆；6—试件；7—台座

图 2.26　绞车与弹簧加载示意图

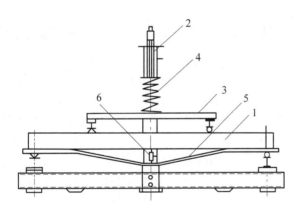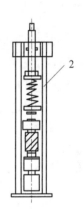

1—试件；2—荷载承力架；3—分配梁；4—加载弹簧；5—仪表架；6—挠度计

图 2.27　用弹簧施加持久荷载试验装置

机具加载的优点:设备简单,容易实现,通过索具可以改变力的方向。其缺点:作用力小,加载点变形后会引起误差。

弹簧与螺旋千斤顶均较适用于长期试验(持久荷载试验),弹簧可直接旋紧螺帽,或使用千斤顶加压后旋紧螺帽,使弹簧受力,采用百分表测定压缩变形来确定荷载值,如图 2.27 所示。当发生徐变时,会产生卸载现象,应及时旋紧螺帽以调整加载力。

2.气压加载

气压加载有两种方法:一种是用空气压缩机对气包充气,给试件加均布荷载;另一种是用真空泵抽出试件与台座围成的封闭空间的空气,形成大气压力差对试件加均布荷载。气压加载方法适用于板、壳试验等,其试验装置如图 2.28 所示。

气压加载的优点:加载和卸载方便,荷载压力值稳定,破坏时能自动卸载非加载面便于观测。其缺点:结构受荷载面不易观测等。

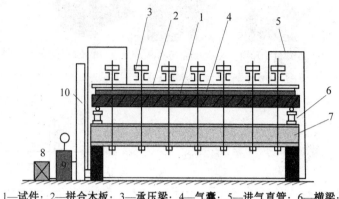

1—试件; 2—拼合木板; 3—承压梁; 4—气囊; 5—进气直管; 6—横梁;
7—纵梁; 8—空气压缩机; 9—蓄气室; 10—气压计

图 2.28　气压加载试验装置

2.2.6　加载辅助装置

静力试验的加载辅助装置包括试验试件的支承(支座和支墩)、台座和反力装置等。

1.试验试件的支承

试验试件的支承装置是满足试验荷载设计、结构受力和边界条件要求,实现荷载图式以及保证试验加载正常进行的关键之一。试验试件的支承应满足下列要求:

① 支承装置应保证试验试件的边界约束条件和受力状态符合试验方案的计算简图。

② 支承装置应有足够的刚度、承载力和稳定性。

③ 支承装置不应产生影响试件正常受力和测试精度的变形。

④ 为保证支承面紧密接触,支承装置上下钢垫板宜预埋在试件或支墩内,也可采用砂浆或干砂将钢垫板与试件、支墩垫平。当试件承受较大的支座反力时,应进行局部承压验算。

静力试验中的支承装置是支承结构或构件、正确传递作用力和模拟实际荷载图式的设备,通常由支座和支墩组成。

(1)支座

支座按作用方式不同有滚动铰支座、固定铰支座、球铰支座和刀口支座(固定铰支座的一种特殊形式)等,如图 2.29 所示。支座一般都用钢制,要满足结构或构件在支座处可自由转动和完成力的传递。

① 简支构件和连续梁的支座。

简支支座应仅提供垂直于跨度方向的竖向反力,常用的支座形式一端为固定铰支座,另一端为滚动铰支座。简支边界条件加载装置图 2.30 所示,铰支座的长度不宜小于试件在支承处的宽度。固定铰支座应限制试件在跨度方向的位移,但不应限制试件在支座处的转动;滚动铰支座不应影响试件在跨度方向的变形和位移,以及在支座处的转动。各支座的轴线布置应符合计算简图的要求;当试件平面为矩形时,各支座的轴线应彼此平行,且垂直于试

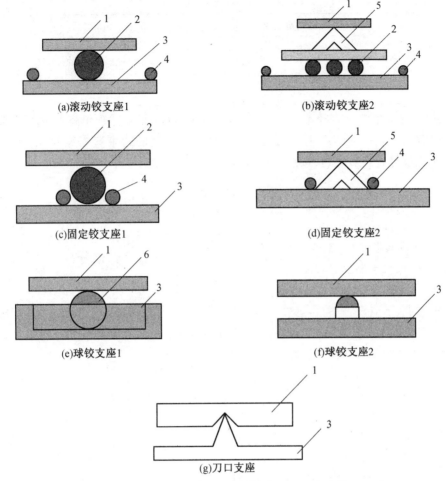

(a)滚动铰支座1

(b)滚动铰支座2

(c)固定铰支座1

(d)固定铰支座2

(e)球铰支座1

(f)球铰支座2

(g)刀口支座

1—上顶板；2—滚轴；3—下底板；4—固定点；5—三角支撑；6—球

图 2.29 常见的几种铰支座形式

件的纵向轴线；各支座轴线间的距离应等于试件的试验跨度，一般与计算跨度相等。试件铰支座的长度不宜小于试件的宽度；上垫板的宽度宜与试件的设计支承宽度一致；垫板的厚宽比不宜小于 1/6。为了减少滚动摩擦力，钢滚轴直径宜按表 2.1 取用。

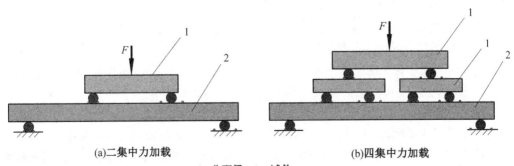

(a)二集中力加载

(b)四集中力加载

1—分配梁；2—试件

图 2.30 简支边界条件加载装置

表 2.1 钢滚轴直径

支座单位长度上的荷载 /(kN · mm⁻¹)	直径 /mm
2.0	50
2.0 ～ 4.0	60 ～ 80
2.0 ～ 6.0	80 ～ 100

在任何情况下钢滚轴直径不应小于 50 mm。当无法满足上述理想简支条件时,应考虑支座处水平移动受阻引起的约束力或支座处转动受阻引起的约束弯矩等因素对试验的影响。确定了钢滚轴直径后,还要按照下式确定应力满足要求:

$$\sigma = 0.418\sqrt{\frac{RE}{rb}} \tag{2.1}$$

式中 E——弹性模量,N/mm²;

   r——滚轴半径,mm;

   R——最大支座反力,N;

   b——支座宽度,mm。

钢滚轴的上、下应设置垫板,这样不仅能防止试件和支墩的局部受压破坏,并能减小滚动摩擦力。垫板的宽度一般不小于试件支承处的宽度,垫板的长度按构件抗压强度计算且不小于构件的实际支承长度。

垫板长度按下式计算:

$$l = \frac{R}{b f_c} \tag{2.2}$$

式中 R——最大支座反力,N;

   b——支座宽度,mm;

   f_c——试件材料抗压强度设计值,MPa。

上下垫板要有一定刚度,厚度可按下式计算:

$$\delta = \sqrt{\frac{2 f_c a^2}{f}} \tag{2.3}$$

式中 f_c——试件材料抗压强度设计值,MPa;

   a——滚轴中心至垫板边缘距离,mm;

   f——垫板钢材强度设计值,N/mm²。

② 四角支承板和四边支承板的支座。

在配置四角支承板支座时应安放一个固定滚珠;对四边支承板,滚珠间距不宜过大,宜取板在支承处厚度的 3 ～ 5 倍。板壳结构的支座布置形式如图 2.31 所示。

③ 受压构件两端的支座。

进行柱或压杆试验时,构件两端应分别设置球形支座或双层正交刀口支座,如图 2.32 所示。球铰中心应与加载点重合,双层刀口的交点应落在加载点上。目前试验柱或压杆的对中方法有两种:几何对中法和物理对中法。从理论上讲,物理对中法比较好,但实际上不可能做到整个试验过程中永远处于物理对中状态。因此,一般来说,以柱或压杆控制截面处

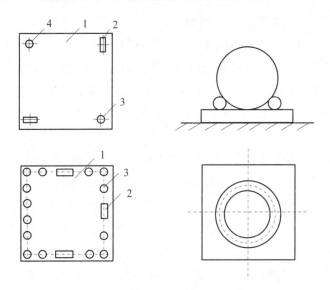

1—试件；2—滚轴；3—滚珠；4—固定球铰

图 2.31　板壳结构的支座布置形式

（一般等截面为柱或压杆高度的中点）的形心线作为对中线，然后再根据应变不均匀程度稍加调整即可。进行柱或压杆偏心受压试验时，对于刀口支座，可以通过调节螺丝来调整刀口与试件几何中线的距离，以满足不同偏心矩的要求。

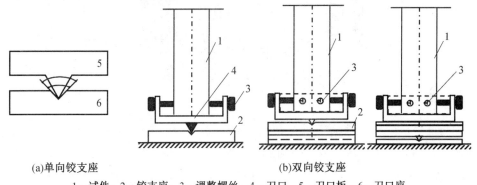

(a)单向铰支座　　　　　　　　　　(b)双向铰支座
1—试件；2—铰支座；3—调整螺丝；4—刀口；5—刀口板；6—刀口座

图 2.32　柱和压杆试验的铰支座

在试验机中做短柱抗压承载力试验时，由于短柱破坏时不发生纵向挠曲，短柱两端面不会发生相对转动；因此，当试验机上下压板之一已有球铰时，另外一端可另加设刀口。这样处理是合理的，且能和混凝土棱柱强度试验方法一致。

④ 扭转加载试验用支座。

当对试件进行扭转加载试验时，试件支座的转动平面应彼此平行，并均应垂直于试件的扭转轴线。纯扭试验支座不应约束试件的轴向变形；针对自由扭转、约束扭转、弯剪扭复合受力的试验，应根据实际受力情况对支座做专门的设计。

⑤ 侧向稳定性差的受弯试件加载试验。

对侧向稳定性差的屋架、桁架、薄腹梁等受弯试件进行加载试验时,应根据试件的实际情况设置平面外支撑或加强顶部的侧向刚度,保持试件的侧向稳定。平面外支撑及顶部的侧向加强设施的刚度和承载力应符合试验要求,且不应影响试件在平面内的正常受力和变形。不单独设置平面外支撑时,也可采用构件拼装组合的形式进行加载试验。

（2）支墩

支墩常用钢或钢筋混凝土制作,现场试验多临时用砖砌成,高度应一致,并应方便观测和安装测量仪表,如图 2.33 所示。支墩上部应有足够大的平整支承面,在制作时最好辅以钢板。为了使用灵敏度高的位移测量仪表测量试验结构的挠度,提高试验精度,要求支墩和地基有足够的刚度与强度,在试验荷载下的总压缩变形不宜超过试验构件挠度的 1/10。单向简支试验构件的两个铰支座的高度差应符合结构或构件的设计要求,偏差不宜大于试件跨度的 1/50。因为过大的高度差会在结构中产生附加应力,改变结构的工作机制。连续梁各中间支墩应采用可调式支墩,必要时还应安装测力计,按支座反力的大小调节支墩高度,因为支墩的高度对连续梁的内力有很大影响。

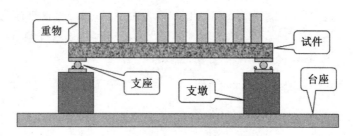

图 2.33　重力加载支墩示意图

2.台座和反力装置

在进行静力试验加载时,液压加载器(千斤顶)的活塞只有在行程内受到试件对其阻碍后才能产生作用力。采用重力或其他加载方式时也都一样,在将荷载可靠地传递到结构的同时,也会在支承位置产生作用力。因此,进行试验加载时,除了前述的各种加载设备外,还必须有反力装置,以提供安全有效的支承。反力装置可实现对结构施加荷载的承载反力,要有足够的安全储备,满足强度、刚度和稳定性的要求。在实验室内,反力装置一般由可移动反力架和试验台座根据需要组合而成,当然也有一些反力装置在平面布置时比较固定。在现场或者构件加工场地,则通过反力架利用平衡重物、桩头或者其他专门为试验浇筑的钢筋混凝土地梁等来平衡对试件施加的荷载。目前常用的反力装置主要有反力墙、反力台座、门式刚架等。加载反力装置也向着大型化和多功能化发展,国内外许多结构工程实验室已建有大型多维的反力墙和台座,反力台座的长度达几十米、反力墙高度达 20 多米,可以进行高达七层原型房屋结构的抗震试验研究。

（1）反力架

反力架主要由立柱和横梁组成，如图 2.34 所示。反力架通常采用型钢制成，主要是因为制作简单、取材方便。反力架可以按钢结构的柱和梁进行设计，横梁和立柱的连接采用高强螺栓或者销钉，当承担作用力不是很大时，也可简化做成搭接的形式。反力架也可采用钢筋混凝土结构，要根据试验要求按规范对加载反力架进行设计。反力架作为支承结构的重要组成部分，在设计、制作、安装、使用时要规范，保证强度、刚度和稳定性要求，以避免发生意外甚至造成安全事故。

(a)高度可调反力架　　　　　　　　　　　　　　(b)高度不可调反力架

图 2.34　反力架

（2）固定式试验台座

在实验室内，结构试验台座是永久性的固定设备，用以平衡施加在试验结构或构件上的荷载产生的反力。固定式试验台座一般与实验室地坪标高一致，可充分利用室内面积，并且运输与使用都比较方便、安全。目前，固定式试验台座的长度、宽度可达几十米，承载能力一般为 $200 \sim 1\,000$ kN/m^2。固定式试验台座刚度极大，试验过程中变形很小，这样允许在同一台座上同时开展几个结构试验，相互影响很小。多个试验可根据需要，在台座上沿纵向、横向合理布置和开展。

设计固定式试验台座时，在其纵向和横向均应按各种试验组合可能产生的最不利受力工况进行验算、配筋及构造等，以保证具有足够的强度和整体刚度。用于动力试验的固定式试验台座还应有足够的质量和疲劳强度，可靠的减振和隔振措施，防止引起共振和疲劳破坏，或对试验精度有影响。固定式试验台座是一巨型整体钢筋混凝土或预应力钢筋混凝土的厚板或箱型结构，它直接浇筑振捣固定于实验室的地坪上，有的本身就是实验室结构的一部分，作为实验室的基础和地下室。目前国内外常见的固定式试验台座主要有槽式试验台座、地脚螺丝式试验台座、箱式试验台座等几种形式。

① 槽式试验台座。

槽式试验台座是国内用得较多的一种典型静力试验台座，其构造是沿台座纵向布置多条槽轨，槽轨内置于台座混凝土体中，如图 2.35 和图 2.36 所示。槽轨可用于锚固加载反力装置或试件的底座，由槽轨将锚固于混凝土体内的结构或试件的反力传递到台座整体。这种台座的加载点位置可沿台座槽轨任意移动，在纵向不受限制，以适应试验结构加载位置的需要。

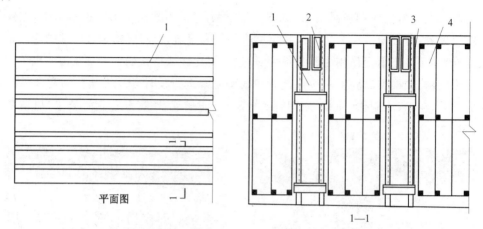

平面图

1—1

1—槽轨；2—型钢骨架；3—高标号混凝土；4—混凝土

图 2.35　槽式试验台座

图 2.36　槽式试验台座的静力试验

② 地脚螺丝式试验台座。

地脚螺丝式试验台座的特点是台面上每隔一定间距设置一个地脚螺丝,螺丝下端锚固在台座内,顶端伸出台座表面特制的原型孔,使用时应用套筒螺母与加载架的立柱连接,如图 2.37 所示。缺点是螺丝受损后修理困难,另外,由于螺丝和孔穴位置已经固定,试件安装的位置受到限制,没有槽式试验台座灵活方便。

③ 箱式试验台座。

箱式试验台座本身就是一个刚度很大的箱型结构,台座顶板沿纵横两个方向按一定间距预留有竖向贯穿的孔洞,以固定试验件底座或者加载装置,如图 2.38 所示。这种试验台座的规模较大,由于台座本身构成箱形结构,比其他台座具有更大的刚度;试验测量与加载工作可以在台座上面,也可在箱形结构内部进行;大型的箱形试验台座可同时兼做实验室房屋的基础。整个箱型结构处于实验室地面以下,台座地下部分(地下室)可用来加载、锚固,也可用来做一些长期荷载试验或者特种试验。这种台座具有刚度大、承载力高、加载点比较灵活等优点。其缺点是配套装置尺寸都较大,安装就位工作量较大。

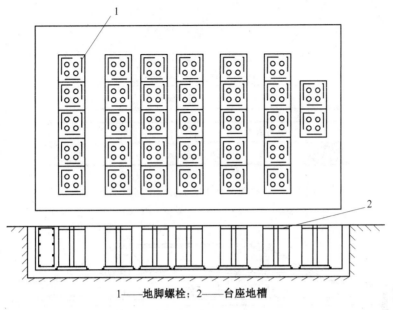

1——地脚螺栓；2——台座地槽

图 2.37　地脚螺丝式试验台座

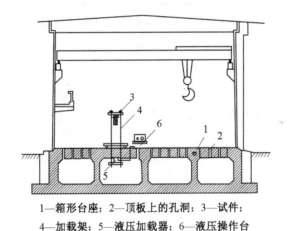

1——箱形台座；2——顶板上的孔洞；3——试件；

4——加载架；5——液压加载器；6——液压操作台

图 2.38　箱式试验台座

（3）抗弯大梁式和空间桁架式试验台座

在预制构件厂、小型结构实验室或者工程现场，当缺少大型固定试验台座时，也可以采用抗弯大梁式或空间桁架式试验台座进行中小型构件试验，如图 2.39 和图 2.40 所示。抗弯大梁式试验台座本身是一刚度极大的钢梁或者型钢混凝土大梁，当用液压加载器和分配梁加载时，产生的反作用力通过门式加载架传递给大梁，试验结构或构件的支座反力也由大梁承担。抗弯大梁式试验台座比较简单，使用时要注意抗弯承载能力限制。

空间桁架式试验台座是由型钢制成的专门反力装置，一般用于桁架及预制屋（楼）面大梁。通过空间桁架式试验台座可以施加有限数量的集中荷载，液压加载器的反作用力由空间桁架自身平衡。

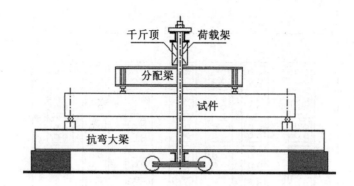

图 2.39　抗弯大梁式试验台座的荷载试验装置

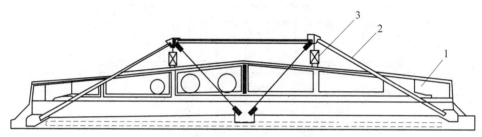

1—试件；2—空间桁架台座；3—液压加载器

图 2.40　空间桁架式试验台座

（4）自平衡反力装置

对于某些特殊构件、节点或结构的试验，例如对空间铸钢或钢节点、隧道模型、箱型结构的试验，需专门设计一些自平衡反力装置，常见的有加载环、加载框、加载 L 形台座等。

（5）水平反力装置

水平反力装置主要由反力墙或反力架及水平连接件等组成。反力墙一般均为固定式，而反力架分为固定式和可移动式两种。目前国内外固定式反力墙多采用钢筋混凝土或预应力混凝土结构，而且与试验台座整体浇筑在一起，具有超大的刚度、受弯和受剪承载能力、抗倾覆能力。在反力墙上，按一定间距（500 mm 或 1 000 mm）设置孔洞，以便用锚栓锚固加载器底板。可移动式反力墙或反力架通常采用钢结构，通过螺栓与试验台座的槽道、地脚螺栓或孔洞锚固。可移动式反力墙或反力架加载方便、使用灵活，但承载力和刚度均较小。

（6）竖向和水平复合的加载装置

对于剪力墙、节点、框架、柱等实际受力属于空间作用、试验加载比较复杂的情况，静力试验加载装置的设计应根据不同结构或试件研究的目的，提供与实际结构受力情况尽可能一致的模拟边界条件，即尽可能使试件满足试验的支承方式和受力条件的要求。通常采用复合加载装置来模拟实际作用，这种复合加载装置实际上就是将竖向和水平加载装置结合起来，可以提供竖向力和水平作用力。

按试件受力特点及加载具体情况，加载反力架装置有以下几种情况要求：

① 以剪切变形为主的试件。试件上下对称，推拉千斤顶或电液伺服作动器安装在试件的 1/2 高度上，平行连杆机构的杠杆和 L 形杠杆均应有足够的刚度，连接铰应精密加工，尽

可能减小间隙和摩擦阻力。

② 以弯剪变形为主的试件。垂直荷载的施加宜采用竖向加载架,尽可能减小滚动摩擦力对推力的抵消作用。

③ 梁柱节点。垂直水平力加于柱顶,梁有纵向反复位移,但不可上下移动。竖向荷载用千斤顶在柱顶施加,属于自平衡系统,在反复水平力作用下其柱顶压力不随柱顶位移而改变,从而能计入几何非线性的影响。为此,此类型装置可模拟实际框架结构节点的受力状态。但为了简化,取相邻梁或相邻柱子反弯点间距离为节点的梁长或柱高,这样节点试件的上下和左右杆端均可按铰接处理。

(7) 其他装置

由于屋架、桁架、薄腹梁、多层剪力墙、框架等结构平面外稳定性较差,试验时应严格按结构的实际工作条件可靠地设置平面外支撑,有效地限制试验结构的平面外侧移,确保结构的试验目的能够实现。平面外支撑应有足够的刚度和承载力,以及安全可靠的锚固,并不能阻碍试验结构在平面内的自由变形。

当一个加载器需施加两点或两点以上的荷载时,常通过分配梁实现。分配梁应为单跨简支形式,确保传力明确;应有足够的刚度,且质量要轻;配置不应超过两层,以免引起失稳或引起误差。

2.3　静力试验测量仪器

在静力试验中,试件作为考察对象,所受到的荷载作用(力、位移、温度等)是系统的输入数据,试件的反应(位移、应力、应变、裂缝等)是系统的输出数据,对这些数据进行测量、记录的过程称为数据采集。数据采集得到的数据,是数据处理的原始资料。数据采集是静力试验的重要步骤。本节系统和详细地介绍应变、位移、力值、裂缝等的测量原理和方法,并对仪器和数据采集系统的原理进行简要介绍。

2.3.1　测量仪器仪表的基本概念

试验数据是反映结构性能变化的重要指标,要取得可靠数据就必须了解各种测量仪器仪表。随着科学技术的不断进步,新的测量仪器仪表也不断涌现,测量仪器仪表朝着大数据、云计算、无线测控、自动处理方向发展,但不论怎样变化,测量系统的基本组成还是相同的,其一般由感受、放大和显示记录三个基本部分构成。

1.记录数据的方法

试验的目的是对试验结构的力学性能进行定性和定量分析。数据的可靠性依赖于测量仪器仪表和测量技术的先进性,随着科学技术的不断发展,各学科专业相融合,新的测量仪器仪表不断出现,从最简单的逐个测读、手工记录的仪表,到应用计算机快速连续采集和处理数据的复杂系统,种类繁多,原理各有不同。测试过程以电测仪表为例,传感器(感受部分)将被测物理量(如位移、力)检出并转换为电量,中间变换装置(放大部分)对接收到的电信号用硬件电路进行分析处理或经 A/D(模拟 / 数字)变换后用软件进行信号分析,显示记录装置(显示记录部分)则将测量结果显示出来,提供给观察者或其他自动控制装置。

从测量技术的历史发展过程和实际应用情况看,数据测量和记录的方法有:

① 用最简单的工具进行人工测量、人工记录,如用直尺测量变形。

② 用仪器测量、人工记录,如用应变仪配应变计、位移计测量应变或位移。

③ 用仪器测量、记录,如用传感器及 $X-Y$ 函数记录仪进行测量、记录,或用传感器、放大器和磁带记录仪进行测量、记录。

④ 用自动化数据采集系统进行测量、记录和数据处理。

2. 测量仪器仪表的分类

(1) 按工作原理分类

按工作原理,测量仪器仪表可分为:机械式仪器,即利用纯机械传动完成信号放大并输出指示的仪器;电测式仪器,即利用非电量到电量的变换完成信号放大和电量输出(非电量 — 电量转换 — 放大)的仪器;光学式仪器,即利用光学原理完成信号转换、放大并输出显示的仪器;复合式仪器,即由两种及两种以上工作原理复合而成的仪器;伺服式仪器,即带有控制功能的仪器。

① 机械式仪器。

机械式仪器的特点是性能稳定、抗干扰力强,但效率低。如图 2.41 所示,机械百分表的感受部分为被测量的变化,转换部分为齿轮传动,使变化放大,显示部分为刻度盘。

图 2.41 机械百分表

② 电测式仪器。

电测式仪器的特点是测量精度高、操作方便,通常配合数据采集仪完成数据的自动采集和存储,如图 2.42 所示。电测式仪器的感受部分为被测量的变化,放大部分为电量信号的放大作用,显示部分通常为计算机,由计算机显示数字信号。转换原理可包括:应变 — 电阻、力 — 应变、位移 — 电感等。

③ 光学式仪器。

激光位移传感器(图 2.43)是一种光学式仪器,其特点是与试件不接触,因而不影响结构性能、测量精度高,通常配合数据采集仪完成数据的自动采集和存储。光学式仪器的感受部分为被测量的变化,放大部分为电量信号的放大作用,显示部分通常为计算机,由计算机显示数字信号。

④ 复合式仪器。

如图 2.44 所示的机电百分表即为一种复合式仪器。

(a)电测式传感器

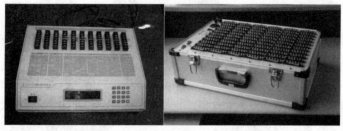

(b)电阻应变仪

图 2.42　　电测式传感器及电阻应变仪

图 2.43　　激光位移传感器　　　　　　图 2.44　　机电百分表

（2）按用途分类

按用途不同,测量仪器仪表可分为:应变计、位移传感器、倾角传感器、力传感器等,如图 2.45 所示。

(a)应变计　　(b)差动变压器式位移传感器(LVDT)　　(c)倾角传感器　　(d)力传感器

图 2.45　　不同用途测量仪器

（3）按与结构的相对关系分类

按与结构的相对关系,测量仪器仪表可分为:附着式和手持式;接触式和非接触式;绝对式和相对式。图 2.46(a) 所示 LVDT 为附着式、接触式、相对式;图 2.46(b) 所示百分表为附着式、接触式、相对式;图 2.46(c) 所示力传感器为附着式、接触式、绝对式。

（4）按显示和记录方式分类

按显示和记录方式,测量仪器仪表可分为:直读式和自动记录式;模拟式和数字式。图 2.46(d) 所示 YE2537 电阻应变仪为直读式、数字式;图 2.46(e) 所示 DH3816 电阻应变仪为自动记录式、数字式。

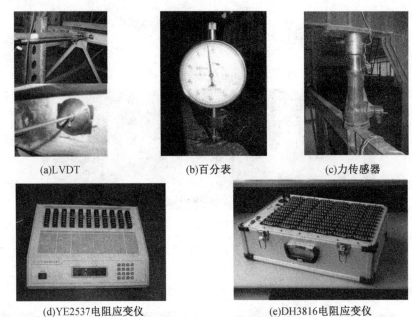

(a)LVDT   (b)百分表   (c)力传感器

(d)YE2537电阻应变仪   (e)DH3816电阻应变仪

图 2.46   各种传感器及仪器

3.仪器仪表性能指标

选择和使用仪器仪表时要注意其性能指标,仪器仪表的性能指标主要有:

① 刻度值(最小分度值):设置有指示装置的仪器仪表,其指示或显示所能指出的最小测量值,即每一最小刻度所表示被测量的数值。

② 量程:仪器仪表所能测量上限值和下限值的代数差,也可说是仪器仪表的测量范围。在整个测量范围内,仪器仪表的可靠程度并不相同,通常在上、下限值处测量误差比较大,不宜在该区段内使用。

③ 稳定性:当被测量不变,仪器仪表在规定的时间内保持示值与特性参数不变的能力。

④ 灵敏度:被测量的单位物理量所引起仪器仪表输出或显示装置示值,即仪器仪表对被测物理量变化的反应能力。

⑤ 重复性:在相同的条件下,多次测量同一数值,仪器仪表保持示值一致的能力。

⑥ 分辨率:使仪器仪表指示值发生变化的最小输入变化值。

⑦ 精确度:仪器仪表指示值与被测值的符合程度。常用满量程相对误差表示,用以定义仪器仪表的精度等级。如一台精度为 0.2 级的仪表,"0.2 级"表示其测定值的误差不超过最大量程的 $\pm 0.2\%$。

4.选择和使用仪器仪表的几点基本要求

① 所选仪器仪表的各项指标满足试验要求,必须具有合适的灵敏度,足够的精度和量程。

② 所选仪器仪表,尤其是布置到结构上的仪器仪表,应质量轻、体积小,不能影响结构性能。

③ 所选仪器仪表尽量少,规格尽量小。

④ 所选仪器仪表对环境的适应能力强。

⑤ 所选仪器仪表要按技术要求正确安装和使用,夹具具有良好刚性。

⑥ 所选仪器仪表要定期率定,率定需采用高一级的仪器仪表。率定是指将仪器仪表与标准量进行比较的过程。在试验中率定结果可用来确定精确度或换算系数。

2.3.2　应变测量

结构在外力作用下内部产生应力,不同部位的应力状态是评定结构工作状态的重要指标,也是建立结构强度理论的重要依据。直接测定某部位的应力值目前还没有较好的方法。一般的方法是先测定应变,而后通过本构关系间接测定应力。应变测量在静力试验测量中有极其重要的作用,应变测量往往也是其他物理量测量的基础。应变测量仪器仪表应根据试验目的以及对试验结构应变测量的要求进行选择。

1.应变测量的基本原理

应变的测量,通常是在预定的标准长度范围(称为标距)l 内测量长度变化增量的平均值 Δl,由 $\Delta l / l$ 求得。所以,应变测量实际上是测标距的变化增量。l 的选择,原则上应尽量小。特别是对于应力梯度较大的结构和应力集中的测点。但对某些非均质材料组成的结构,l 应有适当范围,如混凝土应取大于骨料最大粒径的 3 倍,砖石结构应取大于 4 皮砖等,这样才能正确反映平均值 Δl。

2.电阻应变计(电阻应变片)

(1)工作原理

电阻应变计基于金属导体的应变效应原理制作而成,即:当金属导体在外力作用下发生机械变形时,其电阻值随着所受机械变形伸长或缩短的变化而发生变化,如图 2.47 所示。

图 2.47　金属导体的应变效应原理

由物理学可知,金属导体的电阻丝电阻 R 与长度 l 和截面面积 A 有如下关系:

$$R = \rho l / A \tag{2.4}$$

式中　ρ —— 电阻率,$\Omega \cdot mm^2 / m$;

　　　l —— 金属导体长度,m;

　　　A —— 金属导体截面面积,mm^2。

设其变形后长度变化为 Δl,则上述任何一个参数变化均会引起电阻变化,可由式(2.4)取微分得

$$dR = \frac{\rho}{A}dl - \frac{\rho l}{A^2}dA + \frac{l}{A}d\rho \tag{2.5}$$

将式(2.4)代入式(2.5),得

$$dR = R\frac{dl}{l} - R\frac{dA}{A} + R\frac{d\rho}{\rho} \tag{2.6}$$

将式(2.6)两边都除以 R,得

$$\frac{dR}{R} = \frac{dl}{l} - \frac{dA}{A} + \frac{d\rho}{\rho} \tag{2.7}$$

对于截面为圆形、半径为 r 的金属导体,有

$$A = \pi r^2$$

将其代入式(2.7),得

$$\frac{dR}{R} = \frac{dl}{l} - \frac{2dr}{r} + \frac{d\rho}{\rho} \tag{2.8}$$

假设金属导体体积不变,依据横向应变和轴向应变关系符合胡克定律可得

$$\frac{dr}{r} = -\nu\frac{dl}{l} = -\nu\varepsilon \tag{2.9}$$

式中　ν —— 金属导体的泊松比。

将式(2.9)代入式(2.8),得

$$\frac{dR}{R} = \varepsilon + 2\nu\varepsilon + \frac{d\rho}{\rho} \tag{2.10}$$

即

$$\frac{dR}{R\varepsilon} = (1 + 2\nu) + \frac{d\rho}{\rho\varepsilon} \tag{2.11}$$

对于大多数金属导体,ν、$\dfrac{d\rho}{\rho\varepsilon}$ 都是常量,则有

$$\frac{dR}{R} = K_0\varepsilon \tag{2.12}$$

式中　K_0 —— 金属导体灵敏系数。

对于应变片,公式(2.12)可表示为

$$\frac{dR}{R} = K\varepsilon \tag{2.13}$$

式中　K —— 电阻应变片灵敏系数。

由公式(2.13)可以看出,电阻应变片的电阻变化率与应变值呈线性关系。当应变片牢固可靠粘贴到试件表面上时,电阻应变片与表面接触点变形协调,可将待测非电量应变转换为电量,测得应变。受电阻应变片几何形状和构造等影响,电阻应变片的灵敏系数与金属导体单丝的灵敏系数有所不同,通常 K 在 2.0 左右。

(2)电阻应变片的构造

电阻应变片因用途不同而形式多样,但其基本构造大致相同,都是由敏感栅(敏感元件)、覆盖层、引线和基底等组成,如图 2.48 所示。

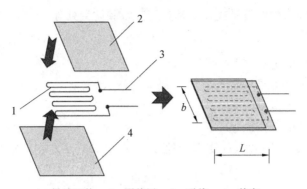

1—敏感元件；　2—覆盖层；　3—引线；　4—基底

图 2.48　电阻应变片的构造

（3）电阻应变片的种类

电阻应变片种类较多，按敏感栅分类，有丝式、箔式、半导体式等；按基底材料分类，有纸基和胶基等；按工作温度分类，有常温、低温、高温等。箔式电阻应变片是在薄胶膜基底上镀合金薄膜，然后通过光刻技术制成，具有绝缘度高、耐疲劳性能好、横向效应小等优点。但其缺点是价格较高。丝绕式电阻应变片多为纸基，具有价格低、容易粘贴等优点，但耐疲劳性能稍差，横向效应较大，一般多用于静力试验。

（4）电阻应变片的技术指标

① 标距：敏感栅在纵轴方向的有效长度 L。

② 规格：以标距 L 和丝栅宽度 b 表示，如 $L \times b$ 表示。

③ 电阻值：电阻应变片的原始电阻值，一般为 120 Ω。

④ 灵敏系数：单位应变变化引起的相对电阻变化（电阻值变化率），是表示应变片变换性能的重要参数。

⑤ 其他表示电阻应变片性能的参数：工作温度、零漂、疲劳寿命、横向灵敏度等。

（5）电阻应变片的选择

① 要按照厂家和规格选择。

② 应变片筛分时，先检查外观，然后剔除有缺陷应变片，并根据阻值分组。

③ 选择黏合剂，如 502、环氧树脂等。

（6）电阻应变片的粘贴技术

① 目测电阻应变片有无折痕、断丝等缺陷，有缺陷的应变片不能粘贴。

② 用数字万用表测量应变片电阻值大小。同一电桥中各应变片之间阻值相差不得大于 0.6 Ω。

③ 处理试件表面时，贴片处用细砂纸打磨干净，用酒精棉球反复擦洗贴片处，直到棉球无黑迹为止。

④ 在应变片基底上挤一小滴 502 胶水，轻轻涂抹均匀，立即放在应变片贴片位置。

⑤ 干燥后焊接导线，在离应变片 3～5 mm 处粘贴接线架，将引出线焊于接线架上，然后将测量导线一端焊在接线架上，另外一端接到应变测量桥路上。

⑥ 使用绝缘电阻与应变仪（零漂小于 5 με）进行质量检查。

⑦ 使用环氧树脂、松香石蜡或凡士林进行防水和防潮处理。

3.电阻应变仪

(1) 电阻应变仪的组成

电阻应变仪是把电阻应变测量系统中放大与指示(记录、显示)部分组合在一起的测量仪器,如图 2.46(d)(e)所示。

(2) 电阻应变仪的工作原理

令钢材屈服应变为 1 000 $\mu\varepsilon$(Q235 屈服应变在 1 200 $\mu\varepsilon$ 左右),则有

$$\frac{\Delta R}{R} = 2.0\ \mu\varepsilon/1\ 000\ \mu\varepsilon = 0.002 \tag{2.14}$$

由式(2.14)可发现,所得的信号过于微弱,测量比较困难,所以要将信号经电路放大。这里采用惠斯通电桥进行处理,如图 2.49 所示。电阻应变仪利用内部的测量电路,把电阻变化转换为电压或电流的变化,使信号得以放大,并可以解决温度补偿等问题。如图 2.49 所示,在 4 个桥臂上分别接入电阻 R_1、R_2、R_3、R_4,在 AC 端接入电源,将 BD 端作为输出端。

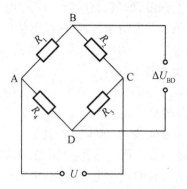

图 2.49　惠斯通电桥

根据分压定理:

$$U_{AB} = \frac{R_1}{R_1 + R_2}U \tag{2.15}$$

$$U_{AD} = \frac{R_4}{R_3 + R_4}U \tag{2.16}$$

$$U_{BD} = U_{AB} - U_{AD} = \frac{R_1}{R_1 + R_2}U - \frac{R_4}{R_3 + R_4}U = \frac{R_1 R_3 - R_2 R_4}{(R_1 + R_2)(R_3 + R_4)} \tag{2.17}$$

有电桥平衡条件:

$$R_1 R_3 = R_2 R_4 \tag{2.18}$$

$$\Delta U_{BD} = \left[\frac{R_1 R_2}{(R_1 + R_2)^2}\left(\frac{\Delta R_1}{R_1} - \frac{\Delta R_2}{R_2}\right) + \frac{R_3 R_4}{(R_3 + R_4)^2}\left(\frac{\Delta R_3}{R_3} - \frac{\Delta R_4}{R_4}\right)\right]U \tag{2.19}$$

下面进行推导:

$$U_{BD} = \frac{R_1}{R_1 + R_2}U - \frac{R_4}{R_3 + R_4}U \tag{2.20}$$

$$\frac{\partial U_{BD}}{\partial R_1} = \frac{R_1'(R_1 + R_2) - R_1(R_1 + R_2)'}{(R_1 + R_2)^2}U = \frac{R_1 R_2}{(R_1 + R_2)^2}\frac{1}{R_1}U \tag{2.21}$$

$$\frac{\partial U_{BD}}{\partial R_2} = \frac{R_1'(R_1 + R_2) - R_1(R_1 + R_2)'}{(R_1 + R_2)^2}U = -\frac{R_1 R_2}{(R_1 + R_2)^2}\frac{1}{R_2}U \quad (2.22)$$

$$\frac{\partial U_{BD}}{\partial R_3} = \frac{(-R_4)'(R_3 + R_4) - (-R_4)(R_3 + R_4)'}{(R_3 + R_4)^2}U = \frac{R_3 R_4}{(R_3 + R_4)^2}\frac{1}{R_3}U \quad (2.23)$$

$$\frac{\partial U_{BD}}{\partial R_4} = \frac{(-R_4)'(R_3 + R_4) - (-R_4)(R_3 + R_4)'}{(R_3 + R_4)^2}U = -\frac{R_3 R_4}{(R_3 + R_4)^2}\frac{1}{R_4}U \quad (2.24)$$

$$\Delta U_{BD} = \left[\frac{R_1 R_2}{(R_1 + R_2)^2}\left(\frac{\Delta R_1}{R_1} - \frac{\Delta R_2}{R_2}\right) + \frac{R_3 R_4}{(R_3 + R_4)^2}\left(\frac{\Delta R_3}{R_3} - \frac{\Delta R_4}{R_4}\right)\right]U \quad (2.25)$$

当 4 个桥臂电阻值相等,应变片灵敏系数相同时,即

$$R_1 = R_2 = R_3 = R_4 \quad (2.26)$$

$$K_1 = K_2 = K_3 = K_4 \quad (2.27)$$

将式(2.26)和式(2.27)代入式(2.25),得

$$\Delta U_{BD} = \frac{U}{4}\left(\frac{\Delta R_1}{R_1} - \frac{\Delta R_2}{R_2} + \frac{\Delta R_3}{R_3} - \frac{\Delta R_4}{R_4}\right) = \frac{U}{4}K(\varepsilon_1 - \varepsilon_2 + \varepsilon_3 - \varepsilon_4) \quad (2.28)$$

为了使桥臂标识更加清晰,将式(2.28)中电阻和应变下角标更换成桥臂,得

$$\Delta U_{BD} = \frac{U}{4}\left(\frac{\Delta R_{AB}}{R_{AB}} - \frac{\Delta R_{BC}}{R_{BC}} + \frac{\Delta R_{CD}}{R_{CD}} - \frac{\Delta R_{DA}}{R_{DA}}\right) = \frac{U}{4}K(\varepsilon_{AB} - \varepsilon_{BC} + \varepsilon_{CD} - \varepsilon_{DA}) \quad (2.29)$$

不难看出,式(2.29)体现了桥臂的工作特性:邻位信号输出相减;对位信号输出相加。实际使用电阻应变仪时,根据工作片所占桥臂数量可分为全桥、半桥、1/4 桥,如图 2.50 所示。全桥即 4 个桥臂含有工作片,剩余依此类推。

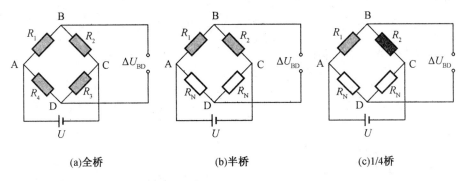

(a)全桥　　　　　　　　(b)半桥　　　　　　　　(c)1/4 桥

图 2.50　三种桥路形式

(3)电阻应变仪的温度补偿技术

温度效应是指用电阻应变片测量应变时,除能感受试件应变外,环境温度变化也能通过应变片的感受引起电阻应变仪指示部分示值的变动。

消除温度效应的方法称为温度补偿。解决方案就是利用桥臂的工作特性。应变片由温度变化导致的电阻改变量与应变之间的关系如下:

$$\frac{\Delta R^T}{R} = K\varepsilon^T \quad (2.30)$$

式中　T——温度。

两边均除以 K,整理得

$$\varepsilon^T = \frac{\Delta R^T}{RK} \tag{2.31}$$

如图 2.51 所示，此时应变片的总应变反映了温度 T 和荷载 F 的共同作用，即

$$\varepsilon^m = \frac{\Delta R^T}{RK} + \frac{\Delta R^F}{RK} = \varepsilon^T + \varepsilon^F \tag{2.32}$$

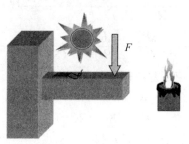

图 2.51　温度影响示意图

① 单设温度补偿片方法。

单设温度补偿片方法就是额外粘贴温度补偿片，并利用邻位相减的桥臂特性来消除温度的影响。如图 2.52 所示，将工作片 R_1 接入 AB 桥臂，将与 R_1 相同的应变片 R_2 接入 BC 桥臂，构成 1/4 桥加补偿的桥路形式。R_2 贴在一个与试件材料相同的材料上但不受力的作用，并置于与试件相同的温度场，因此称 R_2 为温度补偿片。工作片 R_1 贴在受力构件上，既能受到荷载作用又能感受到温度作用，电阻变化由两部分组成；此时温度补偿片 R_2 仅仅能感受到温度作用。此时温度应变为

$$\varepsilon^T = \frac{\Delta R^T}{RK} \tag{2.33}$$

AB、BC 桥臂的温度应变相同，即

$$\varepsilon_{1t} = \varepsilon_{2t} \tag{2.34}$$

$$\Delta U_{BD} = \frac{U}{4} K(\varepsilon_{AB} - \varepsilon_{BC}) = \frac{U}{4} K(\varepsilon_1 + \varepsilon_{1t} - \varepsilon_2 - \varepsilon_{2t}) = \frac{U}{4} K \varepsilon_1 \tag{2.35}$$

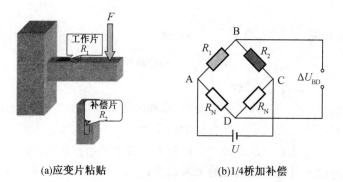

(a)应变片粘贴　　　　　　　　　(b)1/4桥加补偿

图 2.52　惠斯通电桥用补偿片进行温度补偿原理

最终仪器实测应变为 $\varepsilon_m = \varepsilon_1$。采用单设温度补偿片方法来消除温度效应，需要满足的条件：工作片和温度补偿片两者环境温度相同、材质相同、应变片相同。

② 工作片互为补偿方法。

工作片互为补偿方法就是由工作片构成半桥或者全桥的桥路形式,利用邻位相减的桥臂特性来消除温度效应,如图 2.53 所示。以端部受到集中力作用的矩形截面钢制悬臂梁为例,将梁上表面的工作片 R_1 接入 AB 桥臂,将下表面的工作片 R_2 接入 BC 桥臂。根据材料力学,对于对称截面,在弹性阶段其上下表面应变相等、符号相反。此时两个工作片 R_1、R_2 处于相同温度场,其温度应变相等,见式(2.34),则由惠斯通电桥的半桥形式可得

$$\Delta U_{BD} = \frac{U}{4}K(\varepsilon_{AB} - \varepsilon_{BC}) = \frac{U}{4}K[\varepsilon_1 + \varepsilon_{1t} - (-\varepsilon_2) - \varepsilon_{2t}] = \frac{U}{4}K(\varepsilon_1 + \varepsilon_2) \quad (2.36)$$

最终仪器实测应变为 $\varepsilon_m = \varepsilon_1 + \varepsilon_2$。

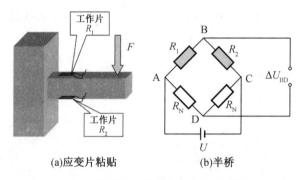

(a)应变片粘贴　　　　　(b)半桥

图 2.53　惠斯通电桥工作片互为补偿原理

③ 应变片自补偿方案。

应变片自补偿方案是指采用一种特殊的应变片,当温度变化时,附加应变在应变片内相互抵消为零。这种特殊的应变片称为温度自补偿应变片。

(4) 电阻应变测量方法的应用

【例 2.1】对于图 2.54(a) 所示的轴向受力构件,通过粘贴温度补偿片进行温度补偿(单设温度补偿片方法),由 1/4 桥加补偿的桥路形式,可得

$$\Delta U_{BD} = \frac{U}{4}K(\varepsilon_{AB} - \varepsilon_{BC}) = \frac{U}{4}K(\varepsilon_1 + \varepsilon_{1t} - \varepsilon_{2t}) = \frac{U}{4}K\varepsilon_1 \quad (2.37)$$

最终仪器实测应变为 $\varepsilon_m = \varepsilon_1$。该方法的优点是能消除温度效应,但缺点是未考虑轴向荷载的偏心。

【例 2.2】对于图 2.54(b) 所示的轴向受力构件,通过工作片互为补偿方法进行温度补偿,由半桥的桥路形式,可得

$$\Delta U_{BD} = \frac{U}{4}K(\varepsilon_{AB} - \varepsilon_{BC}) = \frac{U}{4}K(\varepsilon_1 + \varepsilon_{1t} - \varepsilon_2 - \varepsilon_{2t}) = \frac{U}{4}K(1 + \nu)\varepsilon_1 \quad (2.38)$$

最终仪器实测应变为 $\varepsilon_m = (1 + \nu)\varepsilon_1$,其中 ν 为泊松比。该方法的特点:不能消除偏心,但测量灵敏度提高 $1 + \nu$ 倍。

【例 2.3】为了消除偏心影响,使用轴向受力构件温度补偿方法,如图 2.55 所示。通过粘贴温度补偿片进行温度补偿,由 1/4 桥加补偿的桥路形式,可得

$$\Delta U_{BD} = \frac{U}{4}K(\varepsilon_{AB} - \varepsilon_{BC}) = \frac{U}{4}K\left(\frac{\varepsilon_1 + \varepsilon_{1t} + \varepsilon_2 + \varepsilon_{2t}}{2} - \frac{\varepsilon_{3t} + \varepsilon_{4t}}{2}\right) = \frac{U}{4}K\frac{\varepsilon_1 + \varepsilon_2}{2} \quad (2.39)$$

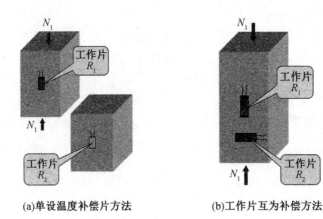

(a)单设温度补偿片方法　　　　(b)工作片互为补偿方法

图 2.54　　轴向受力构件温度补偿方法

最终仪器实测应变为 $\varepsilon_m = \dfrac{\varepsilon_1 + \varepsilon_2}{2}$。该方法的特点:能消除偏心,但不能提高灵敏度。

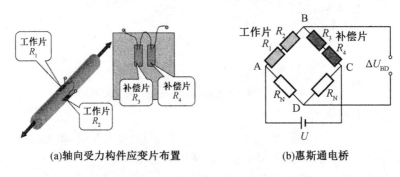

(a)轴向受力构件应变片布置　　　　(b)惠斯通电桥

图 2.55　　消除偏心影响的轴向受力构件温度补偿方法

【例 2.4】悬臂梁作为应变式测力元件,该元件通常被用到传感器中。当受端部集中荷载作用时,考虑温度效应,试布置应变片,考察其固定端截面最大应变和输出电压之间的关系。

在梁固定端布置 4 个应变片,上下表面各 2 片,并分别接入惠斯通电桥的 4 个桥臂中,如图 2.56 所示。在相同的条件下,环境温度产生的应变变化相等,各个桥臂的应变片温度应变相等,桥臂输出应变是荷载产生的应变与温度产生的应变之和。由全桥桥路可得

$$\Delta U_{BD} = \frac{U}{4} K (\varepsilon_{AB} - \varepsilon_{BC} + \varepsilon_{CD} - \varepsilon_{DA}) =$$

$$\frac{U}{4} K (\varepsilon_1^w + \varepsilon_{1t} - \varepsilon_2^w - \varepsilon_{2t} + \varepsilon_3^w + \varepsilon_{3t} - \varepsilon_4^w - \varepsilon_{4t}) = \frac{U}{4} K 4\bar{\varepsilon} \qquad (2.40)$$

最终仪器实测应变为 $\varepsilon_m = 4\bar{\varepsilon}$。

【例 2.5】某对称截面压弯构件(单向弯曲),拟通过试验测定应变,并根据公式计算确定内力(弯矩和轴力)。

在弯矩作用平面内,矩形截面的上下两个表面分别布置 1 个应变片(工作片 R_1 和 R_2),在补偿体上粘贴温度补偿片,具体布置如图 2.57(a) 和图 2.57(b) 所示。分别将工作片、温度补偿片接入如图 2.57(c) 和图 2.57(d) 所示两个 1/4 桥加补偿的惠斯通电桥,分别采集上

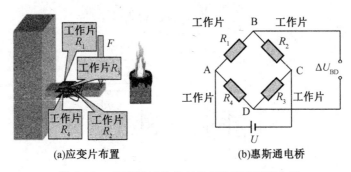

图 2.56   悬臂梁试件应变片布置及惠斯通电桥

下表面的应变。

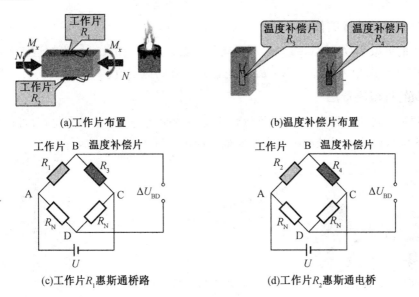

图 2.57   复合受力时测点布置及惠斯通电桥

此时两个惠斯通电桥中,工作片反映的应变包含弯矩、轴力、温度引起的变化。桥路输出电压与应变片之间的关系分别为 $\Delta U_{BD} = \dfrac{U}{4} K \varepsilon_1$、$\Delta U_{BD} = \dfrac{U}{4} K \varepsilon_2$。因此可以分别测得上下表面的应变。假设受压为正、受拉为负,如图 2.58 所示,对于宽度为 h、高度为 b 的矩形,在受到变弯矩 M_x 和轴力 N 共同作用时,对于上下表面可得到如下方程:

$$E\varepsilon_1 = \frac{N}{hb} + \frac{M_x}{\frac{1}{12} hb^3} \frac{b}{2} \tag{2.41}$$

$$E\varepsilon_2 = \frac{N}{hb} - \frac{M_x}{\frac{1}{12} hb^3} \frac{b}{2} \tag{2.42}$$

最终可以求得

$$M_x = \frac{1}{12} (\varepsilon_1 - \varepsilon_2) E h b^2 \tag{2.43}$$

$$N = \frac{1}{2}(\varepsilon_1 + \varepsilon_2)Ehb \tag{2.44}$$

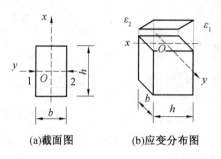

(a)截面图　　　　　(b)应变分布图

图 2.58　截面应变分布

4.应变片灵敏系数的修正

当输入的灵敏系数错误($K_假$),则测量将得到错误的应变值($\varepsilon_假$);当知道正确的灵敏系数($K_真$)时,可以采用 $K_假 \varepsilon_假 = K_真 \varepsilon_真$ 修正得到正确的应变值。

5.应变的机械测量法

应变测量是转化成长度的测量,准确地讲是测量两点间位移量的变化,故可选用测量位移的仪表来完成应变的机械测量。常用应变计如图 2.59 所示。

  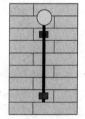

(a)振弦式表面应变计　　　　(b)钢弦式表面应变计　　　　(c)砌体结构应变计

图 2.59　常用应变计

6.应变测点布置要求

① 对受弯构件,应在弯矩最大的截面上沿截面高度布置测点,每个截面不宜少于 2 个(图 2.60(a));当需要测量沿截面高度的应变分布规律时,布置测点数不宜少于 5 个(图 2.60(b))。

② 对轴心受力构件,应在构件测量截面两侧或四周沿轴线方向相对布置测点,每个截面不应少于 2 个(图 2.60(c))。

③ 对偏心受力构件,测量截面上测点不应少于 2 个(图 2.60(c));如需测量截面应变分布规律,测点布置应与受弯构件相同(图 2.60(b))。

④ 对于双向受弯构件,在构件截面边缘布置的测点不应少于 4 个(图 2.60(d))。

⑤ 对同时受剪力和弯矩作用的构件,当需要测量主应力大小和方向及剪应力时,应布置 45°或 60°的平面三向应变测点(图 2.60(e))。

⑥ 对受扭构件,应在构件测量截面的两长边方向的侧面对应部位上布置与扭转轴线成

45°方向的测点;测点数量应根据研究目的确定。

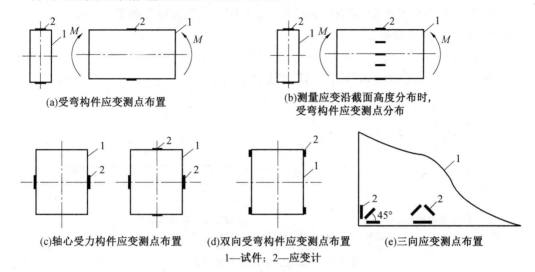

(a)受弯构件应变测点布置

(b)测量应变沿截面高度分布时,
受弯构件应变测点分布

(c)轴心受力构件应变测点布置

(d)双向受弯构件应变测点布置
1—试件;2—应变计

(e)三向应变测点布置

图 2.60　构件应变测点布置图

7.应变测量仪表要求

① 金属粘贴式电阻应变计或电阻片的技术等级不应低于 C 级,其应变计电阻、灵敏系数、蠕变和热输出等工作特性应符合相应等级的要求;测量混凝土应变的应变计或电阻片的长度不应小于 50 mm 和 4 倍粗骨料粒径。

② 电阻应变仪的准确度不应低于 1.0 级,其示值误差、稳定度等技术指标应符合该级别的相应要求。

③ 振弦式应变计的允许误差为量程的 ±1.5%。

④ 光纤光栅应变计的允许误差为量程的 ±1.0%。

⑤ 手持式引伸仪的准确度不应低于 1 级,分辨率不宜大于标距的 0.5%,示值允许误差为量程的 1.0%。

⑥ 当采用千分表或位移传感器等位移计构成的装置测量应变时,其标距允许误差为±1.0%,最小分度值不宜大于被测总应变的 1.0%,位移计的精度应符合前述相关的要求。

2.3.3　线位移测量

位移测量的仪器仪表可根据精度及数据采集的要求,选用电子位移计、百分表、千分表、水准仪、经纬仪、倾角仪、全站仪、激光测距仪、直尺等,如图 2.61 所示。试验中应根据试件变形测量的需要布置位移测量仪表,并由测量的位移值计算试件的挠度、转角等变形参数。

1.试件位移测量规定

① 应在试件最大位移处及支座处布置测点,对宽度较大的试件,尚应在试件的两侧布置测点,并取测量结果的平均值作为该处的实测值。

② 对具有边肋的单向板,除应测量边肋挠度外,还宜测量板宽中央的最大挠度。

③ 位移测量应采用仪表测读。对于试验后期变形较大的情况,可拆除仪表改用水准

仪 — 标尺测量或采用拉线 — 直尺等方法进行测量。

④ 对屋架、桁架挠度测量,测点应布置在下弦杆跨中或最大挠度的节点位置上,需要时也可在上弦杆节点处布置测点。

⑤ 对屋架、桁架和具有侧向推力的结构或构件,还应在跨度方向的支座两端布置水平测点,测量结构在荷载作用下沿跨度方向的水平位移。

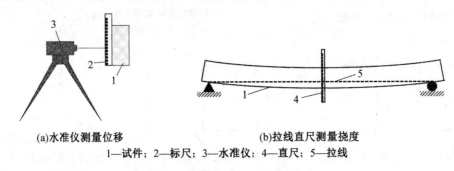

(a)水准仪测量位移　　　　　　　　　　　　　　(b)拉线直尺测量挠度

1—试件；2—标尺；3—水准仪；4—直尺；5—拉线

图 2.61　　试验后期位移测量方法

2.测量试件挠度曲线时的测点布置要求

① 对于受弯及偏心受压构件,测量挠度曲线的测点应沿构件跨度方向布置,包括测量支座沉降和变形的测点在内,测点不应少于 5 点;对于跨度大于 6 m 的构件,测点数量还宜适当增多。

② 对于双向板、空间薄壳结构,测量挠度曲线的测点应沿两个跨度或主曲率方向布置,且任一方向的测点数(包括测量支座沉降和变形的测点在内)不应少于 5 个。

③ 对于屋架、桁架,测量挠度曲线的测点应沿跨度方向各下弦节点处布置。

3.各种位移测量仪器仪表的精度和误差规定

① 百分表、千分表和钢直尺的误差允许值应符合国家现行相关标准的规定。

② 水准仪和经纬仪的精度分别不应低于 DS 和 DJ2。

③ 位移传感器的准确度不应低于 1.0 级;位移传感器的指示仪表的最小分度值不宜大于所测总位移的 1.0%,示值允许误差为量程的 1.0%。

④ 倾角仪的最小分度值不宜大于 5",电子倾角计的示值允许误差为量程的 1.0%。

4.常用的位移计

(1) 百分表和千分表

百分表和千分表属于接触式位移计。其中百分表(机械式和机电式)最小刻度为 0.01 mm,千分表最小刻度为 0.001 mm。百分表和千分表的工作原理是将测尺寸(或误差)引起的测杆微小直线移动,经过齿轮传动和放大,变为指针在刻度盘上的转动,从而读出被测尺寸(或误差)的大小。

百分表设计思路:百分表的齿距是 0.625 mm。当齿杆移动 16 齿,即移动 0.625 × 16 = 10 (mm)时,带动 16 齿小齿轮转 1 周。同时,齿数为 100 的大齿轮也转 1 周。它又带动齿数为 10 齿的小齿轮和长指针转 10 周。当齿杆移动 1 mm 时,长指针转 1 周。由于表盘上共有 100 个刻度值,所以长指针每转 1 格表示齿杆移动 0.01 mm。百分表工作原理如图 2.62

所示。

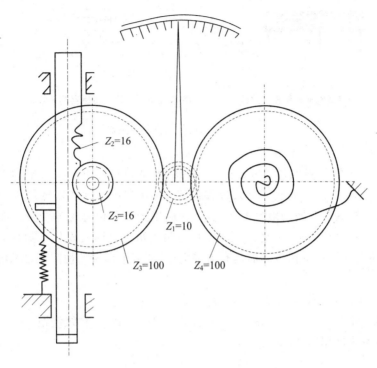

图 2.62　百分表工作原理

（2）应变梁式位移传感器

应变梁式位移传感器属于接触式位移计，其主要部件是一块弹性好、强度高的悬臂弹性簧片，簧片固定在传感器的外壳上。在簧片上面粘贴应变片，组成全桥或半桥桥路，簧片另一端固定有拉簧，拉簧与指针固定，当测杆随位移而移动时，测量弹簧片的挠曲应变，根据应变与簧片变形之间的关系测量线位移，如图 2.63 所示。

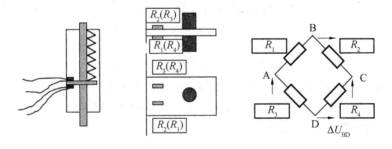

图 2.63　应变梁式位移传感器原理

（3）滑动电阻式位移传感器

滑动电阻式位移传感器由测杆、滑线电阻和触头等组成。滑线电阻固定在传感器外壳上，触点将滑线电阻分成两部分（R_1 和 R_2），分别接入电桥的桥臂，当有位移产生时，一个桥臂阻值增大，另一个桥臂阻值减小。通过触头位置变化与电阻变化之间的关系测量测头位移，如图 2.64 所示。

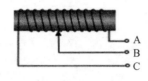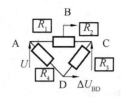

(a)滑线电阻式位移传感器　　(b)滑线电阻式位移传感器测量线路

图 2.64　　滑动电阻式位移传感器

（4）差动变压器式位移传感器

差动变压器式位移传感器（Linear Variable Differential Transformer，LVDT，又称线性可变差动变压器、交流差动变压器式位移传感器）是利用差动变压器原理制造的。它可以把直线移动的机械量变换为电量的变化，广泛应用于各种位移量的测量或能转换为位移的各种物理量（如伸长、膨胀、应变、压力等）的测量。虽然目前实现尺寸测量的传感器有多种，但由于差动变压器式位移传感器具有诸多优点，在多个领域的位移测量系统中得到了广泛的应用。

① 差动变压器式位移传感器的构造及原理。

该传感器实际上和普通变压器一样，由初级绕组 N_1 和两个次级绕组 N_{2-1}、N_{2-2} 组成，但铁芯是可以移动的，如图 2.65 所示。

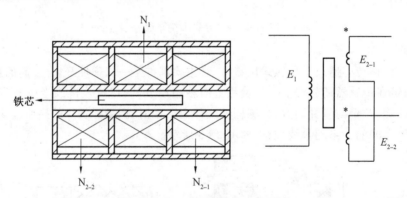

图 2.65　　差动变压器式位移传感器

初级绕组接入交流电源后，由于互感作用，两个次级绕组分别产生了感应电动势 E_{2-1} 与 E_{2-2}，把两个二次线圈的同名端相接，在另一对同名端就可以获得一个与铁芯位移成线性函数关系的特性曲线。

当铁芯位于两个二次线圈中间位置时，两个线圈的电动势相等，$E_{2-1} - E_{2-2} = 0$。输出电压应为 0，把这个电压称为零点电压或残余电压（由于制造过程中的各种因素影响，传感器的零点电压不可能为 0）。

工作原理：初级线圈加电压，当铁芯在中心时，感应电动势为零，否则输出不为零。当铁芯偏离中间位置时，两组线圈的互感发生变化，两个次级线圈中的感应电动势不再相等，便有电压输出，其大小和相位取决于铁芯位移量的大小和方向，如图 2.66 所示。

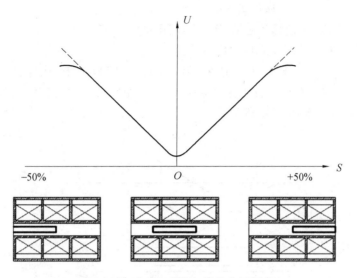

图 2.66　感应电动势与铁芯位置关系

② 差动变压器式位移传感器的特点。

a.LVDT 可在较恶劣的环境下工作。LVDT 的使用温度一般为 $-25 \sim 70$ ℃,目前有些产品的使用温度可达 $-180 \sim 600$ ℃;有的产品还可在水下、油中及核辐射环境中长期工作,这是其他结构形式的位移传感器不能比拟的。

b.由于 LVDT 的可动部分铁芯与固定部分线圈之间本质上是非接触的,因此传感器的理论重复性误差和回差为 0,在实际使用中这两个误差也很小,每支传感器都有自己固定的特性曲线,在引进微处理机进行线性修正后,可以方便地获得 0.01 的精度。

c.由于 LVDT 工作时本质上没有摩擦,因此有极长的平均无故障时间,相关资料介绍 LVDT 的平均无故障时间达 3×10^6 h 以上,这比其他传感器要高 $1 \sim 2$ 个数量级。

d.LVDT 有很高的分辨力,实际的分辨力取决于显示仪表的精度。

e.LVDT 有很宽的测量范围,《直流差动变压器式位移传感器》(GB/T 28857—2012)、《交流差动变压器式位移传感器》(JB/T 9257—1999)的型谱中规划此类产品的最大测量范围为 ± 600 mm。

f.LVDT 灵敏度高、输出信号大。在 JB/T 9257—1999 中,对交流差动变压器式位移传感器的灵敏度规定如下:量程 10 mm 以下的应为 150 mV/mm,量程 10 mm 以上的应为 50 mV/mm;对直流位移传感器的满量程输出(在 DC 10 V 供电时)规定如下:量程 10 mm 以下的应大于 0.5 V,量程 10 mm 以上的应大于 2 V。

g.LVDT 温度系数较小,因此适用于环境温度变化的场所。AC/AC LVDT 的零点温度系数为 0.02%/℃,满量程输出时的温度系数为 0.025%/℃;DC/DC LVDT 的零点温度系数为 0.015%/℃,满量程输出时的温度系数为 0.02%/℃。

h.由于 LVDT 输出的频响较宽,频响范围为 $0 \sim 150$ Hz,因此能满足在一般的测量及控制系统中应用。

i.由于 LDVT 结构比较简单,因此与其他结构形式的传感器相比售价较低。

③ 交流差动变压器式位移传感器的分类。

a.交流差动变压器式位移传感器（AC/AC LVDT）。

b.交流单方向差动变压器式位移传感器。

单方向差动变压器将输出电压迁零，在典型的 LVDT 基础上增加第三绕组 N_3，与 LVDT 输出端再差接而获得单方向输出电压。N_3 绕组平绕 N_1 线圈里面，其输出电压与相位和铁芯的位移无关，如图 2.67 所示。

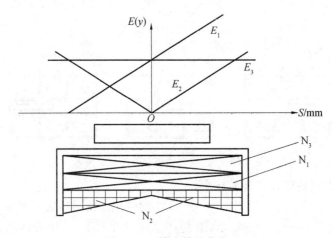

图 2.67　输出特性曲线

单方向 LVDT 由于零点迁移后其零点电压一般都较高（可达满量程输出的 10% 左右），因此，要采用补偿电路来降低零点电压，如图 2.68 所示。

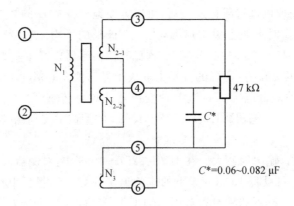

图 2.68　补偿电路

（5）磁致伸缩式位移传感器

磁致伸缩式位移传感器，通过内部非接触式的测控技术，精确地检测活动磁环的绝对位置来测量被检测产品的实际位移值。该传感器因具有高精度和高可靠性已被广泛应用于成千上万的实际案例中。由于作为确定位置的活动磁环和敏感元件并无直接接触，因此传感器可应用在极恶劣的工业环境中，不易受油渍、溶液、尘埃或其他污染的影响。此外，该类传感器采用了高科技材料和先进的电子处理技术，因而能应用在高温、高压和高振荡的环境中。该类传感器输出信号为绝对位移值，即使电源中断或重接，数据也不会丢失，更无须重新归零。由于其敏感元件是非接触的,即使不断重复检测,也不会对传感器造成任何磨损,可以大大地提高检测的可靠性和传感器的使用寿命。

磁致伸缩式位移(液位)传感器,是利用磁致伸缩原理,通过两个不同磁场相交产生一个应变脉冲信号来准确地测量位置的。其测量元件是一根波导管,波导管内的敏感元件由特殊的磁致伸缩材料制成。测量过程是由传感器的电子室产生电流脉冲,该电流脉冲在波导管内传输,从而在波导管外产生一个圆周磁场,当该磁场和套在波导管上反映位置变化的活动磁环产生的磁场相交时,由于磁致伸缩作用,波导管内会产生一个应变机械波脉冲信号,这个应变机械波脉冲信号以固定的声音速度传输,并很快被电子室检测到。

由于这个应变机械波脉冲信号在波导管内的传输时间和活动磁环与电子室之间的距离成正比,通过测量时间即可高度精确地确定这个距离。由于输出信号是一个真正的绝对值,而不是比例放大处理的信号,所以不存在信号漂移或变值的情况,更无须定期重标。

(6) 激光位移传感器

激光位移传感器为一种新型测量仪表,是利用激光技术进行测量的传感器。它由激光器、激光检测器和测量电路组成。激光位移传感器可精确非接触测量被测物体的位置、位移等变化,主要用于测量物体的位移、厚度、距离、直径等几何量。激光有直线度好的优良特性,同样激光位移传感器相对于超声波传感器有更高的精度。但是,激光的产生装置相对比较复杂且体积较大,因此激光位移传感器的应用范围要求较苛刻。

按照测量原理,激光位移传感器原理分为激光三角测量法和激光回波分析法,激光三角测量法一般适用于高精度、短距离测量,而激光回波分析法则适用于远距离测量。

① 激光三角测量法。

激光发射器通过镜头将可见红色激光射向被测物体表面,经物体表面散射的激光通过接收器镜头,被内部的电荷耦合器件(Charge Coupled Device,CCD)线性相机接收,根据不同的距离,CCD 线性相机可以在不同的角度下"看见"这个光点。根据这个角度及已知的激光和相机之间的距离,数字信号处理器就能计算出传感器和被测物体之间的距离。

同时,光束在接收元件的位置通过模拟电路和数字电路处理,并经过微处理器分析,计算出相应的输出值,然后在用户设定的模拟量窗口内,按比例输出标准数据信号。采取激光三角测量法的激光位移传感器最高线性度可达 1 μm,分辨率更是可达到 0.1 μm 的水平。比如 ZLDS100 类型的传感器,它可以达到 0.01% 高分辨率、0.1% 高线性度、9.4 kHz 高响应,且适应恶劣环境。

过去,由于成本和体积等问题的限制,激光位移传感器未能普及。随着近年来电子技术的飞速发展,特别是半导体激光器和 CCD 等图像探测用电子芯片的发展,激光三角位移传感器在性能改进的同时,体积不断缩小,成本不断降低,正逐步从研究阶段走向实际应用阶段。

② 激光回波分析法。

激光位移传感器采用激光回波分析法来测量距离以达到一定精度。传感器内部由处理器单元、回波处理单元、激光发射器、激光接收器等部分组成。激光位移传感器通过激光发射器每秒发射一百万个激光脉冲到检测物并返回至激光接收器,处理器单元计算激光脉冲遇到检测物并返回至激光接收器所需的时间,以此计算出距离值,该输出值是将上千次测量结果进行平均得到的输出,即通过所谓的脉冲时间法测量的。激光回波分析法适合于长距离测量,但测量精度相对于激光三角测量法要低,最远测量距离可达 250 m。

(7) 非接触式光学三维测量

光学三维测量技术是集光、机、电和计算机技术于一体的智能化、可视化的高新技术,主要用于对物体空间外形和结构进行扫描,以得到物体的三维轮廓,获得物体表面点的三维空间坐标。随着现代检测技术的进步,特别是随着激光技术、计算机技术以及图像处理技术等高新技术的发展,光学三维测量技术逐步成为人们的研究重点。光学三维测量技术具有非接触、测量快速、精度高的优点。

非接触式测量技术是随着近年来光学和电子元件的广泛应用而发展起来的,其测量基于光学原理,具有高效率、无破坏性、工作距离大等特点,可以对物体进行静态或动态的测量。将此类技术应用在产品质量检测和工艺控制中,可大大节约生产成本,缩短产品的研制周期,极大提高产品的质量,因而备受人们的青睐。随着各种高性能器件如半导体激光器 LD、电荷耦合器件 CCD、图像传感器 CMOS 和位置敏感传感器 PSD 等的出现,新型三维传感器也不断涌现,其性能也大幅度提高,非接触式光学三维测量技术得到迅猛发展。非接触式光学三维测量主要包括光学被动式三维测量与光学主动式三维测量。

① 光学被动式三维测量。

光学被动式三维测量没有受控的主动光源,无需复杂的设备,且与人类的视觉习惯比较接近,主要用于因环境约束不能使用激光、特殊照明光的场合,或者有保密需要的军事场合。一般是从一个或多个摄像系统获取的二维图像中确定距离信息,形成三维面形数据,即单目、多目视觉。当从一个摄像系统获取的二维图像中确定信息时,人们必须依赖于对于物体形态、光照条件等的先验知识。如果这些知识不完整,则可能对深度的计算产生影响。从两个或多个摄像系统获取的不同视觉方向的二维图像中,通过相关或匹配等运算可以重建物体的三维面形。当被测目标的结构信息过分简单或过分复杂,以及被测目标上各点反射率没有明显差异时,这种计算变得更加复杂。

双目立体视觉(Stereo Vision)根据同一空间点在不同位置的两个相机拍摄的图像中的视差,以及摄像机之间位置的空间几何关系来获取该点的三维坐标值。一个完整的立体视觉系统通常可分为六大部分,包括:

a.图像采集。通过图像传感器(如数码相机等)获得图像并将其数字化。

b.摄像机标定。通过试验和计算得到摄像机内外参数。

c.特征提取。从立体图像对中提取对应的图像特征,以进行后续处理。

d.图像匹配。将同一空间点在不同图像中的映像点对应起来,由此得到视差图像。

e.三维信息恢复。由相机标定参数和两幅图像像点的视差关系,求出场景点的深度信息,把不同的深度信息量化为不同的灰度值,进而恢复景物的三维信息。

f.后处理。因恢复的三维信息有不连续性,所以要对恢复的三维信息进行后处理。

② 光学主动式三维测量。

光学主动式三维测量大体上可分为飞行时间法、主动三角法、投影结构光法、自动聚焦法、离焦法、全息干涉测量法、相移测量法等。以下对几种主要的方法进行简单介绍。

a.飞行时间法。飞行时间法是基于三维面形对结构光束产生的时间调制,一般采用激光,通过测量光波的飞行时间来获得距离信息,结合附加的扫描装置使光脉冲扫描整个待测对象就可以得到三维数据。飞行时间法以信号检测的时间分辨率来换取距离测量精度,要得到高的测量精度,测量系统必须要有极高的时间分辨率,因此飞行时间法常用于大尺度、远距离的测量。

b.全息干涉测量法。全息干涉测量法是将一束相干光通过分光系统分成测量光和参考光,利用测量光与参考光的相干叠加来确定两束光之间的相位差,从而获得物体表面的深度信息。这种方法测量精度高,但测量范围受到光波波长的限制,只能测量微观表面的形貌和微小位移,不适于大尺度物体的测量。

2.3.4　角位移测量

1.转角测量

受力结构的节点、截面或支座截面都有可能发生转动,对转动角度进行测量的仪器很多,可根据测量原理自行设计。

(1)杠杆式测角仪

利用刚性杆和两个位移计就可以测出待测转角。将刚性杆固定在试件的测点上,结构变形带动刚性杆转动,用位移计测出两点位移,即可算出转角。

$$\alpha = \arctan \frac{\delta_2 - \delta_1}{L} \tag{2.45}$$

如图 2.69 所示,当 $L = 1\ 000$ mm 时,位移计刻度值 $A = 0.01$ mm,可测得转角值为 $0.000\ 01$ rad,具有很高的精度。

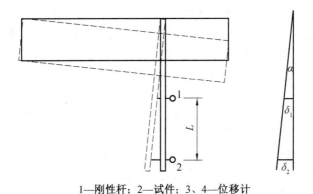

1—刚性杆；2—试件；3、4—位移计

图 2.69　杠杆式测角仪

(2)水准式倾角仪

如图 2.70 所示,水准管安装在弹簧片上,其一端铰接于基座上,另一端被微调螺丝顶住,当用夹具将仪器安装到测点上时,用微调螺丝使水准管中的气泡居中,结构改变后气泡偏移,再扭动微调螺丝使气泡重新居中,刻度盘上前后两次的读数差即代表该测点的转角,即

$$\alpha = \arctan \frac{h}{L} \tag{2.46}$$

式中 L—— 基座与微调螺丝顶点之间的距离；

　　 h—— 微调螺丝顶点前进或后退的位移。

水准式倾角仪的最小读数有的可达 $1\sim 2$，量程为 3 度。水准式倾角仪的优点是尺寸小和精度高，缺点是受温度影响大且不宜在阳光下曝晒以防水准管爆裂。

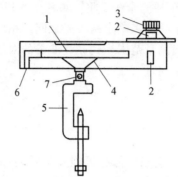

1—水准管；2—刻度盘；3—微调螺丝；4—弹簧片；
5—夹具；6—基座；7—活动铰

图 2.70　水准式倾角仪

（3）电子倾角仪

电子倾角仪实际上是一种传感器，通过电阻变化测定结构部位的转角，其构造原理如图 2.71 所示，准备一个盛有高稳定性导电液体的玻璃器皿，在导电液体中插入三根电极 A、B、C 并加以固定，电极等距离设置且垂直于器皿底面。当传感器处于水平位置时，导电液体的液面保持水平，三根电极浸入液体内的长度相等，故电极 A、B 之间的电阻值等于电极 B、C 之间的电阻值，即 $R_1 = R_2$。使用电子倾角仪时，将其固定在结构测点上，结构发生微小转动时电子倾角仪随之转动，但因导电液面将始终保持水平，因而插入导电液内的电极深度必然变化，使 R_1 减小、R_2 增大，若将 AB、BC 视为惠斯通电桥的两个臂，则建立电阻改变量与转动角度之间的关系，就可以用电桥原理测量和换算倾角。

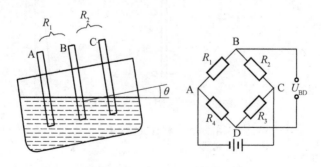

图 2.71　电子倾角仪构造原理

2.曲率测定

可以利用位移计先测出试件表面某一点及其与邻近两点之间挠度差，然后根据变形曲线的形式，近似计算得到测区内构件的曲率。图 2.72 所示为用位移计测定曲率的装置，一根金属杆一端为固定刀口，另一端为移动刀口，当选定标距 AB 后，固定螺母使 B 处刀口不

因构件变形而改变AB的距离。位移计安装在D点,取图示Oxy坐标系,当构件表面变形符合二次抛物线时,有

$$y = c_1 x^2 + c_2 x + c_3 \tag{2.47}$$

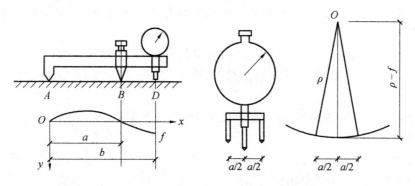

图 2.72　用位移计测定曲率的装置

将A、B、D 三点的边界条件代入公式,则有

$$c_3 = 0; \quad c_1 a^2 + c_2 a = 0; \quad c_1 b^2 + c_2 b = f \tag{2.48}$$

又因

$$c_1 = \frac{f}{b(b-a)}$$

$$c_2 = \frac{af}{b(b-a)}$$

解方程组(2.48),将c_1、c_2 代入式(2.48),得

$$\frac{1}{\rho} = \frac{2f}{b(b-a)} \tag{2.49}$$

　　适用于测定薄板模型曲率的装置如图 2.73 所示,它是在一个位移计轴颈上安装一个 X 形零件,使其对称于位移计测杆。使用时将仪表先放在平板上读取位移计示数,然后放到薄板表面再次读取示数,前后两次之差为f,假定薄板变形曲线近似球面,当$f \ll a$ 时,有

$$\frac{1}{\rho} = \frac{8f}{a^2} \tag{2.50}$$

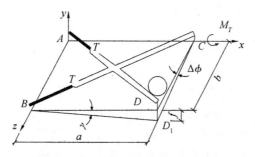

图 2.73　测定薄板模型曲率的装置

2.3.5 裂缝测量

(1) 判断试件混凝土开裂的方法

① 直接观察法。在试件表面刷白,用放大镜或电子裂缝观测仪观察第一次出现的裂缝。

② 仪表动态判定法。当以重物加载时,若荷载不变,而测量位移变形的仪表读数持续增大,则表明试件已开裂;当以千斤顶加载时,若某变形下位移不变,而荷载读数持续减小,则表明试件已经开裂。

③ 挠度转折法。对大跨度试件,根据加载过程中试件的荷载－变形关系曲线转折判断开裂并确定开裂荷载。

④ 应变测量判断法。在试件的最大主拉应力区,沿主拉应力方向连续布置应变计,监测应变值的发展。当某应变计的应变增量有突变时,应取当时的荷载值作为开裂荷载实测值,且判断裂缝就出现在该应变计所跨的范围内。

(2) 裂缝宽度测量及确定布置位置的原则

① 对梁、柱、墙等构件的受弯裂缝,应在构件侧面受拉主筋处测量最大裂缝宽度;对上述构件的受剪裂缝应在构件侧面斜裂缝最宽处测量最大裂缝宽度。

② 板类构件可在板面或板底测量最大裂缝宽度。

③ 其余试件应根据试验目的,测量预定区域的裂缝宽度。

(3) 测量试件裂缝宽度的原则

试件裂缝的宽度可选用刻度放大镜、电子裂缝观测仪、振弦式测缝计、裂缝宽度检验卡等仪表进行测量,测量仪表应符合下列原则:

① 刻度放大镜最小分度不宜大于 0.05 mm。

② 电子裂缝观测仪的测量精度不应低于 0.02 mm。

③ 振弦式测缝计的量程不应大于 50 mm,分辨率不应大于量程的 0.05％。

④ 裂缝宽度检验卡的最小分度值不应大于 0.05 mm。

对试验加载前已存在的裂缝,应进行测量和标记,初步分析裂缝的产生原因和性质,并跨裂缝做石膏标记。试验加载后,应对已存在裂缝的发展进行观测和记录,并通过对石膏标记上裂缝的测量,确定裂缝宽度的变化。

2.3.6 力测量

(1) 力值测量仪表

静力试验中测量集中加载力值的仪表(即力值测量仪表)可选用荷载传感器、弹簧式测力仪等。各种力值测量仪表的测量应符合下列规定:

① 荷载传感器的精度不应低于 C 级;对于长期试验,其精度不应低于 B 级。荷载传感器的最小分度值不宜大于被测力值总量的 1.0％,示值允许误差为量程的 1.0％。

② 弹簧式测力仪的最小分度值不应大于仪表量程的 2.0％,示值允许误差为量程的 1.5％。

③ 当采用分配梁及其他加载设备进行加载时,宜通过荷载传感器直接测量施加于试件

的力值。利用试验机读数或其他间接测量方法计算力值时,应计入加载设备的质量。

④ 当采用悬挂重物加载时,可通过直接称量加载物的质量计算加载力值,并应计入承载盘的质量。称量加载物及承载盘质量的仪器允许误差为量程的 ±1.0%。

(2)均布加载时,确定施加在试件上的荷载的规定

① 重物加载时,以每堆加载物的数量乘以单体质量,再折算成区格内的均布加载值;称量加载物质量的衡器允许误差为量程的 ±1.0%;

② 散体装在容器内倾倒加载时,称量容器内的散体质量,以加载次数计算质量,再折算成均布加载值;称量容器内散体质量的衡器允许误差为量程的 ±1.0%。

③ 水加载时,先测量水的深度,再乘以水的密度计算均布加载值,或采用精度不低于1.0级的水表按水的流量计算加载量,再换算为荷载值。

④ 气体加载时,以气压计测量加压气体的压力,均布加载量按气囊与试件表面实际接触的面积乘以气压值计算确定;气压表的精度等级不应低于1.5级。

(3)机械式和电测式测力计基本原理

机械式和电测式测力计的基本原理是利用弹性元件的弹性变形或应力与应变的关系获得外力数值,如图 2.74 所示。

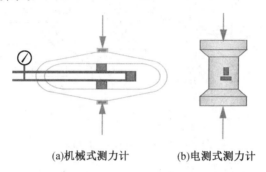

(a)机械式测力计　　　　(b)电测式测力计

图 2.74　常用测力计

【例2.6】试设计一个空心柱式压力传感器(电阻应变式),量程为$0 \sim 100$ N,利用惠斯通电桥工作特性,消除偏心作用,同时也要解决温度补偿问题,如图 2.75 所示。

图 2.75　传感器所用的结构(空心圆柱体)

【解】在筒壁泊松比已知的条件下,沿筒壁横向和纵向分别粘贴应变片。

方式一:布置 4 个工作片,2 个竖向、2 个横向,如图 2.76 所示。利用全桥电路可得:

$$\Delta U_{BD} = \frac{U}{4} K \cdot 2(1+\nu)\bar{\varepsilon}。$$

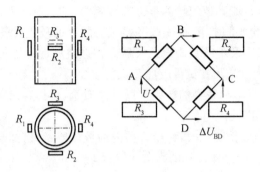

图 2.76　测点布置与测量桥路一

方式二：布置 8 个应变片，4 个竖向、4 个横向，如图 2.77 所示。利用全桥电路可得：

$$\Delta U_{BD} = \frac{U}{4}K \cdot 2(1+\nu)\bar{\varepsilon}。$$

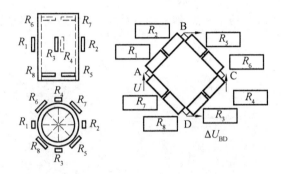

图 2.77　测点布置与测量桥路二

2.3.7　数据采集系统

1.数据采集系统的组成

数据采集系统可以对大量数据进行快速采集、处理、分析、判断、报警、直读、试验控制等，其采样速度可高达每秒几万个数据或更多。目前，国内外数据采集系统的种类很多，按其系统组成的模式大致可分为以下几种：

① 专用数据采集、分析、处理功能一体化系统，具有专门化、多功能、高标准的特点。

② 分散式系统，由智能化前端机、主控计算机或微机系统、数据通信及接口等组成，其特点是前端靠近测点，可消除导线过长引起的误差，稳定性好，操作容易，传输距离长等。

③ 小型专用系统，以单片机为核心，小型、便携、用途单一、操作方便、价格低，适用于现场试验。

④ 组合式系统，是一种以数据采集仪和计算机为中心，按试验要求进行配置所组合成的系统，其使用广泛，价格较便宜。

通常，数据采集系统由 3 个部分组成：传感器部分、数据采集仪部分和计算机（控制和分析）部分，如图 2.78 所示。

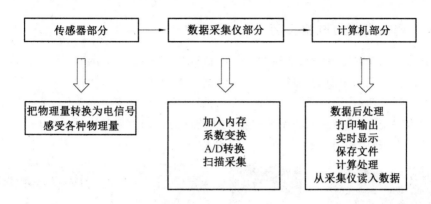

图 2.78　数据采集系统组成

（1）传感器部分

传感器部分包括前面所提到的各种电测传感器，其作用是感受各种待测物理量，如力、位移、应变和温度等，并把这些物理量转变成电信号。一般情况下，传感器输出的电信号可以直接输入数据采集仪，如果传感器的输出信号不能满足数据采集仪的输入要求，则还要加上放大器。

（2）数据采集仪部分

数据采集仪部分包括：

① 与各种传感器相关的连接模块和多路开关，其作用是与传感器连接，并对各个传感器进行扫描采集；数字转化器对扫描得到的模拟量进行数字转换，转换成数字量。

② 主机，其作用是按照所设置的指令或计算机发出的指令来控制整个数据采集仪，进行数据采集。

③ 存储器，其作用是存放指令和数据。

④ 其他辅助部件。

数据采集仪部分的作用是对所有传感器通道进行扫描，把扫描得到的电信号进行数字转换，转换成数字量，再根据传感器特性对数据进行换算，然后将这些数据传输到计算机，或者将这些数据打印输出、存储。

（3）计算机部分

计算机部分包括主机、显示器、存储器、打印机、绘图仪等。计算机部分的主要作用是作为整个数据采集系统的控制器，控制整个数据采集过程。在采集过程中，通过运行数据采集程序，计算机对数据采集仪进行控制，并对数据进行计算处理，实时打印输出、显示及存储图像。

2.数据采集的过程

数据采集过程是由数据采集程序控制的。数据采集程序主要由两部分组成：第一部分是数据采集的准备，第二部分是正式采集。程序的运行大致如下：

启动采集程序 — 数据采集前准备 — 采集初读数 — 正式采集（一次采集或连续采集）— 终止采集程序 — 试验数据转化成可读取的文件形式。

2.3.8 钢桁架静力试验实例

该试验的目的是测量钢桁架在跨中受集中荷载作用下的内力分布和跨中挠度,并与理论计算结果比较。钢桁架由对称的工字钢和圆钢组成,在跨中通过千斤顶加载,通过力传感器测量施加的竖向荷载;通过固定铰支座和滚动铰支座模拟简支边界条件;通过百分表测量支座沉降和跨中变形;通过粘贴应变片测量试件的内力。钢桁架静力试验原理如图 2.79 所示。弹性模量 E、截面积 A、截面惯性矩 J 等结构参数为已知量。

(a)钢桁架试件试验　　　(b)百分表　　　(c)力加载和测量　　　(d)电阻应变仪

图 2.79　钢桁架静力试验原理

（1）轴力

该试验共有 7 个轴力测点,测量轴力的应变片粘贴在两节点的中点。圆钢沿对称轴两侧粘贴,工字钢贴在腹板轴线中点,如图 2.80 所示。选这些位置粘贴的目的是尽量消除弯矩应变的影响,计算公式见式(2.51)和式(2.52)。该方法的优点是可以消除偏心、温度的影响。

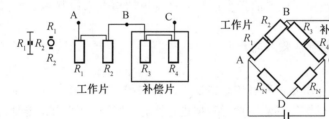

图 2.80　轴力测点与测量桥路

$$\Delta U_{BD} = \frac{U}{4}K(\varepsilon_{AB} - \varepsilon_{BC} + \varepsilon_{CD} - \varepsilon_{DA}) = \frac{U}{4}K\frac{\varepsilon_1 + \varepsilon_2}{2} = \frac{U}{4}K\bar{\varepsilon} \tag{2.51}$$

$$N = \bar{\varepsilon}EA \tag{2.52}$$

（2）弯矩

该试验共有 10 个弯矩测点。弯矩测点粘贴在离节点 250 mm 处的上下翼缘对称位置,如图 2.81 所示,计算公式见式(2.53)和式(2.54)。注意,应用该方法时要求截面为对称截面。

$$\Delta U_{BD} = \frac{U}{4}K(\varepsilon_{AB} - \varepsilon_{BC} + \varepsilon_{CD} - \varepsilon_{DA}) = \frac{U}{4}K2\bar{\varepsilon} = \frac{U}{4}K\varepsilon_m \tag{2.53}$$

$$M = \varepsilon E\frac{2J}{h} = \frac{\varepsilon_m}{2}E\frac{2J}{h} \tag{2.54}$$

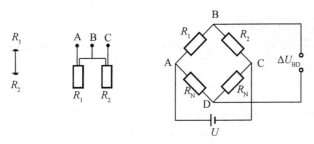

图 2.81　弯矩测点与桥路形式

（3）跨中挠度

设消除支座沉降后的跨中挠度实测值为 f，则

$$f = f_3 - \frac{f_1 + f_2}{2} \tag{2.55}$$

式中　　f_1、f_2—— 两端支座沉降；

　　　　f_3—— 跨中挠度实测值。

2.4　试验荷载与加载制度

2.4.1　试验加载图示

1.加载图示的基本概念

加载图示是指试验荷载在试件上的布置形式，包括荷载类型和分布情况。实际试验与理论可能有所差别，此时采用等效加载图示。

2.等效加载图示应满足的条件

等效加载图示应满足的条件：

① 等效加载图示产生的控制截面上的主要内力应与计算内力值相等。

② 等效荷载产生的主要内力图形与计算内力图形相似。

③ 由于等效荷载引起的变形差别，应给予修正。

④ 控制截面上的内力等效时，其次要截面的内力应与设计值接近。

对于梁均布荷载试验，在实验室常采用集中荷载进行模拟，如图 2.82 所示，一般采用四分点两集中力或八分点四集中力。集中荷载应满足等效荷载图示的基本条件要求。集中荷载对梁产生的跨中弯矩值和剪力值应与理论荷载值一致，弯矩图和剪力图尽量接近，由集中荷载引起的变形差别应予以修正。

当一种加载图示不能反映试验所要求的几种极限状态时，应采用不同的加载图示分别在几个截面上进行试验。例如，梁的试验不仅仅要考虑正截面抗弯承载力极限状态试验，还应考虑斜截面抗剪承载力极限状态试验。对于某些截面，拱和壳体承受半跨荷载比全跨荷载更不利。在多数情况下，除半跨、全跨试验外，还需要进行局部均布荷载试验。一般情况

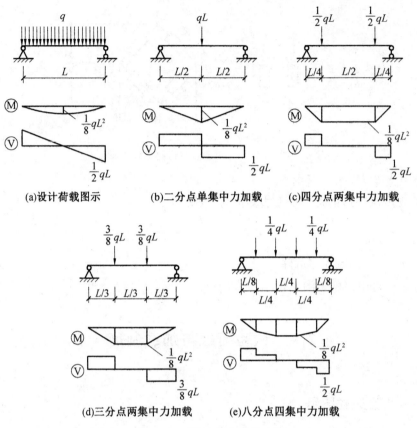

(a)设计荷载图示　　(b)二分点单集中力加载　(c)四分点两集中力加载

(d)三分点两集中力加载　　(e)八分点四集中力加载

图 2.82　等效加载图示例

下,同一试件采用同一加载图示。

《建筑结构可靠性设计统一标准》(GB 50068—2018)将结构功能的极限状态分为三大类:承载力极限状态、正常使用极限状态和耐久性极限状态;同时也规定结构和构件应按不同荷载效应组合设计值进行承载力计算以及稳定、变形、抗裂和裂缝宽度验算,如图 2.83 所示。因此,在试验前应确定相应于各种受力状态的试验荷载。

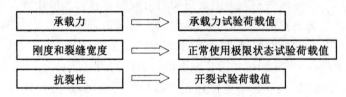

图 2.83　不同极限状态对应的荷载

正常使用极限状态的荷载分为短期荷载和长期荷载。当进行短期荷载试验时,应将长期荷载下的允许变形值换算为短期荷载下的变形值。

2.4.2　试验荷载计算

1.验证性试验的试验荷载

（1）承载力极限状态

$$Q_d = \gamma_G G_k + \gamma_Q Q_k \tag{2.56}$$

式中　　γ_G—— 永久荷载分项系数,取 1.3;

　　　　γ_Q—— 可变荷载分项系数,取 1.5;

　　　　G_k—— 永久荷载标准值;

　　　　Q_k—— 可变荷载标准值。

（2）正常使用极限状态

$$Q_s = G_k + Q_k \tag{2.57}$$

采用均布荷载加载图示时,承载力检验荷载按公式(2.56)计算,再乘以检验加载系数 $[\gamma_u]_i$ 得到不同检验标志相应的检验荷载值。检验构件的挠度和裂缝宽度时,由公式(2.57)计算短期荷载检验值。进行抗裂检验时,应将公式(2.57)乘以检验指标 $[\gamma_{cr}]$ 得到抗裂检验荷载值。

采用集中荷载加载图示时,应根据弯矩等效原则反算集中荷载值。对于三分点两集中力加载、四分点两集中力加载和剪力跨度为 a 的两对称集中力加载形式,等效加载检验荷载如下。

① 对于三分点两集中力加载时的等效加载检验荷载。

$$F_s = 3\frac{G_k + Q_k}{8}bL \tag{2.58}$$

$$F_d = 3\frac{\gamma_G G_k + \gamma_Q Q_k}{8}bL \tag{2.59}$$

② 对于四分点两集中力加载时的等效加载检验荷载。

$$F_s = \frac{G_k + Q_k}{2}bL \tag{2.60}$$

$$F_d = \frac{\gamma_G G_k + \gamma_Q Q_k}{2}bL \tag{2.61}$$

③ 对于剪力跨度为 a 的两对称集中力加载时的等效加载检验荷载。

$$F_s = \frac{G_k + Q_k}{8a}bL^2 \tag{2.62}$$

$$F_d = \frac{\gamma_G G_k + \gamma_Q Q_k}{8a}bL^2 \tag{2.63}$$

式中　　b、L—— 受荷宽度和计算跨度;

　　　　a—— 剪力跨度。

2.验证性试验的正常使用极限状态试验荷载

第一步:根据构件材料实测强度(试验值)和构件的实测几何参数,按式(2.64)来计算截面的承载力计算值,即

$$S_u^c = R(f_c^0, f_s^0, a^0, \cdots) \tag{2.64}$$

式中 f_c^0—— 混凝土抗压强度试验值；

         f_s^0—— 钢筋抗拉强度试验值；

         a^0—— 截面尺寸实测值。

第二步：按式(2.65)计算控制截面上的正常使用极限状态短期效应计算值，即

$$S_s^c = M_s^c = \frac{R(f_c^0, f_s^0, a^0, \cdots)}{\gamma_0 \gamma_u [\gamma_u]_i} \tag{2.65}$$

式中 γ_u—— 荷载或分项系数平均值；

         γ_0—— 结构构件重要性系数，见表 2.2；

         $[\gamma_u]_i$—— 构件第 i 类承载力标志对应的承载力检验系数允许值，见表 2.3。

第三步：根据控制截面上的效应计算值和加载图示，经等效换算求得正常使用状态下的试验荷载值。

表 2.2   结构构件重要性系数

安全等级	破坏后果	建筑物类型	γ_0
一级	很严重	重要的建筑物	1.1
二级	严重	一般重要的建筑物	1.0
三级	不严重	次要的建筑物	0.9

表 2.3   承载力标志及检验系数允许值

受力类型	标志类型 (i)	承载力标志	$[\gamma_u]_i$
受拉、受压、受弯	1	弯曲挠度达到跨度的 1/50 或悬臂长度的 1/25	1.20(1.35)
	2	受拉主筋处裂缝宽度达到 1.50 mm 或钢筋应变达到 0.01	1.20(1.35)
	3	构件的受拉主筋断裂	1.60
	4	弯曲受压区混凝土受压开裂、破碎	1.30(1.50)
	5	受压构件的混凝土受压破碎、压溃	1.60
受剪	6	构件腹部斜裂缝宽度达到 1.50 mm	1.40
	7	斜裂缝端部出现混凝土剪压破坏	1.40
	8	沿构件斜截面斜拉裂缝，混凝土撕裂	1.45
	9	沿构件斜截面斜压裂缝，混凝土破碎	1.45
	10	沿构件叠合面、接槎面出现剪切裂缝	1.45
受扭	11	构件腹部斜裂缝宽度达到 1.50 mm	1.25
受冲切	12	沿冲切锥面顶、底的环状裂缝	1.45
局部受压	13	混凝土压陷、劈裂	1.40
	14	边角混凝土剥裂	1.50

受力类型	标志类型 (i)	承载力标志	$[\gamma_u]_i$
钢筋的锚固、连接	15	受拉主筋锚固实效,主筋端部滑移达到 0.2 mm	1.50
	16	受拉主筋在搭接连接头处滑移,传力性能失效	1.50
	17	受拉主筋搭接脱离或在焊接、机械连接处断裂,传力中断	1.60

【例2.7】某验证性试验对象为钢筋混凝土梁,计算跨度 $L_0 = 5\,600$ mm;截面尺寸实测值 $b_0 \times L_0 = 200$ mm $\times 350$ mm;Ⅰ级钢筋强度实测值 $f_s^0 = 245$ N/mm²;钢筋面积实测值 $A_s^0 = 563$ mm²;保护层厚度为 30 mm;混凝土抗压强度实测值 $f_c^0 = 11.5$ N/mm²;结构安全等级为二级;可变荷载比值为 0.5;两个集中力四分点加载。确定使用状态短期荷载试验值 F_s。

【解】① 求截面受压区高度 x 和承载力计算值:

$$x = \frac{A_s^0 f_s^0}{b_0 f_c^0} = \frac{563 \times 245}{200 \times 11.5} = 59.97 \text{ (mm)} \tag{2.66}$$

$$R(f_{cm}^0, f_s^0, A_s^0, b_0, \cdots) = b_0 f_{cm}^0 x \left(h_0 - \frac{x}{2}\right) = 39.31 \text{ kN} \cdot \text{m} \tag{2.67}$$

② 计算正常使用极限状态短期效应内力计算值:

$$S_s^c = M_s^c = \frac{R(f_{cm}^0, f_s^0, A_s^0, b_0, \cdots)}{\gamma_0 \gamma_u [\gamma_u]_i} = 25.79 \text{ kN} \cdot \text{m} \tag{2.68}$$

③ 计算正常使用极限状态短期试验荷载值 F_s:

$$F_s = \frac{4M_s^c}{L_0} = 18.42 \text{ kN} \tag{2.69}$$

扣除大梁自重后的短期试验荷载加载值为 13.52 kN。

2.4.3　加载程序设计

结构承载力及变形性能均与结构所受荷载大小、加载速度及荷载在构件上的持续时间等因素有关。静力试验准备阶段,根据试验目的确定试验加载值,控制加载速度,明确加载时间,制定相应的加载程序。进行静力试验时必须给予足够时间,使结构变形得到充分发展。确定加载时间与加载量的过程称为加载程序设计。探索性试验的加载程序应根据受力特点和试验目的确定,试验分为预加载和正式加载两个阶段。验证性试验一般应分级加载和卸载,并将试验分为预加载、正常使用极限状态荷载(标准荷载)、承载力极限状态荷载(破坏荷载)三个阶段,如图 2.84 所示。

1. 预加载

静力试验正式开始前应进行预加载,其目的在于:

① 使各部位(如支座、连接等)良好接触,进入正常工作状态,荷载位移曲线稳定。

② 确定加载设备工作是否正常工作,确定加载装置是否安全可靠。

③ 确定检测测试仪表是否进入正常工作状态。

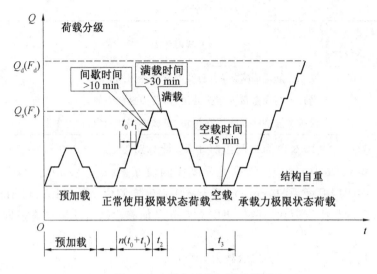

图 2.84　静力试验加载程序图

④ 使试验人员熟悉业务及调表、读数等操作,以保证数据采集正确无误。

预加载的荷载量要适度,预加载应控制试件在弹性范围内受力,一般预加载值不超过开裂荷载的 70%(含自重),并且分三级加载,2 ~ 3 级卸完。

2.荷载分级

荷载分级的目的一方面是控制加载速度;另一方面是便于观察结构变形情况,为读取各种数据提供所必要的时间。前述的预加载亦是如此。

荷载分级主要考虑能比较准确得到的承载力试验荷载值、开裂荷载值、正常使用状态荷载值及相应的变形值。在特征值附近,将荷载减小 1/2 或更小。试验荷载一般按 20% 左右为一级,即按 5 级左右进行加载。一般在达到正常使用状态试验荷载值以前,每级加载值不宜大于正常使用状态荷载值的 20%;当超过正常使用状态试验荷载值后,每级加载值不宜大于正常使用状态试验荷载值的 10%;接近开裂荷载计算值时,每级加载值不宜大于正常使用状态荷载值的 5%;开裂后可取正常使用状态荷载值的 10%。加载到承载能力极限状态的试验阶段时,每级加载值不应大于承载力状态荷载设计值的 5%。

3.级间间歇时间 $t_0 + t_1$

级间间歇时间指每级开始加载至加载完毕的时间 t_0 和荷载停留时间 t_1 的总时间。荷载停留时间(持荷时间)应考虑结构或构件变形是否充分,由于材料塑性和裂缝开展,需要一定时间才能完成内力重分布,否则偏小的变形值会导致偏高的极限荷载值,影响试验的准确性。级间间歇时间一般不少于 10 min。

4.满载时间 t_2

变形和裂缝是评价钢筋混凝土结构的重要指标。当进行混凝土结构的变形和裂缝宽度试验时,在正常使用极限状态短期试验荷载作用下的满载时间不应小于 30 min,钢结构的满载时间也不宜小于 30 min,拱或砌体的满载时间为 3 h。

5.空载时间 t_3

结构卸载到重新开始受荷之间的间歇时间称为空载时间。空载对于探索性试验是完全必要的,可以观测结构经受荷载作用后的残余变形和变形的修复情况,也可以充分发展残余变形。空载时间一般不少于 45 min。

6.卸载

对于刚度、抗裂和裂缝宽度检验,以及残余变形测定等问题,正常使用荷载后均需要卸载,使结构弹性变形得以恢复。可按加载级距卸载,也可放大一倍后分两次卸完。

2.5　试验前准备及试验方案制定

2.5.1　试验前准备

试验前准备包括正式试验前的所有工作,分为试验规划和准备两项。这两项工作在整个试验过程中,时间长、工作量大,内容也最庞杂。准备工作的好坏或充分与否,将直接影响试验进度和试验成果。因此,每个阶段、每个细节都必须认真、周密。

(1)调查研究并收集资料

① 验证性试验:收集图纸、计算书和设计所依据的原始资料;收集施工日志、材料性能试验报告、施工记录和隐蔽工程验收记录;确认使用过程中是否有超载和事故等情况。

② 探索性试验:收集与本试验有关的历史(前人类似试验中采用的方法及试验结果)、现状(已有的理论、假设)和将来发展的要求(生产及发展趋势)。

(2)试验大纲制定

试验大纲是在取得资料、调查分析、前期研究的基础上,为保证试验顺利开展并且试验按预期目标达到预期效果而制定的纲领性文件,一般包括以下内容。

① 概述:简要介绍收集资料、调查研究的情况,提出试验依据及试验目的、意义与要求等。必要时,还应有理论分析和计算。

② 试件设计和制作要求:介绍设计依据及理论分析方法、计算过程、试件的规格和数量,绘制施工图,明确对原材料、施工工艺的要求等。对验证性试验,也应阐明原设计要求,施工或使用情况等。对探索性试验,试验数量或试件数量根据结构和材料的变异性与研究项目间的相关条件,可按正交设计和数理统计规律确定,宜少不宜多。对于验证性试验或检测,根据加载设备能力和试验成本限制条件,试验对象应尽可能是实体,或尽量接近实体。

③ 试件的安装和就位:内容包括就位形式、支撑装置、边界条件模拟、保证侧向稳定性的措施和就位方法及机具等。根据试验要求和具体条件,按就位形式可以采用正位、异位和原位试验。正位试验加载装置是静力试验中最常见的形式,由于其结构或构件安装位置是在与实际工作状态相一致的情况下进行的,因此是加载装置优先考虑的方案。异位试验在结构或构件安装位置与实际工作状态不一致的情况下进行。按空间位置的不同,异位试验又可分为反位试验和卧位试验。原位试验是对既有结构进行现场荷载试验的唯一选择。

④ 加载方法和设备：内容包括荷载种类和数量、加载设备装置、加载图示及加载制度。

⑤ 测量方法和内容（观测设计）：内容包括观测项目、测点布置、测量仪表的选择（型号）、性能指标或功能、标定方法、编号规则、安装方法（接触点或表面处理方法、仪器固定方式等）、测量顺序规定、测量结果初步处理方法与对比数据方法。

⑥ 辅助性试验：静力试验往往要进行必要的材料力学性能试验和某些探索性小试件或小模型、节点试验。本项应列出试验内容，阐明试验目的，试验设计，试件种类、数量、形状尺寸、制作要求和试验方法等。

⑦ 安全措施：内容包括人身、仪器和设备等方面的安全防护措施。

⑧ 试验进度计划。

⑨ 试验组织管理：一个试验，特别是大型试验，参加人员多，涉及面广，应严密组织、加强管理。试验组织管理部分的内容包括技术档案资料管理、原始记录管理、人员组织和分工、任务落实、工作检查、指挥调度以及必要的交底和培训工作。

⑩ 附录：内容包括所需仪器仪表设备清单、观测记录表格、加载设备与测量仪器的率定结果和其他必要文件。

（3）试件准备

安装和测量需要对试件进行必要的构造处理。注意留样。试验前，按图纸处理试件，使之符合各部分尺寸，记录试件的构造情况以及存在的缺陷，存档。

（4）材料物理力学性能测定

测定内容包括强度、变形、弹性模量等。绘制混凝土全过程曲线的必要条件：试验机具有足够的刚度。

（5）试验设备与场地的准备

完成仪器和设备检修，率定。

（6）安装就位

完成模拟工作，使支座保持均匀接触等。

（7）加载设备和测量仪表的安装

安装要可靠、安全，必要时编号。接触式仪表要有附加保护措施。

2.5.2　试验方案制定

在进行试验时，为了全面、深入了解并正确判断结构或构件在荷载作用下的实际工作状态，以便为结构分析提供科学依据，须获得结构在荷载作用下的位移、应变等数据。对于试验测试方式、内容、布置等细节，必须在试验前进行详细讨论，拟定试验方案。试验方案通常包括以下几方面内容：

① 按试验目的，确定试验测试项目。

② 按规定的测试项目要求，选择测点位置。

③ 选择测试仪器仪表和测定方法。

拟定的试验方案要紧密结合加载方案，根据试验目的把结构在试验过程中可能出现的变形等数据测出来。首先确定观测项目，选择测量区段，布置测点位置，然后选择合适的仪器仪表最后确定观测方法。确定观测项目时要注意整体和局部，测点的选择和布置要重点突出、具有代表性,校核点布置要方便、可靠。测读原则是同时读数,边记录,边整理。

结构在荷载作用下的变形可以分为两类:一类反映结构的整体工作状况(如梁的挠度、转角、支座位移等),称作整体变形;另一类反映结构的局部工作状况(如应变、裂缝、钢筋滑移等),称作局部变形。

在确定观测项目时,首先应该考虑整体变形,这是因为整体变形能够概括结构工作的全貌,可以基本上反映出结构的工作状态。对梁来说首要观测挠度,通过对挠度的观测,一方面可知道结构的刚度、弹性和非线性工作性质,另一方面挠度变化规律的异常可直接反映出结构或装置的局部现象。对于某些构件,局部变形也是很重要的。例如裂缝是混凝土的一种局部变形,出现裂缝说明其抗裂能力出现问题;在做非破坏性试验时,控制截面的最大应变往往可以作为反映结构极限强度的直接指标。

④ 测量方法。

a.整体变形。任何构件的挠度或侧向位移,所指的均是构件截面中轴线上的变形;要对准轴心或对称布置;测量构件跨中挠度时,应扣除支座沉降的挠度,且布置的测点不得少于3 个;测量受弯构件挠度曲线时,应考虑支座沉降、压缩变形和支墩变形等因素,且布置测点数量不少于 5 个;对于跨度大于 6 m 的构件应适当增加测点;对于截面宽度大于 600 mm 的受弯或偏心受压构件,挠度测点应沿构件两侧对称布置。

b.局部变形。局部区段的应变用来进行后期的应力应变分析、承载力验算与工作状态判断。截面受压区高度测定:沿梁高布置不宜少于 5 个测点(外密内疏);同时在受拉钢筋处布置测点。对于轴心受压构件,应在截面两侧或四周沿轴线相对布置测点,每个截面不应少于 2 个测点;偏心受压构件与轴心受压构件相同,当考察截面应变分布时,与受弯构件相同,不少于 5 个测点。对于双向受弯构件,应在被测截面布置 3 个或 4 个测点。对于受扭构件,应在截面的两长方向的侧面对应部位上布置与扭转轴线成 45° 方向的测点。框架梁固端弯矩的测定:利用反弯点。平面应变的测定:了解平面应力的大小和方向;方向未知时,3 个方向布置测点;利用对称性(荷载与结构)。

⑤ 混凝土结构裂缝测量方法。

先初步估计裂缝出现区段,用放大镜法或荷载－挠度曲线判断法确定开裂荷载实测值,裂缝发生后,应对裂缝宽度、长度、间距、走向(发展趋势)进行详细观测。宽度测量:持荷结束后,选 3 条目估最大裂缝用刻度放大镜测量,取最大者为最大裂缝宽度。绘制裂缝变化图,裂缝观测结果表达如图 2.85 所示。

图 2.85　裂缝观测结果表达

⑥ 结构应力测定。

对于桁架模型,测定轴力－应变的测点应设置在杆件的中部,以避免受到节点处固结作用产生的局部弯矩。了解节点固结产生的次应力,应将应变测点布置在节点附近,并保持一定距离。考虑桁架结构为对称结构,其应变测点可半跨布置,另外半跨只布置少量的校核性测点(校核点),如图 2.86 所示。

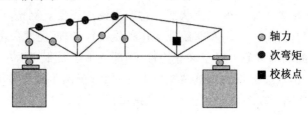

图 2.86　桁架应力测定

2.6　试验数据整理

2.6.1　挠度计算

不同试验的研究任务和目的不同,对试验结果的分析和评定方式也不同。所以需要对试验结果进行综合分析来探索结构的内在规律或检验结构计算理论的正确性。检验某种结构的性能时,应根据试验结构和国家现行标准及规范的要求对结构性能进行评定。

1.简支构件挠度

构件的挠度是指构件本身的绝对挠度。由于试验时简支构件受到支座沉降、构件自重、加载设备自重、加载图示及预应力反拱的影响,预得到构件受荷的实测挠度后,应对所测挠度值进行修正,如图 2.87 所示。

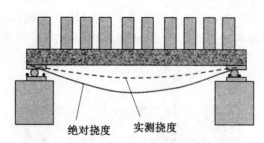

绝对挠度　　实测挠度

图 2.87　简支构件挠度绝对挠度和实测挠度

修正后的简支构件跨中短期挠度 a_s^0:

$$a_s^0 = (a_q^0 + a_g^c)\psi \tag{2.70}$$

式中　　a_q^0——消除支座沉降后的跨中挠度实测值;

　　　　a_g^c——构件自重和加载设备自重产生的跨中挠度值;

　　　　ψ——用等效集中荷载代替均布荷载时的加载图式修正系数,按表 2.4 采用。

若等效集中载载的加载图式不符合表 2.4 所列图式时,应根据内力图形用图乘法或积分法求出挠度,并与均布荷载下的挠度比较,从而求出加载图式的修正系数。

表 2.4　加载图示修正系数 ψ

名称	加载图示	修正系数 ψ
均布荷载	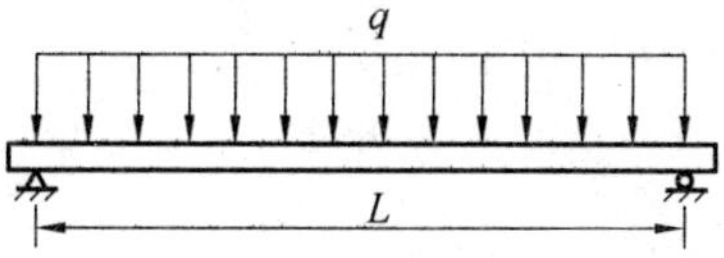	1.00
四分点二集中力等效荷载	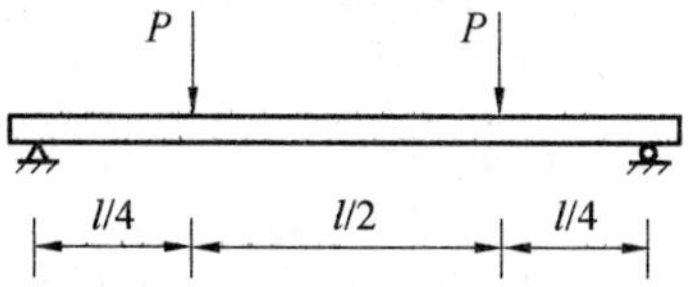	0.91
三分点二集中力等效荷载	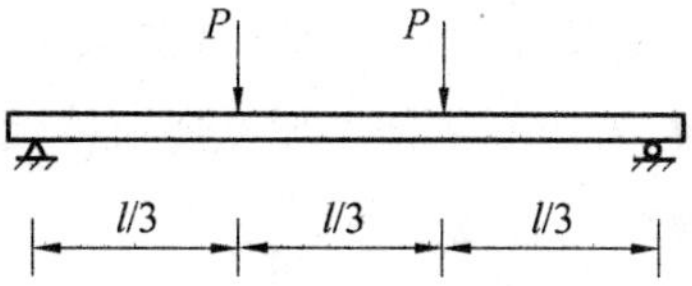	0.98
八分点四集中力等效荷载	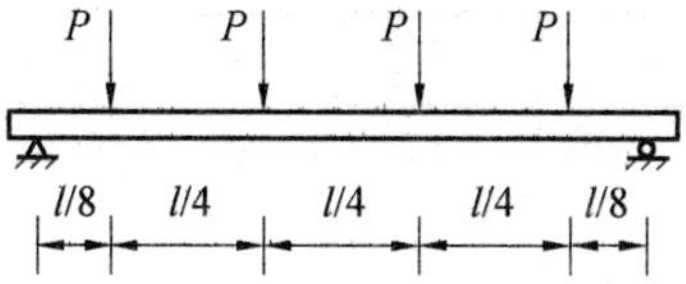	0.99
十六分点八集中力等效荷载	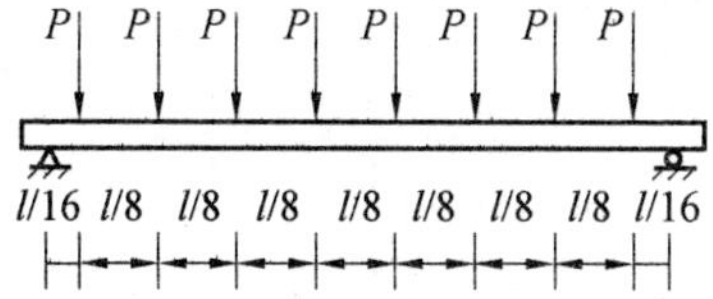	1.00

消除支座沉降后的跨中挠度实测值 a_q^0:

$$a_q^0 = f_3 - \frac{f_1 + f_2}{2} \tag{2.71}$$

式中　f_1、f_2——两端支座沉降;

　　　f_3——跨中实测挠度。

由于仪表初读数是在构件和试验装置安装后进行,加载后测量的挠度值中不包括自重引起的挠度变化,因此在构件挠度值中应加上构件自重和加载设备自重产生的跨中挠度。可由构件出现裂缝前一级荷载的加载值产生的跨中弯矩值和跨中挠度实测值,计算构件自重和加载设备自重产生的跨中挠度值 a_g^c:

$$a_g^c = \frac{M_g}{M_b} a_b^0 \tag{2.72}$$

式中　M_g——构件自重和加载设备自重产生的跨中弯矩值;

M_b、a_b^0——从外加试验荷载开始至构件出现裂缝前一级荷载的加载值产生的跨中弯矩值和跨中挠度实测值,如图2.88所示。

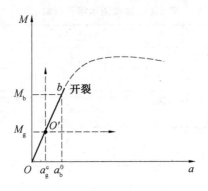

图 2.88 $a-M$ 关系图

当支座处因遇障碍,在支座反力作用线上不能安装位移计时,可将仪表安装在离支座反力作用线内侧 d 距离处,在 d 处所测挠度比支座沉降大,因而跨中实测挠度将偏小,应乘以支座测点位移偏移修正系数,见表2.5。

表 2.5 支座测点位移偏移修正系数

荷载图示	d									
	0.01	0.02	0.03	0.04	0.05	0.06	0.07	0.08	0.09	0.10
(l/2 集中荷载)	1.031	1.064	1.099	1.136	1.176	1.218	1.264	1.312	1.364	1.420
(l/3 P P 三分点荷载)	1.032	1.067	1.103	1.143	1.185	1.230	1.278	1.329	1.386	1.446
(l/4 P P l/4 四分点荷载)	1.033	1.067	1.104	1.144	1.189	1.232	1.281	1.333	1.390	1.451
(l q 均布荷载)	1.033	1.068	1.106	1.146	1.189	1.236	1.285	1.338	1.396	1.457

2.预应力钢筋混凝土结构挠度

对预应力钢筋混凝土结构,预应力钢筋对混凝土产生预压作用而使结构产生反拱,构件越长,反拱值越大。因此实测挠度中应扣除预应力反拱值:

$$a_{s,p}^0 = (a_q^0 + a_g^c - a_p)\psi \tag{2.73}$$

式中　$a_{s,p}^0$——简支构件跨中短期挠度值；

$\quad\quad\ a_p$——预应力反拱值,对研究性试验取实测值,对验证性试验取计算值,不考虑超张拉对反拱的加大作用。

3.悬臂构件挠度

计算悬臂构件自由端在各荷载作用下的短期挠度实测值,应考虑固定端的支座转角、支座沉降、构件自重和加载设备自重的影响,如图 2.89 所示。在试验荷载作用下,经修正后的悬臂构件自由端短期挠度实测值 $a_{s,ca}^0$ 可表达为

$$a_{s,ca}^0 = (a_{q,ca}^0 + a_{g,ca}^c)\psi_{ca} \tag{2.74}$$

$$a_{q,ca}^0 = v_1^0 - v_2^0 - L\tan\alpha \tag{2.75}$$

$$a_{g,ca}^c = \frac{M_{g,ca}}{M_{b,ca}}a_{b,ca}^0 \tag{2.76}$$

式中　$a_{q,ca}^0$——消除支座沉降后的悬臂构件自由端短期挠度实测值；

$\quad\quad\ v_1^0$、v_2^0——悬臂端和固定端竖向位移；

$\quad\quad\ a_{g,ca}^0$、$M_{g,ca}$——构件自重和加载设备自重产生的挠度和固端弯矩值；

$\quad\quad\ a_{b,ca}^0$、$M_{b,ca}$——从外加试验荷载开始至悬臂构件出现裂缝前一级荷载为止的自由端挠度实测值和固端弯矩值；

$\quad\quad\ \alpha$——悬臂构件固定端的截面转角；

$\quad\quad\ L$——悬臂构件的外伸长度；

$\quad\quad\ \psi_{ca}$——加载图式修正系数,当在自由端用一个集中力作为等效荷载时,$\psi_{ca}=0.75$,否则应按图乘法找出修正系数。

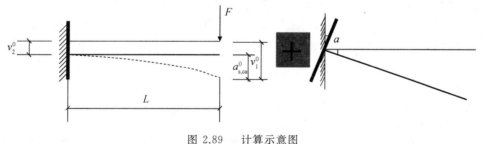

图 2.89　计算示意图

4.长期挠度分析

当构件需要进行长期挠度分析时,可按下式近似估计其长期挠度：

$$a_l^c = \frac{M_l(\theta-1)}{M_s}a_s^0 \tag{2.77}$$

式中　a_l^c——构件长期挠度计算值；

$\quad\quad\ a_s^0$——在正常使用荷载下的构件短期挠度实测值；

$\quad\quad\ M_l$——按长期荷载效应组合计算的弯矩值；

$\quad\quad\ M_s$——按短期荷载效应组合计算的弯矩值；

$\quad\quad\ \theta$——考虑荷载长期效应组合对挠度增大的影响系数,具体可参见《混凝土结构设计规范(2015 年版)》(GB 50010—2010)。

2.6.2　截面内力计算

1.轴向受力构件

对于轴向受力构件,可按下式计算轴向力:

$$N = \sigma A = \bar{\varepsilon} E A \tag{2.78}$$

式中　　N——轴向力;

　　　　E、A——受力构件材料的弹性模量和截面面积;

　　　　$\bar{\varepsilon}$——截面的实测平均应变值,$\bar{\varepsilon} = \dfrac{1}{n}\sum\limits_{i=1}^{n}\varepsilon_i$。

此时应该注意绝对的轴心作用是不存在的。偏心的消除方法利用了电桥的工作特性。

2.压弯或拉弯构件

对于压弯或拉弯构件这种复合受力的情况,要根据具体问题,具体分析测量方案,并根据构件的受力特点进行分析。对于受到轴向力 N 和单向弯矩 M_x 的构件,可在对称表面各粘贴一个应变片,分别采集两个表面的应变 ε_1 和 ε_2,并按照表 2.6 所示截面测点布置与相应的应变分布、内力计算公式确定轴力和弯矩值。

表 2.6　截面测点布置与相应的应变分布、内力计算公式

测点分布	应变分布和曲率	内力计算公式
只有轴向力 N 和弯矩 M_x 时,布置两个测点(1,2)	$\varphi_x = \dfrac{\varepsilon_1 - \varepsilon_2}{b}$	$N = \dfrac{\varepsilon_1 + \varepsilon_2}{2} Ebh$ $M_x = \dfrac{\varepsilon_1 - \varepsilon_2}{12} Ebh^2$

3.图解法求解内力

表 2.6 所示结果适用于矩形截面构件的加载试验,对于非对称截面的试验,可采用图解法求取轴向力和弯矩,具体步骤:

① 按实际比例作出截面图形和应变图。

② 按实际比例作出截面中和轴,通过其作应变图垂直线。

【例 2.8】受到轴力 N 和单向弯矩 M_x 的 T 形截面构件,T 形截面形心 $y_1 = 700$ mm,高度 $h = 200$ mm。实测上、下边缘的应变分别为 $\varepsilon_1 = 100$ $\mu\varepsilon$ 和 $\varepsilon_2 = 360$ $\mu\varepsilon$,试用图解法分析截面上存在的内力及其在各测点产生的应变值。

【解】按比例画出截面几何形状,并画出实测应变图,如图 2.90 所示。通过水平中和轴与应变图的交点作一条垂线,得到轴向应变和弯曲应变,其值计算如下:

$$\varepsilon_0 = \frac{\varepsilon_2 - \varepsilon_1}{y_1}h = \frac{360-100}{700}\times 200 = 74.28\ (\mu\varepsilon) \tag{2.79}$$

$$\varepsilon_N = \varepsilon_1 + \varepsilon_0 = 100 + 74.28 = 174.28\ (\mu\varepsilon) \tag{2.80}$$

$$\varepsilon_{Mx1} = \varepsilon_1 - \varepsilon_N = 100 - 174.28 = -74.28\ (\mu\varepsilon) \tag{2.81}$$

$$\varepsilon_{Mx2} = \varepsilon_2 - \varepsilon_N = 360 - 174.28 = 185.72\ (\mu\varepsilon) \tag{2.82}$$

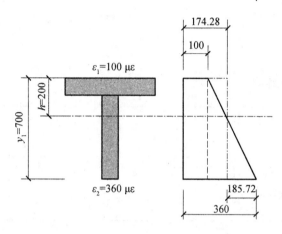

图 2.90　截面尺寸和应力分布

2.6.3　平面应力计算

1.主应力方向已知

对于平面应力状态下主应力方向已知的情况,仅需要测量沿 x 和 y 方向的应变,按照下式计算平面应力状态下的主应力和剪应力:

$$\sigma_x = \frac{E}{1-\nu^2}(\varepsilon_x + \nu\varepsilon_y) \tag{2.83}$$

$$\tau_{xy} = \gamma_{xy}G \tag{2.84}$$

式中　E、ν——弹性模量和泊松比;

　　　ε_x、ε_y——沿 x 和 y 方向的应变;

　　　γ_{xy}——剪应变;

　　　G——剪切模量,$G = \dfrac{E}{2(1+\nu)}$。

2.主应力方向未知

对于平面应力状态下主应力方向未知的情况,需要测量 3 个方向的应变以确定主应变和主应力及其方向。对于单向、平面应力情况,可按表 2.7 选用计算公式。

表 2.7　测点应变换算应力计算公式

受力状态	测点布置	主应力 σ_1、σ_2，最大剪应力 τ_{max} 及 σ_1 和 $0°$ 的夹角 θ
单向应力		$\sigma_1 = E\varepsilon_x$ $\theta = 0$
平面应力（主应力方向已知）		$\sigma_1 = \dfrac{E}{1-\nu^2}(\varepsilon_1 + \nu\varepsilon_2)$；$\sigma_2 = \dfrac{E}{1-\nu^2}(\varepsilon_2 + \nu\varepsilon_1)$ $\tau_{max} = \dfrac{E}{2(1+\nu)}(\varepsilon_1 + \varepsilon_2)$ $\theta = 0$
平面应力（主应力方向未知）		$\sigma_2^1 = \dfrac{E}{2}\left[\dfrac{\varepsilon_1+\varepsilon_2}{1-\nu} \pm \dfrac{1}{1+\nu}\sqrt{2(\varepsilon_1-\varepsilon_2)^2 + 2(\varepsilon_2-\varepsilon_3)^2}\right]$ $\tau_{max} = \dfrac{E}{2(1+\nu)}\sqrt{2(\varepsilon_1-\varepsilon_2)^2 + 2(\varepsilon_2-\varepsilon_3)^2}$ $\theta = \dfrac{1}{2}\arctan\dfrac{2(\varepsilon_2-\varepsilon_1-\varepsilon_3)}{\varepsilon_1-\varepsilon_3}$

2.6.4　结果表达

整理后的结果可通过图、表、公式等形式表达，试验现象可通过照片的形式表达。

1. 荷载－变形曲线

荷载－变形曲线主要包括结构或构件的整体变形曲线，控制节点或截面上的荷载转角曲线等。

2. 荷载－应变曲线

荷载－应变曲线主要包括控制截面内力与材料（混凝土、钢筋或钢）应变曲线等。

3. 构件裂缝及破坏特征图

试验过程中，应在构件上按裂缝开展情况画出裂缝开展过程，标出出现裂缝时的荷载等级及裂缝的走向和宽度，并照相记录。

2.7　结构性能的评定

2.7.1　结构承载力检验

1.构件的承载力检验

① 按混凝土结构设计规范的允许值进行检验，应满足：

$$\gamma_u^0 \geqslant \gamma_0 \left[\gamma_u\right]_i \tag{2.85}$$

或

$$S_u^0 \geqslant \gamma_0 [\gamma_u]_i S \tag{2.86}$$

式中　γ_u^0——构件的承载力检验系数实测值(承载力检验荷载实测值 S_u^0 与检验荷载效应设计值 S 的比值);

　　　γ_0——结构或构件的重要性系数;

　　　$[\gamma_u]_i$——构件承载力检验系数允许值。

②按构件实际配筋的承载力进行检验,应满足:

$$\gamma_u^0 \geqslant \gamma_0 \eta [\gamma_u]_i \tag{2.87}$$

或

$$S_u^0 \geqslant \gamma_0 \eta [\gamma_u]_i S \tag{2.88}$$

$$\eta = \frac{R(f_c, f_s, A_s^0)}{\gamma_0 S} \tag{2.89}$$

式中　γ_u^0——构件的承载力检验系数实测值;

　　　γ_0——结构或构件的重要性系数;

　　　$[\gamma_u]_i$——构件承载力检验系数允许值;

　　　η——构件承载力检验修正系数;

　　　S——构件的承载力检验荷载效应设计值;

　　　$R(\cdot)$——按实际钢筋面积计算的构件承载力(抗力)。

2.承载力极限标志

结构承载力的检验荷载实测值是根据各类结构达到各自的承载力检验标志获得的,主要取决于结构的受力状况和构件本身的特性,按表 2.3 选取。

2.7.2　结构的挠度检验

①当按《混凝土结构设计规范(2015 年版)》(GB 50010—2010)的挠度进行检验时,应满足:

$$a_s^0 \leqslant [a_s] \tag{2.90}$$

$$[a_s] = \frac{M_s}{M_f(\theta - 1) + M_s} [a_f] \tag{2.91}$$

式中　a_s^0、$[a_s]$——在正常试验短期荷载作用下,构件的短期挠度实测值和短期挠度允许值;

　　　M_s、M_f——荷载短期效应组合和长期效应组合计算的弯矩值;

　　　a_f——构件的挠度允许值;

　　　θ——考虑荷载长期效应组合对挠度增大的影响系数。

②当对按实际配筋确定的挠度进行检验时,应满足:

$$a_s^0 \leqslant 1.2 a_s^c ; a_s^0 \leqslant [a_s] \tag{2.92}$$

式中　a_s^c——在正常试验短期荷载作用下,构件的短期挠度计算值。

2.7.3　结构抗裂检验

对正常使用阶段不允许出现裂缝的构件,应对其进行结构抗裂检验,应满足:

$$\gamma_{cr}^0 \geqslant [\gamma_{cr}] \tag{2.93}$$

$$[\gamma_{cr}] = 0.95 \frac{\gamma f_{tk} + \sigma_{pc}}{\sigma_{sc}} \tag{2.94}$$

式中　γ_{cr}^0——构件抗裂检验系数实测值,即构件的开裂荷载实测值与正常使用短期检验荷载值之比;

$[\gamma_{cr}]$——构件抗裂检验系数允许值;

γ——受压区混凝土塑性影响系数;

f_{tk}——混凝土抗拉强度标准值;

σ_{pc}——混凝土预压应力计算值;

σ_{sc}——混凝土法向应力。

2.7.4　结构的裂缝宽度检验

对正常使用阶段允许出现裂缝的构件,应限制其宽度,应满足:

$$W_{s,max}^0 \leqslant [W_{max}] \tag{2.95}$$

式中　$W_{s,max}^0$——在正常使用短期检验荷载作用下,受拉主筋处最大裂缝宽度的实际测量值;

$[W_{max}]$——构件最大裂缝宽度允许值。

裂缝检验要求见表 2.8。

表 2.8　裂缝检验要求

裂缝控制等级	设计 W_{max}	检验 $[W_{max}]$
三级	0.2	0.15
	0.3	0.2
	0.4	0.25

【例 2.9】预应力圆孔板,长为 3 510 mm,跨度为 3 400 mm,板宽为 1 180 mm,灌缝宽度为 20 mm,板自重为 7.8 kN,抹面荷载为 0.4 kN/m²,灌缝荷载为 0.1 kN/m²,活荷载为 4.0 kN/m²。实际配筋为低碳冷拔钢丝 16ϕb5。裂缝控制等级为二级,混凝土强度等级为 C30(f_{tk}=2.01 MPa)。在荷载短期效应组合下,按实际配筋计算的板底混凝土拉应力 σ_{sc}=5.0 MPa,预压应力计算值 σ_{pc}=3.0 MPa,计算挠度值 a_s^c=5.3 mm。试按均布加载和三分点加载计算正常使用短期荷载检验值 Q_s、F_s 以及相应承载力检验指标时的检验荷载值和抗裂检验荷载值。

【解】由题知:L_0=3.4 m,b=1.2 m,Q_k=4.0 kN/m²,γ_Q=1.5,恒载 G_k 包括构件自重 G_{k1} 和装修重量 G_{k2},γ_G=1.3。

(1)结构自重

$$G_k = G_{k1} + G_{k2} = \frac{7.8}{3.51 \times 1.2} + (0.4 + 0.1) \approx 1.85 + 0.5 = 2.35 \ (kN/m^2)。$$

构件自重折算成三分点荷载:

$$F_{Gk1} = \frac{3}{8} G_{k1} b L_0 = \frac{3}{8} \times 1.85 \times 1.2 \times 3.4 \approx 2.83 \ (kN)。$$

（2）正常使用短期荷载检验值

① 均布加载：$Q_s = G_k + Q_k = 2.35 + 4.0 = 6.35$ （kN/m²）；

② 三分点加载：$F_s = \dfrac{3}{8}(G_k + Q_k)bL_0 = \dfrac{3}{8} \times 6.35 \times 1.2 \times 3.4 \approx 9.72$ （kN）。

（3）承载力检验荷载值

① 均布加载：$Q = \gamma_0 [\gamma_u]_i Q_d - G_{k1}$；

② 三分点加载：$F = \gamma_0 [\gamma_u]_i F_d - F_{Gk1}$。

其中 γ_0 为结构重要性系数，一般预制构件按二级考虑，$\gamma_0 = 1.0$，Q_d、F_d 为承载力检验荷载设计值，按下列式子进行计算：

① 均布加载：$Q_d = \gamma_G G_k + \gamma_Q Q_k = 1.3 \times 2.35 + 1.5 \times 4.0 \approx 9.06$ （kN/m²）；

② 三分点加载：$F_d = \dfrac{3}{8} Q_d b L_0 = \dfrac{3}{8} \times 9.06 \times 1.2 \times 3.4 \approx 13.86$ （kN）。

不同检验标志下的试验荷载值应分别计算，均布荷载和三分点加载的部分结果见表 2.9。

表 2.9　不同检验标志下的结果

检验标志		②	⑥	⑧	⑭	⑯
$\gamma_0 [\gamma_u]_i$		1.35	1.40	1.45	1.50	1.50
均布加载 /kPa	荷载值	12.23	12.68	13.14	13.59	13.59
	加载值	10.38	10.83	11.29	11.74	11.74
三分点加载 /kN	荷载值	18.71	19.40	20.10	20.79	20.79
	加载值	15.88	16.57	17.27	17.96	17.96

（4）抗裂检验荷载值

$$[\gamma_{cr}] = 0.95 \frac{\gamma f_{tk} + \sigma_{pc}}{\sigma_{sc}} = 0.95 \times \frac{1.50 \times 2.01 + 3.0}{5.0} \approx 1.14。$$

① 均布加载：$[\gamma_{cr}] Q_s - G_{k1} = 1.14 \times 6.35 - 1.85 \approx 5.39$ （kN/m²）；

② 三分点加载：$[\gamma_{cr}] F_s - F_{Gk1} = 1.14 \times 9.72 - 2.83 \approx 8.25$ （kN/m²）。

在上述抗裂荷载作用下，若持续 15 min 未观察到裂缝，则抗裂检验合格。

第3章 结构动力试验

3.1 概述

实际工程结构除了受到静荷载作用外,往往还会受到动荷载的作用,如地震、风、冲击、爆炸等。与静荷载相比,动荷载是随时间而改变的,由动荷载导致的结构反应也通常大于相应的静力效应。另外,结构在动荷载作用下的反应与结构本身的动力特性有密切关系。但在有些情况下,动荷载效应却并不比静荷载效应大,还可能小于相应的静荷载效应。在试验中,可根据惯性力影响的大小和加载的速率区分静力试验和动力试验。

分析结构在动荷载作用下的变形和内力相对较复杂,它不仅与动荷载的性质、数量、大小、作用方式、变化规律以及结构本身的动力特性有关,还与结构形式、材料性质以及细部构造等密切相关。结构动力反应的精确计算通常较难,往往要借助试验手段准确获得。因此,结构动力试验包括加载方法、测量仪器、动载特性测定、动力特性测定、动力反应测定、疲劳试验、结构抗震试验等内容。

本章重点讲述动力试验的加载方法、测量仪器、动载特性测定、动力特性测定、动力反应测定及疲劳试验。结构抗震试验内容较多,将在第4章单独做详细介绍。

3.1.1 振动

振动是一种自然现象。例如,汽车、火车驶过桥梁引起桥的振动,气流引起飞机的振动,地震引起建(构)筑物的振动等。强烈地震会使建(构)筑物倒塌,如图 3.1 所示为地震导致的结构破坏。全世界每年大约发生 500 万次地震,其中人们可以感觉到的约 5 万次,能造成严重破坏的大地震约 18 次。桥梁的剧烈振动可以造成桥的断裂。在工业建(构)筑物中,还应考虑生产过程引起的振动对结构造成的不利影响,对生产工艺有特殊要求的车间要消除

图 3.1 地震导致的结构破坏

或减少振动以及因振动引起的噪音。对于高层建筑或高耸结构要考虑风荷载引起的振动，如图 3.2 所示为飓风导致的结构破坏。对国防结构设施应考虑核爆炸产生的冲击振动等。

图 3.2　飓风导致的结构破坏

为了防止或减少振动造成的危害，在进行结构设计时按照建（构）筑物所在地区的地震烈度进行相应的结构抗震设计，并通过有效的试验手段检验结构的性能。研究振动的目的就是减少不利的振动，在可能的情况下合理利用振动效应。

3.1.2　动荷载及结构动力试验

结构需要研究和解决的振动问题包含地震、风、地脉动、爆炸冲击、机械振动、交通荷载等，具体包括以下几个方面。

① 地震作用。在结构抗震设计中，为了确定地震作用的大小，必须了解各类结构的自振周期。对于已建建筑的震后加固修复，只有了解结构的动力特性并建立结构的动力计算模型，才能进行地震反应分析。

② 机械设备振动和冲击荷载。设计和建设工业厂房时要考虑生产过程中产生的振动对厂房结构或构件的影响。例如，大型机械设备（如锻锤、水压机、空压机、风机、发电机组等）运转产生的振动和冲击影响、吊车制动力所产生的厂房横向与纵向振动、多层工业厂房中机床在楼面上造成的振动危害等。

③ 高层建筑和高耸结构的风振。设计高层建筑与高耸结构（如电视塔、输电线架空塔架、烟囱等）时需要解决风荷载引起的振动问题，这种风振有时还会影响到建筑物内人员的舒适度。

④ 环境振动。地面的随机脉动对机床、集成电路制造等设备将产生不良影响，为此须对地脉动进行测试，根据振动能量的分布确定防振、隔振或消振措施。

⑤ 爆炸引起的振动。国防建设中需要研究建筑物的抗爆问题，即研究如何抵抗核爆炸等所产生的瞬时冲击荷载（又称冲击波）对结构的影响。

⑥ 车辆运动对桥梁的振动和危害。

⑦ 海洋采油平台设计中需要解决的海浪冲击等不利影响。

在结构动力试验中将引起结构振动的动力源称为振源。振源可归纳为固定振源、移动振源和特殊振源。固定振源包括各种固定的动力设备，如金属切削机床（车床、钻床、铣床及刨床等),各种带有旋转部件的机械设备(电动机、通风机、空气压缩机等),以及压力加工设备(锻锤、气锤)等。移动振源包括各种运输设备(汽车、机车等),起重运输机械(吊车、传送带)等。特殊振源有风力、地震力和爆炸力等。

综上所述,振源产生的动荷载是复杂多样的,概括起来有 3 种荷载:撞击荷载、振动荷载和复杂荷载。撞击荷载的作用时间极为短暂,一般在 1/10 000 ~ 1/1 000 s 间,作用力的大小及其出现的时间间隔往往没有规律性。振动荷载的作用频繁,具有周期性,作用力的大小和频率按照某一固定规律变化。复杂荷载是多种荷载的组合,可以是撞击荷载和振动荷载,也可以是地震、风、爆炸等特殊荷载或其组合,是实际生活中最常见的动荷载。

本章涉及的由动荷载引起的结构动力试验的内容包括以下几个方面:

① 测定动荷载或振源的特性,即测定引起振动的作用力的大小、作用方向、作用频率及规律。

② 测定结构动力特性。结构的动力特性反映了结构本身所固有的动力性能,包括结构的自振频率、阻尼比、振型等参数。这些参数决定于结构的形式、刚度、质量分布、材料特性及构造连接等因素,而与外荷载无关。结构的动力特性是进行工程结构抗震计算、解决工程共振问题及诊断结构累积损伤的基本依据。因而结构动力参数的测试是工程结构动载试验的最基本内容。

③ 测定结构在动荷载作用下的反应。测定建筑结构在实际工作时的动力反应,例如动力机器作用下厂房结构的振动、车辆荷载作用下桥梁的振动、地震时建筑结构的振动反应(强震观测)等;对工程结构的原设计及施工方案进行评价,为保证工程结构的正常使用提供依据。结构动力反应包括位移(振幅)、速度、加速度、动应力、动力系数等。

④ 结构抗震试验。对结构物进行拟静力试验、拟动力试验、实时子结构试验、振动台试验,以测定结构的抗震性能和地震破坏机理。

⑤ 结构疲劳性能试验。确定结构或构件在多次重复荷载作用下的受力性能,如抗裂性能、裂缝宽度、变形和强度等。

3.2 动力试验的加载方法

3.2.1 基本要求

结构试验,就是根据不同的试验要求和试验环境,尽可能真实地再现结构的受力状态或工作状态,在这些状态下测量相关数据,并根据测量的数据了解、评价、验证直至完全掌握结构的性能。不论是静力试验还是动力试验,都是采用试验加载设备来再现结构的受力状态。结构动力试验与结构静力试验的主要差别之一就是:在结构静力试验中,试验加载设备主要用来对结构施加荷载,试验加载设备与被试验结构之间是作用力和反作用力的关系;但在结构动力试验中,试验加载设备的主要作用是使被试验结构处于试验目的所规定的运动状态。结构动力试验种类很多,相应的试验加载方法包括惯性力加载法、电磁加载法、电液伺服作动器加载法、振动台加载法(如使用地震模拟振动台)、疲劳试验加载法(如使用疲劳试验机)、人激振动加载法、环境随机振动激振法。

3.2.2　惯性力加载法

在结构动力试验中,通过物体在运动时产生的惯性力对结构施加动荷载。常用方法有初位移加载法、初速度加载法、直线位移惯性力加载法、力锤加载和离心力加载法。

1.初位移加载法

初位移加载法也称张拉突卸法。如图 3.3(a) 所示,在结构上拉钢丝绳,使结构变形而产生一个初始位移,然后突然释放,使结构在静力平衡位置附近做自由振动。在加载过程中,当拉力达到足够大时,事先连接在钢丝绳上的钢拉杆被拉断而形成突然卸载,通过调整拉杆的截面即可由不同的拉力获得不同的初位移。对于小模型则可采用如图 3.3(b) 所示的方法,使悬挂的重物通过钢丝对模型施加水平拉力,剪断钢丝造成突然卸荷。

这种方法的优点是当结构自振时,荷载已不存在于结构,没有附加质量的影响。但仅适用于刚度不大的结构,才能以较小的荷载产生初始变位。为防止结构产生过大的变形,加载量必须正确控制,经常是按所需的最大振幅计算求得。这种试验的一个值得注意的问题是使用怎样的牵拉和释放方法才能使结构仅在一个平面内产生振动,防止由于加载作用点的偏差而使结构在另一平面内同时振动并产生干扰。

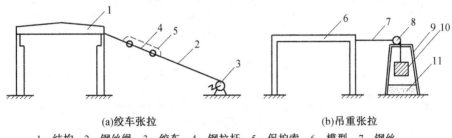

(a)绞车张拉　　　　　　　　　　　　　　(b)吊重张拉

1—结构；2—钢丝绳；3—绞车；4—钢拉杆；5—保护索；6—模型；7—钢丝；

8—滑轮；9—支架；10—重物；11—减振垫层

图 3.3　用张拉突卸法对结构施加冲击力荷载

2.初速度加载法

初速度加载法也称突加荷载法。如图 3.4 所示,利用摆锤或落重方法使结构在瞬时内受到水平或垂直冲击,产生一个初速度,同时使结构获得所需的冲击荷载。

当用如图 3.4(a) 所示的摆锤进行激振时,如果摆锤和建筑物有相同的自振周期,摆锤的运动就会引起建筑物共振,产生自振振动。使用如图 3.4(b) 所示方法时,荷载将附着于结构一起振动,并且落重跳动又会影响结构自振阻尼振动,同时有可能使结构受到局部损伤。这时冲击力的大小要按结构强度计算,不致使结构产生过度的应力和变形。重物采用结构自重的 0.1%,落重高度不高于 2.5 m,为防止重物回弹再次碰撞和引起局部损伤,需铺设 10 ~ 20 cm 的砂垫层。

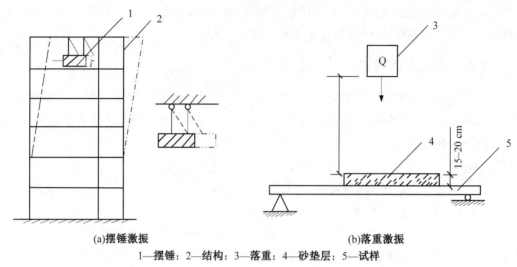

(a)摆锤激振　　　　　　　　　　　　　　　　　　(b)落重激振

1—摆锤；2—结构；3—落重；4—砂垫层；5—试样

图 3.4　初速度加载法

3.直线位移惯性力加载法

直线位移惯性力加载法通过固定在结构上的双作用液压加载器带动质量块做水平直线往复运动。如图 3.5 所示，由运动着的质量块产生的惯性力，激起结构振动。改变指令信号的频率即可调整平台频率，改变质量块的质量即可改变激振力的大小。

这种加载方法适用于现场结构动力加载，在低频条件下各项性能较好，可产生较大的激振力；但适用频率较低，只适用于 1 Hz 以下的激振。

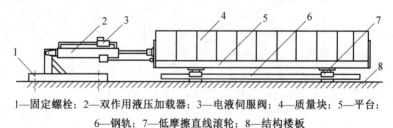

1—固定螺栓；2—双作用液压加载器；3—电液伺服阀；4—质量块；5—平台；
6—钢轨；7—低摩擦直线滚轮；8—结构楼板

图 3.5　直线位移惯性力加载法

4.力锤加载

力锤，有时又称为测力锤或冲击锤，其外观如图 3.6 所示。其锤头安装了冲击型压电式力传感器，用来测量锤头的冲击力。力锤主要用于结构模态试验。用力锤敲击被测结构时，典型的冲击力时程曲线如图 3.7 所示。采用不同材料的锤帽可获得不同的冲击力时程曲线，软锤帽的冲击作用时间长，硬锤帽的冲击作用时间短。

软锤帽的冲击力可以激励结构的低频动态响应，硬锤帽的冲击可以激励结构的宽频带振动。但与软锤帽冲击力相比，硬锤帽在低频范围输入的能量较低。力锤的性能主要由力传感器的性能、锤头质量和锤帽材料的硬度决定。其主要指标包括频率响应范围、动态范围、电荷灵敏度或电压灵敏度（ICP 传感器）和锤头质量等。

图 3.6 力锤的外观

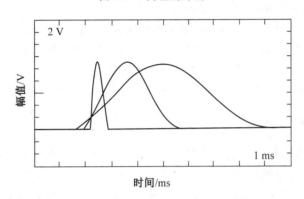

图 3.7 力锤敲击时的典型冲击力时程曲线

5.离心力加载法

离心力加载法是根据旋转质量产生的离心力对结构施加简谐振动荷载。其特点是运动具有周期性,作用力的大小和频率按一定规律变化,使结构产生强迫振动。

利用离心力加载法的机械式激振器的原理如图 3.8 所示。一对偏心质量,使它们按相反方向旋转,通过离心力产生一定方向的激振力。

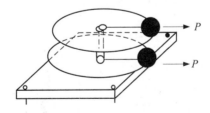

图 3.8 机械式激振器的原理

质量为 m 时偏心质量块以角速度 ω 沿半径为 r 的圆运动时,偏心质量块产生离心力:

$$P = m\omega^2 r \tag{3.1}$$

在任意时刻,离心力都可分解为垂直和水平两个方向上的分力:

$$P_V = P\sin \omega t = m\omega^2 r\sin \omega t$$
$$P_H = P\cos \omega t = m\omega^2 r\cos \omega t \tag{3.2}$$

这里 P_V 和 P_H 是按简谐规律变化的。

使用时将激振器底座固定在被测结构上，由底座把激振力传递给结构，致使结构受到简谐变化激振力的作用。一般要求底座有足够的刚度，以保证激振力的传递效率。激振器产生的激振力等于各旋转质量离心力的合力。改变质量或调整带动偏心质量运转电机的转速，即改变角速度 ω 即可调整激振力的大小。激振器由机械部分和电控部分两部分组成。机械部分主要由两个或多个偏心质量组成，对于小型的激振器，其偏心质量安装在圆形旋转轮上，调整偏心轮的位置，可形成垂直或水平的振动。近年来研制成功的大型同步激振器，在机械构造上采用双偏心重水平旋转式方案，偏心质量安装于扁平的扇形筐内，这样可使旋转时质量更为集中，提高激振力，降低动力功率。

一般机械式激振器的工作频率范围较窄，在 50 Hz 以下。由于激振力与转速的平方成正比，所以当工作频率很低时，激振力就较小。多台同步激振器使用时不但可提高激振力，同时可以扩展试验内容，如根据需要将激振器分别装置于结构的特定位置上，可以激起结构的某些高阶振型，为研究结构高频特性带来方便。如两台激振器反向同步激振，可进行扭振试验。

离心力加载法的优点：构造简单、成本低、质量小；缺点：荷载单一、频率较低、噪声大。

3.2.3　电磁加载法

磁场中通电导体受到与磁场方向相垂直的作用力，电磁加载就是根据这个原理，在磁场（永久磁铁或直流励磁线圈）中放入动圈，通入交变电流，则可使固定于动圈上的顶杆等部件往复运动，对试验对象施加荷载。若在动圈上通以一定方向的直流电，则可产生静荷载。目前常见的电磁加载设备有电磁式激振器和电磁振动台。

1.电磁式激振器

电磁式激振器的基本构造如图 3.9 所示，由磁系统（包括励磁线圈、铁芯）、动圈（工作线圈）、支撑弹簧、顶杆等部件组成。动圈固定在顶杆上，置于铁芯与磁极板的空隙中，顶杆由弹簧支承并与外壳相连。弹簧除支承顶杆外，工作时还使顶杆产生一个稍大于电动力的预压力，使激振时不致产生顶杆撞击试件的现象。

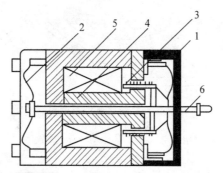

1—外壳；2—支撑弹簧；3—动圈；4—铁芯；5—励磁线圈；6—顶杆

图 3.9　电磁式激振器的基本构造

当激振器工作时，在励磁线圈中通入稳定的直流电，使铁芯与磁极板的空隙中形成一个强大的磁场。与此同时，由低频信号发生器输出交变电流，并经功率放大器放大后输入工作线圈,这时工作线圈即按交变电流谐振规律在磁场中运动并产生电磁感应力 F,使顶杆推动试件振动。

根据电磁感应原理:

$$F = BlI \qquad (3.3)$$

式中　　F——电磁感应力;

　　　　B——磁场强度;

　　　　l——工作线圈导线的有效长度;

　　　　I——通过工作线圈的交变电流。

当通过工作线圈的交变电流以简谐规律变化时,通过顶杆作用于结构的激振力也按同样规律变化。在 B 和 I 不变的情况下,F 与 l 成正比。电磁式激振器使用时装于支座上,可以做垂直激振,也可以做水平激振。

电磁式激振器一般不能单独工作,常见的激振系统由信号发生器、功率放大器、电动激振器组成。信号发生器产生微小的交变电压信号,经功率放大器放大转换为交变的电流信号,再输入电动激振器,驱动电动激振器往复运动。

激振器与被测结构之间通过一根柔性的细长杆(柔性杆)连接。柔性杆在激振方向上具有足够的刚度,而在其他方向的刚度很小。也就是说,柔性杆的轴向刚度较大,弯曲刚度很小。这样,通过柔性杆将激振器的振动力传递到被测结构,可以减少由于安装误差或其他原因所引起的非激振方向上的振动力。柔性杆可以采用钢材或其他材料制作。采用钢材时,一般直径为 $1 \sim 2$ mm,长度为 $20 \sim 50$ mm。

电磁式激振器的安装方式可分为固定式安装和悬挂式安装。采用固定式安装时,激振器安装在地面或支撑刚架上,再通过柔性杆与试验结构相连。采用悬挂式安装时,激振器用弹性绳吊挂在支撑架上,再通过柔性杆与试验结构相连。

电磁式激振器的主要性能指标有最大动态力、频率范围等。电磁式激振器的优点:频率范围较宽,由几赫兹到几十赫兹,国内个别产品可达 1 000 Hz;推动力可达几百牛;质量轻;控制方便,按给定信号可产生各种波形的激振力。缺点:激振力不大,仅适合于小型结构或小型模型试验。

2.电磁振动台

电磁振动台原理基本上与电磁式激振器一样,在构造上实际是利用电磁式激振器来推动一个活动的台面。电磁振动台通常由信号发生器、自动控制仪、功率放大器、电磁激振器和振动台台面等组成,如图 3.10 所示。由于驱动线圈、励磁线圈工作时温度会升高,为此振动台设有用水冷或风冷的冷却装置。

自动控制仪由自动扫频装置、振动测量及定振装置等部分组成。它是按闭环振动试验的要求设计的。信号源可提供功率放大器所需要的各种激励信号,它可以是正弦波、三角波、方波或随机波等信号,这样振动台台面就会按提供的信号进行振动。振动测量是通过加速度传感器将台面振动的加速度转换成电信号并加以放大与积分,从而测出振动台台面的加速度、速度和位移值。有时也可用速度或位移传感器直接测得速度或位移值。测得的振动参量信号,通过定振装置反馈给信号发生器,即可对振动台进行自动控制,一般来说,带有振动自动控制仪的振动台,能按照人们预定的振动值进行试验,使用较为方便。振动台台面的支承形式随台面尺寸大小而不同；在小型的电磁振动台上一般用悬吊簧片支承台面；对于激振力和台面尺寸较大的电磁振动台，台面支承可采用液压导轨油膜支承，在电磁振动台运行时，台面能在油膜上浮起，支承面上摩擦力很小，保证台面运行稳定、反应灵敏。

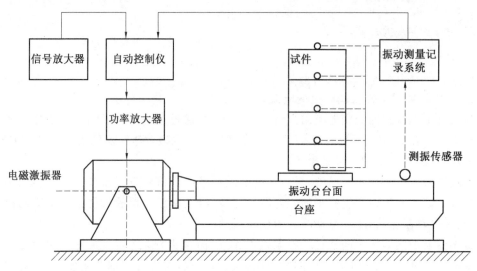

图 3.10　电磁式振动台的构造

电磁振动台的使用频率范围较宽，台面振动波形较好，一般失真度在 5% 以下，操作使用方便，容易实现自动控制。但用电磁振动台进行结构模型试验时，经常会受到激振力的限制，以致台面尺寸和模型质量受到限制。电磁振动台实物图如图 3.11 所示。

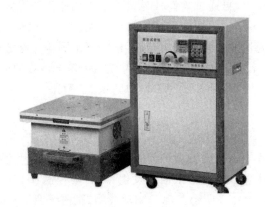

图 3.11　电磁振动台实物图

3.2.4　电液伺服作动器加载法

电液伺服作动器加载法所用系统主要包括电液伺服作动器、控制器、液压油源、液压管路和测量仪器等，工作原理如图 3.12 所示。电液伺服作动器是电液伺服试验系统的动作执行者，电液伺服阀接收命令信号后立即将电压信号转换成活塞杆的运动，从而对试件进行推和拉的加载试验。电液伺服作动器构造如图 3.13 所示。

电液伺服作动器加载系统的动力性能涉及以下几个方面。

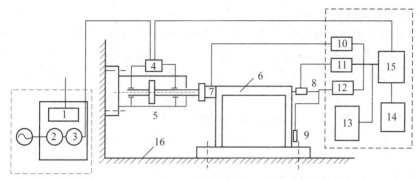

1—冷却器；2—电动机；3—高压油泵；4—电液伺服阀；5—电液伺服作动器；6—试验结构；
　　7—荷重传感器；8—位移传感器；9—应变传感器；10—荷重调节器；11—位移调节器；
　　12—应变调节器；13—记录及显示装置；14—指令发生器；15—伺服控制器；16—试验台座

图 3.12　电液伺服加载系统工作原理

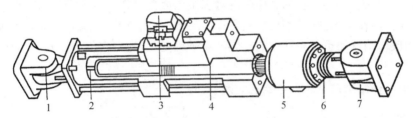

1—铰支基座；2—位移传感器；3—电液伺服阀；4—活塞杆；5—荷载传感器；

6—螺旋垫圈；7—铰支接头

图 3.13　电液伺服作动器构造

（1）负载能力

安装在电液伺服作动器上的主要部件有电液伺服阀、力传感器和位移传感器等。在静力条件下，电液伺服作动器对试验结构施加的最大荷载等于液压系统压力与电液伺服作动器活塞的有效面积的乘积。当系统压力和活塞有效面积确定后，在动力条件下，电液伺服作动器的负载能力主要取决于电液伺服阀的最大流量和动态响应特性。电液伺服作动器的频率响应特性还与系统的负载有关。系统的最大动荷载为其最大静荷载的 60% ~ 80%，在最大动荷载条件下，电液伺服作动器的频率响应特性进一步降低，最大位移不到 1 mm。由于液压加载设备的最大荷载与系统的实际负载有关，对于大刚度结构或构件，即最大荷载和频率响应曲线给出的最大荷载。对于刚度较小的结构或构件，荷载产生的结构变形很小，电液伺服系统可以达到其最大能力，即最大荷载和频率响应给出的最大荷载。对于刚度较小的结构或构件，试验由频率响应曲线上的最大位移控制，此时系统对试验结构施加的荷载一般小于电液伺服作动器的最大荷载。

（2）所选用的伺服控制器

电液伺服加载系统采用反馈控制方式。伺服控制器将指令信号转换成电流信号，驱动伺服阀动作，调节进入到电液伺服作动器的液压流量，控制电液伺服作动器活塞的位置。例如，采用位移控制时，位移传感器测量活塞的当前位置，并将信息反馈至控制器。控制器收到位移反馈信号后，将反馈信号与指令信号进行比较运算，将两者差值作为新的指令信号再对电液伺服作动器活塞位置进行调整，直到电液伺服作动器活塞位置与指令要求的位置之差小于规定的误差。这个调节过程也需要时间，因此，伺服控制器的性能也影响系统的频率响应特性。伺服控制器一般采用 PID 调节控制方式，即对信号进行比例、积分和微分调节。20 世纪 80 年代，伺服控制器的 PID 调节由模拟电路实现，目前，电液伺服加载系统均采用全数字化的 PID 控制器，控制器调节频率达到 5 000 ～ 6 000 Hz，对信号进行一次调节的时间不到 2 ms。

结构动力试验对伺服控制器有很高的要求。例如，在一个试验结构上安装多个电液伺服作动器并同时施加动荷载，伺服控制器对多个电液伺服作动器发出不同的指令信号，并控制这些电液伺服作动器同时达到指令要求的状态（力或位移）。由于与同一个试验结构相连，电液伺服作动器的负载相互影响且随试验进程变化，这要求伺服控制器具有多目标协调控制的功能。

其中电液伺服加载系统的电压控制闭环回路如图 3.14 所示。

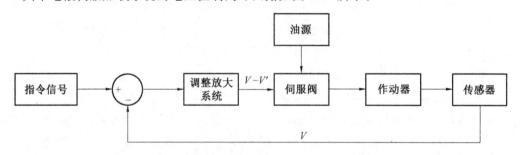

图 3.14　电液伺服加载系统的电压控制闭环回路

（3）所应用的数据采集和控制软件

采用电液伺服系统进行结构动力试验时，由于试验结构受力状态连续动态变化，要求数据采集系统也能够连续同步采集并记录试验数据。所谓同步，是指数据采集系统所采集的试验数据在时间上与指令信号同步，在伺服控制器每发出一个指令信号控制电液伺服作动器的动作的同时，数据采集系统也相应地进行一次数据采集，以确保试验数据的完整性和准确性。

电液伺服加载系统是一种多功能试验加载设备，能完成各种复杂的加载任务。其中，非常重要的一个环节就是基于计算机控制的系统软件。控制软件的一般功能包括设定试验程序、传感器自动标定、控制模式自动转换、系统状态在线识别、试验数据同步采集并存储、函数波形生成、试验数据实时动态图像显示等。其高级功能则包括主控计算机与局域网上的计算机高速、同步通信，实现结构拟动力试验，试验监控图像实时传送，在线系统传递函数迭代识别等。

3.2.5 地震模拟振动台

地震模拟振动台主要用在实验室内做模型的模拟地震波振动试验。目前这类振动台多采用电液伺服系统推动,其特点是能在低频时产生大的推力。为了减少泵站设备,并考虑到地震是短时间的冲击过程,较大的振动台还设有蓄能器。振动台可分为:单向、双向、三向振动台。电液伺服振动台构造如图 3.15 所示,真实的振动台,如哈尔滨工业大学的振动台如图 3.16 所示。

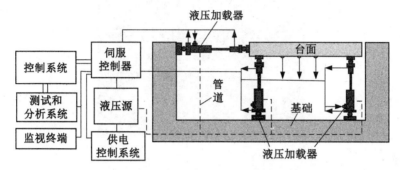

图 3.15 电液伺服振动台构造

图 3.16 哈尔滨工业大学的振动台

3.2.6 疲劳试验机

疲劳试验机可做正弦波形荷载的疲劳试验,也可做静力试验和长期荷载试验等。由脉动发生系统、控制系统和工作系统 3 部分组成。

目前疲劳试验机多采用数字控制系统,在控制系统中定义加载的频率和幅值,由电液伺服作动器完成加载,250 t MTS 试验机如图 3.17 所示。

常规结构疲劳试验的加载特点是多次、快速、简单、重复加载,电液伺服加载系统也可以进行结构疲劳试验,但是电液伺服加载系统价格昂贵、能量消耗大,导致试验成本增加。常规结构疲劳试验大多由疲劳试验机来完成。

图 3.17   250 t MTS 试验机

疲劳试验机一般采用脉动油压驱动千斤顶对结构施加单向的压力。脉动油压驱动千斤顶由高压油泵提供压力油,再由一个称为脉动器的机械装置使压力产生脉动,此时脉动油压驱动千斤顶就可输出交变的压力。脉动油压驱动千斤顶一般只能施加压力,当施加拉力时,通常由外加的机械装置实现转换。图 3.18 所示为一种预应力锚具疲劳试验装置,脉动油压驱动千斤顶施加压力,通过加载横梁,使预应力锚具受到拉力。疲劳试验机脉动器产生的脉动压力的频率可以通过一个无级调速电机控制,频率变化范围为 100 ~ 500 次 /min。当脉动器不工作时,试验机输出静压,可进行结构静力试验。

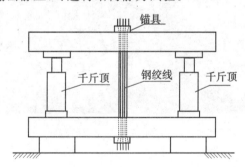

图 3.18   预应力锚具疲劳试验装置

3.2.7 人激振动加载法

上述所有动力试验的加载方法,一般都需要比较复杂的设备,这有时在实验室内尚可满足,而在野外现场试验时经常会受到各方面的限制。因此希望有更简单的试验方法,它既可以给出有关结构动力特性的资料数据而又不需要复杂设备。

在试验中发现,人们可以利用自身在结构物上的有规律的活动,即使人的身体做与结构自振周期同步的前后运动,只要产生足够大的惯性力,就有可能形成适合做共振试验的振幅。这对于自振频率比较低的大型结构来说,完全有可能被激振到足可进行测量的程度。

有人试验过,一个体重约 70 kg 的人使其质量中心做频率为 1 Hz、双振幅为 15 cm 的前后运动时,将产生大约 0.2 kN 的惯性力。由于在 1% 临界阻尼的情况下共振时的动力放大系数为 50,这意味着作用于建筑物上的有效作用力大约为 10 kN。

曾有学者利用这种方法在一座 15 层钢筋混凝土建筑上取得了振动记录。开始几周运动就达到振幅最大值,这时操作人员停止运动,让结构做有阻尼自由振动,可以获得结构的自振周期和阻尼系数。

3.2.8　环境随机振动激振法

在结构动力试验中,除了利用以上各种设备和方法进行激振加载以外,环境随机振动激振法近年来发展也很快并被广泛应用。

环境随机振动激振法也称为脉动法。在许多试验观测中发现,建筑物经常处于微小而不规则振动。这种微小而不规则的振动来源于微小的地震活动以及诸如机器运转,车辆来往等人为扰动的原因,使地面存在连续不断的运动,其运动幅值极为微小,而它所包含的频谱是相当丰富的,故称为地面脉动。地面脉动激起建筑物经常处于微小而不规则的振动中,该现象通常称为建筑物脉动。可以利用这种脉动现象来分析和测定结构的动力特性,它不需要任何激振设备,又不受结构形式和大小的限制。

20 世纪 50 年代开始,我国就应用这一方法测定结构的动态参数,但数据分析方法一直采取从结构脉动反应的时程曲线记录图上按照“拍”的特征直接读取频率数值的主谐量法,所以一般只能获得第一振型频率这个单一参数。20 世纪 70 年代,随着计算机技术的发展和一批信号处理机与结构动态分析仪的应用,使这一方法得到了迅速发展,目前已经可以从记录到的结构脉动信号中识别出全部模态参数,这使环境随机振动激振法有了新的进展。

3.3　动力试验的测量仪器

在结构动力试验中,试件作为一个系统,所受到的荷载作用(如力、位移、温度等)是系统的输入数据,试件的动力反应(如位移、速度、加速度、应力、应变、裂缝等)是系统的输出数据,通过对这些数据的测量、记录和处理分析,可以得到试件系统的特性。数据采集就是用各种方法、仪器,对这些数据进行测量和记录;数据采集得到的数据,是数据处理的原始资料;数据采集是结构试验的重要步骤,是结构试验成功的必要条件之一。只有采集到可靠的数据,才能通过数据处理得到正确的试验结果,达到试验的预期目的。为采集到准确、可靠的数据,应该采用正确的采集方法,选用可靠的仪器。

3.3.1　惯性式测振传感器的力学原理

振动参数有位移、速度和加速度,测量这些振动参数的传感器有许多种类。但由于振动测量的特殊性,如测量时难以在振动体附近找到一个静止点作为测量的基准点,就需要使用惯性式测振传感器。通常所指的测振传感器即为惯性式测振传感器(以下简称为测振传感器）。测振传感器的基本原理为：由惯性质量、阻尼和弹簧组成一个动力系统,这个动力系统固定在振动体上(即传感器外壳固定在振动体上),与振动体一起振动;通过测量惯性质量相对于传感器外壳的运动,就可以得到振动体的振动,如图 3.19 所示。

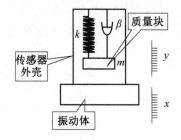

图 3.19　　惯性式测振传感器的力学原理

设被测振动体的振动规律如下：

$$x = X_0 \sin \omega t \tag{3.4}$$

式中　　x——振动体相对固定参考坐标系的位移;

　　　　X_0——被测振动的振幅;

　　　　ω——被测振动的角频率。

传感器外壳随振动体一起运动。以 y 表示质量为 m 的质量块相对于传感器外壳的位移,如图 3.19 可知,质量块的总位移为 $x + y$,其运动方程为

$$m \frac{\mathrm{d}^2(x + y)}{\mathrm{d}t^2} + \beta \frac{\mathrm{d}y}{\mathrm{d}t} + ky = 0 \tag{3.5}$$

或

$$m \frac{\mathrm{d}^2 y}{\mathrm{d}t^2} + \beta \frac{\mathrm{d}y}{\mathrm{d}t} + ky = m\omega^2 X_0 \sin \omega t \tag{3.6}$$

式(3.5)和式(3.6)为单自由度有阻尼的强迫振动的方程,它的通解为

$$y = B\mathrm{e}^{-nt} \cos(\sqrt{\omega^2 - n^2}\, t + \alpha) + Y_0 \sin(\omega t - \varphi) \tag{3.7}$$

其中,$n = \dfrac{\beta}{2m}$。

式(3.7)中第一项为自由振动解,由于阻尼作用而很快衰减;第二项为强迫振动解,其中：

$$Y_0 = \frac{X_0 \left(\dfrac{\omega}{\omega_\mathrm{n}}\right)^2}{\sqrt{\left[1 - \left(\dfrac{\omega}{\omega_\mathrm{n}}\right)^2\right] + \left(2\xi \dfrac{\omega}{\omega_\mathrm{n}}\right)^2}} \tag{3.8}$$

$$\varphi = \arctan \frac{2\xi \dfrac{\omega}{\omega_\mathrm{n}}}{1 - \left(\dfrac{\omega}{\omega_\mathrm{n}}\right)^2} \tag{3.9}$$

式中　　ξ——阻尼比,$\xi = n/\omega_\mathrm{n}$;

ω_n——质量弹簧系统的固有频率，$\omega_n = \sqrt{\dfrac{k}{m}}$。

从原理上讲，测振传感器主要利用稳态解的特性。考虑下列 3 种情况：

① $\dfrac{\omega}{\omega_n} \gg 1$ 且 $\xi < 1$。

由式(3.7)可知，传感器动力系统的稳态振动为

$$y = Y_0 \sin(\omega t - \varphi) \tag{3.10}$$

将式(3.10)与式(3.4)相比较，可以看出传感器中的质量块相对外壳的运动规律与振动体的运动规律一致，但两者相差一个相位角 φ。质量块的振幅 Y_0 与振动体的振幅 X_0 之比为

$$\frac{Y_0}{X_0} = \frac{\left(\dfrac{\omega}{\omega_n}\right)^2}{\sqrt{\left(1 - \dfrac{\omega^2}{\omega_n^2}\right)^2 + 4\xi^2 \dfrac{\omega^2}{\omega_n^2}}} \tag{3.11}$$

式(3.11)和式(3.9)分别为测振传感器的幅频特性和相频特性，相应的曲线称为幅频特性曲线和相频特性曲线(图 3.20 和图 3.21)。由图 3.20 和图 3.21 可知，当 $\dfrac{\omega}{\omega_n}$ 接近于 1 时，$\dfrac{Y_0}{X_0}$ 值随阻尼值的变化而产生很大的变化，这一段的相位差 φ 随 $\dfrac{\omega}{\omega_n}$ 的变化而变化，表示测振传感器测出的波形有畸变；当 $\dfrac{\omega}{\omega_n}$ 较小、趋于零时，$\dfrac{Y_0}{X_0}$ 值也趋于零，表示测振传感器难以反映所要测的振动；当 $\dfrac{\omega}{\omega_n}$ 较大，即振动体振动频率较之传感器的固有频率大很多时，不管阻尼比 ξ 的大小如何，$\dfrac{Y_0}{X_0}$ 趋近于 1，φ 趋近于 $180°$，表示质量块的振幅和振动体的振幅趋近于相等，而它们的相位趋于相反，这是测振传感器的理想状态。所以，在设计和选择测振传感器时，应使测振传感器的固有频率 ω_n 与所测振动的频率 ω 相比尽可能小，即使 $\dfrac{\omega}{\omega_n}$ 尽可能大。但是，降低测振传感器的固有频率有时会有困难，这时可以适当选择阻尼器的阻尼值来延伸测振传感器的频率下限。

② $\dfrac{\omega}{\omega_n} \ll 1$ 且 $\xi < 1$。

由式(3.8)、式(3.9)可知：

$$Y_0 \approx \frac{\omega^2}{\omega_n^2} X_0 \tag{3.12}$$

$$\tan \varphi \approx 0 \tag{3.13}$$

因此，式(3.10)可以化简为

$$y = Y_0 \sin(\omega t - \varphi) \approx \frac{\omega^2}{\omega_n^2} X_0 \sin(\omega t - \varphi) = -\frac{1}{\omega_n^2} \frac{\mathrm{d}^2 x}{\mathrm{d} t^2} \tag{3.14}$$

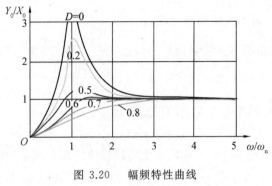

图 3.20　幅频特性曲线

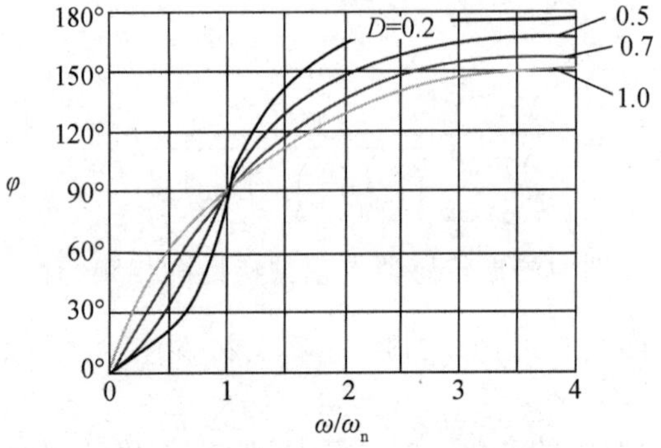

图 3.21　相频特性曲线

当频率比 $\dfrac{\omega}{\omega_n}$ 很小，即被测结构的振动频率比测振传感器的固有频率小很多，且阻尼比足够小时，测振传感器振子的位移与被测结构的加速度成正比。若已知测振传感器的固有频率，则可用测振传感器测量被测结构的加速度，如图 3.22 所示。

③ $\dfrac{\omega}{\omega_n} \approx 1$ 且 $\xi \geqslant 1$。

由式(3.8)、式(3.9)可知：

$$Y_0 \approx \frac{\omega}{2\xi\omega_n}X_0 \tag{3.15}$$

$$\tan\varphi \approx \infty \tag{3.16}$$

因此，式(3.10)可以化简为

$$y = Y_0\sin(\omega t - \varphi) \approx \frac{\omega}{2D\omega_n}X_0\sin(\omega t - \varphi) = \frac{1}{2D\omega_n}\frac{\mathrm{d}x}{\mathrm{d}t} \tag{3.17}$$

当频率比 $\dfrac{\omega}{\omega_n}$ 接近 1，即被测结构的振动频率与测振传感器的固有频率接近，且阻尼比足够大时，测振传感器振子的位移与被测结构的速度成正比。若已知测振传感器的固有频率和阻尼比，则可用测振传感器测量被测结构的速度。

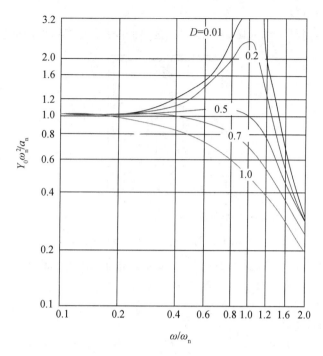

图 3.22　测定加速度的幅频特性曲线

3.3.2　动力试验传感器

动力试验传感器也称作拾振器,为测量振动的装置,把振动信号转换放大成电信号。按使用功能进行分类,可将动力试验传感器分为位移传感器、力传感器、加速度传感器、速度传感器等;按能量转换方式进行分类,可将动力试验传感器分为磁电式传感器、压电式传感器、电阻应变式传感器等。以下对磁电式速度传感器、压电式加速度传感器、应变梁式位移传感器和差动变压式位移传感器展开介绍。

1.磁电式速度传感器

磁电式速度传感器根据电磁感应的原理制成,是一种惯性式传感器,当传感器随同被测振动物体一起振动时,其线圈与永久磁钢之间发生相对运动,从而在线圈中产生与振动速度成正比的电压信号,因此可以测定振动速度。磁电式速度传感器采用特殊的高强磁钢材料和独特的结构设计,自带强力磁座,可直接吸在被测机器设备上进行长期监测。

磁电式速度传感器换能原理如图 3.23 所示,其中,永久磁钢和外壳固连,并通过外壳安装在振动体上,与振动体一起振动;芯轴和线圈组成传感器的系统质量,通过弹簧片(系统弹簧)与外壳连接。振动体振动时,系统质量与传感器外壳之间发生相对位移,因此线圈与永久磁钢之间也发生相对运动,根据电磁感应定律,感应电动势 E 的大小为

$$E = BLnv \tag{3.18}$$

式中　E——感应电动势;

　　　B——线圈所在磁钢间隙的磁感应强度;

　　　L——每匝线圈的平均长度;

n—— 线圈匝数；

v—— 线圈相对于永久磁钢的运动速度，即相对于被测物体的速度。

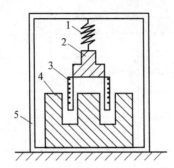

1—弹簧；2—质量块；3—线圈；4—永久磁钢；5—外壳

图 3.23　磁电式速度传感器换能原理

从式(3.18)可以看出，对于传感器来说 BLn 是常量，所以传感器的电压输出(即感应电动势 E)与相对运动速度 v 成正比。磁电式速度传感器的主要技术指标有：

① 传感器质量弹簧系统的固有频率(f_0)。它直接影响传感器的频率响应。固有频率取决于质量和弹簧的刚度。

② 灵敏度(k)。灵敏度指拾振方向感受到一个单位振动速度时，传感器输出的电压。例如 $20\ \mathrm{mV/(mm \cdot s^{-1})}$ 表示 $1\ \mathrm{mm/s}$ 的速度时传感器输出电压为 $20\ \mathrm{mV}$。

③ 频率响应。当所测振动的频率变化时，传感器的灵敏度、输出的相位差等也随之变化，这个变化的规律称为传感器的频率响应。对于一个阻尼值，只有一条频率响应曲线。

④ 阻尼。传感器的阻尼与频率响应有很大关系，磁电式速度传感器的阻尼比通常设计成 $0.5 \sim 0.7$。

磁电式速度传感器输出的电压信号一般比较微弱，需要用电压放大器进行放大。放大器应与磁电式传感器很好地匹配：a.放大器的输入阻抗要大大地大于传感器的输出阻抗，这样就可以把信号尽可能多地输入放大器的输入端。b.放大器应有足够的电压放大倍数，同时信噪比要比较大。c.能够适应于微弱的振动测量和较大的振动测量，通常放大器设多级衰减器。

磁电式速度传感器的特点:基于电磁感应原理,灵敏度高,性能稳定,频率响应范围有一定的宽度,通过质量－弹簧系统的参数设计,可以使传感器能测非常微小的振动信号,也能测较强的振动。

2.压电式加速度传感器

从物理学角度可知,晶体当受到压力并产生机械变形时,在它们相应的两个表面上出现异号电荷,当外力去掉后,又重新回到不带电状态,这种现象称为晶体的压电效应,如图3.24所示。压电式加速度传感器是利用晶体的压电效应而制成的一种把振动加速度转换成电荷量的机电换能装置。在计量方面应用最多的压电式加速度传感器制作材料是压电陶瓷。

压电式加速度传感器原理如图3.25所示。压电晶体片上是质量块,用弹簧将它们夹紧在基座上;质量弹簧系统的弹簧刚度由弹簧的刚度和晶体片的刚度组成,当压电式加速度传感器固定在被测件上承受振动时,质量块作用在压电晶体片上,使压电晶体片受到外力产生

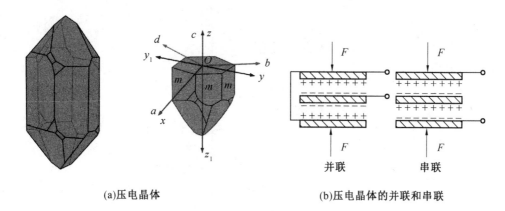

(a)压电晶体　　　　　　　　　(b)压电晶体的并联和串联

图 3.24　　晶体的压电效应

的电荷 Q 为

$$Q = G\sigma A \tag{3.19}$$

式中　G—— 压电晶体片的压电常数；

　　　σ—— 压电晶体片的压强；

　　　A—— 压电晶体片的工作面积。

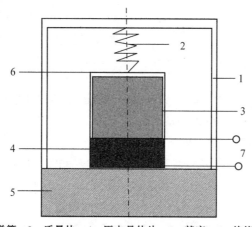

1—外壳；2—弹簧；3—质量块；4—压电晶体片；5—基座；6—绝缘垫；7—输出端

图 3.25　　压电式加速度传感器原理

　　压电式加速度传感器特点:稳定性高;机械强度高并能在很宽的温度范围内使用,但灵敏度较低;动态范围大(可达$10^5 g$);频率范围宽;质量轻、体积小。

　　压电式加速度传感器的力学模型如图 3.26 所示。由于质量弹簧系统的弹簧刚度由硬弹簧的刚度 k_1 和晶体的刚度 k_2 组成,因此 $k = k_1 + k_2$,阻尼系数 $\beta = \beta_1 + \beta_2$。在压电式加速度传感器内,质量块的质量 m 较小,刚度 k 很大,因而质量弹簧系统的固有频率很高,可达数千赫兹,高的甚至可达 $100 \sim 200 \ \text{kHz}$。

　　当被测物体的频率 $\omega \ll \omega_n$ 时,质量块相对于外壳的位移即反映所测振动的加速度值:

$$y = -\frac{1}{\omega_n^2} \cdot \frac{\mathrm{d}^2 x}{\mathrm{d}t^2} \tag{3.20}$$

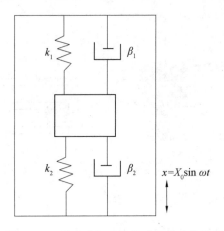

图 3.26 压电式加速度传感器的力学模型

由于晶体的刚度为 k_2，因而作用在晶体的动压力：

$$\sigma A = k_2 y \approx -\frac{k_2}{\omega_n^2} \cdot \frac{\mathrm{d}^2 x}{\mathrm{d}t^2} \tag{3.21}$$

$$Q = -\frac{G k_2}{\omega_n^2} \cdot \frac{\mathrm{d}^2 x}{\mathrm{d}t^2} \tag{3.22}$$

$$U = \frac{Q}{C} = -\frac{G k_2}{C \omega_n^2} \cdot \frac{\mathrm{d}^2 x}{\mathrm{d}t^2} \tag{3.23}$$

式中　C——传感器的电容量；

　　　U——传感器的电压。

压电晶体两表面所产生的电荷量（或电压）与所测振动的加速度成正比，因此可以通过测量压电晶体的电荷量来得到所测振动的加速度值。

（1）压电式加速度传感器的主要技术指标

① 灵敏度。压电式加速度传感器有两种形式的灵敏度，电荷灵敏度 S_q（S_q 的单位是 pC/g，pC 是皮库仑，g 是重力加速度）和电压灵敏度 S_v（S_v 的单位通常是 mV/g）。传感器灵敏度的大小取决于压电晶体材料的特性和质量块的质量大小。传感器几何尺寸越大则质量块质量越大，灵敏度越大，但使用频率越窄；传感器体积减小则质量块质量减小，灵敏度也减小，但使用频率范围加宽。选择压电式加速度传感器时，要根据测试要求综合考虑。

② 安装谐振频率 $f_{安}$。$f_{安}$ 是指传感器牢固地（用钢螺栓）装在一个有限质量 m（目前国际上公认的标准是取体积为 1 in³（1 in³ $\approx$ 16.39 cm³），质量为 180 g）的物体上的谐振频率压电式加速度。传感器本身有一个固有谐振频率，但是传感器总是要通过一定的方式安装在振动体上，这样谐振频率就要受安装条件的影响。传感器的安装谐振频率与传感器的频率响应有密切关系，安装方法会大大影响测试的质量。

③ 频率响应。根据测试精度要求，通常取传感器安装谐振频率的 1/10 ～ 1/5 为测量频率的上限，测量频率的下限可以很低，所以压电式加速度传感器的工作频率很宽。

④ 横向灵敏度比。横向灵敏度即传感器受到垂直于主轴方向振动时的灵敏度与沿主轴方向振动的灵敏度之比。在理想的情况下，传感器的横向灵敏度比应等于零，即当与主轴

垂直方向振动时不应有信号输出。

⑤ 幅值范围。幅值范围即传感器灵敏度保持在一定误差大小(通常在 $5\%\sim10\%$)时的输入加速度幅值的范围,也就是传感器保持线性的最大可测范围。有时直接采用最大加速度表示传感器的动态性能。用于冲击振动测试的传感器,最大加速度达到 $10g$ 就可以满足常规振动测试的要求。

(2) 测振放大器

测振放大器是振动系统的一个重要的中间环节。传感器的信号往往难以直接用来显示或记录,需要放大(或衰减)。与压电式加速度传感器配套的前置放大器(测振放大器)有电荷放大器和电压放大器。

① 电荷放大器。

电荷放大器是压电式传感器的专用前置放大器,它是一个具有深度电容负反馈的高开环增益的运算放大器。它把压电类型传感器的高输出阻抗转变为低输出阻抗,把输入电荷量转变为输出电压量,把传感器的微弱信号放大到一个适当的归一化数值。

由于压电式加速度传感器的输出阻抗高,因此必须采用输入阻抗也很高的放大器与之匹配,否则传感器产生的微小电荷经过放大器的输入电阻时将会被释放。电荷放大器的作用就是将高内阻的电荷源转换为低内阻的电压源,而且输出电压正比于输入电荷。采用这种放大器,在数百米范围内,传感器导线长度的影响很小,而且电荷放大器还具有优良的低频响应特性。

电荷放大器的核心是一个具有电容负反馈且输入阻抗很高的高增益运算放大器,改变负反馈电容值,可得到不同的增益即电压放大倍数。此外,电荷放大器一般还具有低通滤波、高通滤波和适调放大的功能。低通滤波可以抑制测量频率范围以外的高频噪声,高通滤波可以消除测量线路中的低频漂移信号。适调放大的作用是实现测量电路灵敏度的归一化,以便能将不同灵敏度传感器输入的信号归一化后输出电压。

② 电压放大器。

电压放大器具有结构简单、性能可靠等优点。但电压放大器的输入阻抗低,使得加速度传感器或力传感器的电压灵敏度随导线长度变化而变化。因此,在使用电压放大器时,必须在压电式加速度传感器和电压放大器之间加入一个阻抗变换器,对实际测试所用的导线还必须进行标定,给测试带来不便。除一些专用的测试系统外,已很少采用电压放大器作为压电式加速度传感器的放大器。

测振放大器除了有放大(或衰减)功能外,还有模拟运算的功能。磁电式传感器的输出电动势与被测振动体的振动速度成正比,使用微积分电路即可获得加速度信号,使用积分电路即可获得位移信号。压电式加速度传感器输出的电荷与被测振动体的加速度成正比,使用积分电路可获得速度信号,再使用一次积分电路即可获得位移信号。因此,使用微积分电路是有实际意义的。

微积分电路由串入电路中的电阻、电容、电感元件构成,结构简单,导线电容的变化对仪器的灵敏度影响较大。

3. 应变梁式位移传感器

应变梁式位移传感器的主要部件是一块由弹性好、强度高的铍青铜制成的悬臂弹性簧片,簧片一端固定在仪器外壳上,簧片上粘贴 4 片应变片组成全桥或半桥测量线路,簧片的自由端固定有拉簧,拉簧与指针固结。根据应变与簧片变形之间的关系测量线位移。其原理图如图 3.27 所示。当测杆随变形移动时,传力弹簧使簧片产生挠曲,簧片产生应变,通过电阻应变仪测得的应变即可反映应变与试件位移间的关系。传感器的量程为 30 ~ 150 mm,分辨率达 0.01 mm,传感器的位移 $\delta=\varepsilon C$。其中,ε 为铍青铜梁上的应变,由应变仪测定;C 为与簧片尺寸及拉簧材料性能有关的刚度系数。

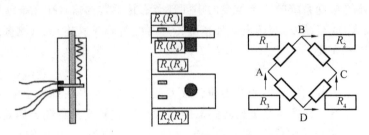

图 3.27　应变梁式位移传感器原理

4.差动变压器式位移传感器

差动变压器式位移传感器由一个一次线圈(初级线圈)和两个二次线圈(次级线圈)组成,这些线圈共同绕在一个圆筒上,圆筒内放置一个能自由移动的铁芯。一次线圈通过人激磁电压时,通过互感作用使二次线圈感应而产生电势。铁芯居中时,感应电势 $e_1-e_2=0$,无输出信号。铁芯向上移动位移 $+\delta$,这时 $e_1\neq e_2$,输出为 $\Delta E=e_1-e_2$。铁芯向上移动的位移越大,ΔE 也越大。反之,当铁芯向下移动时,e_1 减小而 e_2 增大,所以 $e_1-e_2=-\Delta E$,因此其输出量与位移成正比,且为模拟量,输出电压与位移的关系通过率定确定。这种传感器的量程大,可达到 ±500 mm,适用于整体结构的位移测量。其中 LVDT 实物图及原理图如图 3.28 所示。

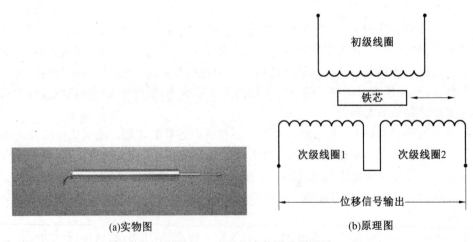

(a)实物图　　　　　　　　　　　　　(b)原理图

图 3.28　LVDT 实物图及原理图

3.3.3　动态数据采集系统

数据采集仪的作用是对所有的传感器通道进行扫描,把扫描得到的电信号进行 A/D 转换,转换成数字量,再根据传感器特性对数据进行传感器系数换算(如把电压数换算成应变或温度等),然后将这些数据传送给计算机。某动态数据采集系统示意图如图 3.29 所示。

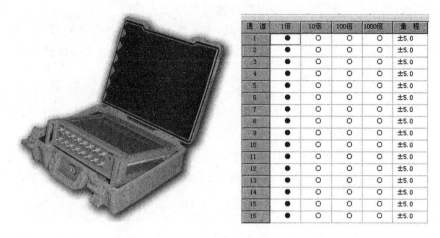

通 道	1倍	10倍	100倍	1000倍	量 程
1	●	○	○	○	±5.0
2	●	○	○	○	±5.0
3	●	○	○	○	±5.0
4	●	○	○	○	±5.0
5	●	○	○	○	±5.0
6	●	○	○	○	±5.0
7	●	○	○	○	±5.0
8	●	○	○	○	±5.0
9	●	○	○	○	±5.0
10	●	○	○	○	±5.0
11	●	○	○	○	±5.0
12	●	○	○	○	±5.0
13	●	○	○	○	±5.0
14	●	○	○	○	±5.0
15	●	○	○	○	±5.0
16	●	○	○	○	±5.0

图 3.29　某动态数据采集系统

数据信号分析系统的一般原理如图 3.30 所示。涉及的基本问题:采样速率、频率混淆、泄漏、功率谱估计等,具体细节将在第 6 章重点介绍。

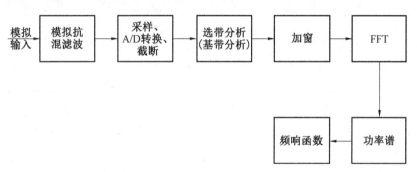

图 3.30　数字信号分析系统的一般原理

1.仪器标定

测振仪器在使用过程中需要对其性能参数进行定期标定。这是因为仪器某些元件的电气性能和机械性能会有所变化,而且还经常与各种类型的传感器、放大器和记录设备配套使用,这也需要对灵敏度和使用范围的各项指标进行确定。

常用的标定内容有:灵敏度标定、频率响应标定和线性度标定。此外有时还需要进行固有频率、阻尼系统、横向灵敏度等项目的标定。

仪器标定的方法有:① 分部标定,分别对测振传感器、放大器和记录仪器等各个部分的性能指标进行测定,然后把它们组合起来,求得整套仪器的输入量和输出量之间的关系。② 系统标定,将所选定的测振传感器、放大器和记录仪器组成整套的测试系统,进行联机标定以求得总的系统灵敏度、频率响应和线性度。

2.传感器选用要求

选择传感器主要考虑灵敏度、响应特性、线性工作范围、稳定性、精确度、测量方式 6 个方面的问题。

（1）灵敏度

其一，当传感器的灵敏度很高时，那些与被测信号无关的外界噪声也会同时被检测到，并通过传感器输出，从而干扰被测信号。因此，为了既能使传感器检测到有用的微小信号，又能使噪声干扰小，就要求传感器的信噪比越大越好。也就是说，要求传感器本身的噪声小，而且不易从外界引进干扰噪声。

其二，与灵敏度紧密相关的是量程范围。当传感器的线性工作范围一定时，传感器的灵敏度越高，干扰噪声越大，则难以保证传感器的输入在线性工作范围内工作。因此，过高的灵敏度会影响其适用的测量范围。

其三，当被测量是一个向量，并且是一个单向量时，就要求传感器单向灵敏度越高越好，而横向灵敏度越小越好；如果被测量是二维或三维的向量，那么还应要求传感器的交叉灵敏度越小越好。

（2）响应特性

传感器的响应特性是指在所测频率范围内，保持不失真的测量条件。此外，实际上传感器的响应总不可避免地有一定延迟，只是希望延迟的时间越短越好。一般物性型传感器（如利用光电效应、压电效应等的传感器）响应时间短，工作频率宽；而结构型传感器，如电感、电容、电磁等传感器，由于受到结构特性的影响和机械系统惯性质量的限制，其固有频率低，工作频率范围窄。

（3）线性工作范围

任何传感器都有一定的线性工作范围。在线性工作范围内，输出与输入成比例关系，线性范围越宽，则表明传感器的工作量程越大。传感器工作在线性工作范围内，是保证测量精度的基本条件。例如，机械式传感器中的测力弹性元件，其材料的弹性极限是决定测力量程的基本因素，当超出测力元件允许的弹性范围时，将产生非线性误差。

（4）稳定性

稳定性是表示传感器经过长期使用以后，其输出特性不发生变化的性能。影响传感器稳定性的因素是时间与环境。

（5）精确度

传感器的精确度用于表示传感器的输出与被测量的对应程度。如前所述，传感器处于测试系统的输入端，因此传感器能否真实地反映被测量，对整个测试系统具有直接的影响。

（6）测量方式

测量方式指传感器在实际条件下的工作方式，也是选择传感器时应考虑的重要因素。例如，接触与非接触测量、破坏性与非破坏性测量、在线与非在线测量等，条件不同，对测量方式的要求亦不同。

3.4　动荷载特性测定

3.4.1　探测主振源的方法

作用在结构上的动荷载常常是很复杂的,一般是由多个振源产生的。探测主振源时首先要找出对结构振动起主导作用即产生危害最大的振源,然后测定其特性。

结构发生振动,其主振源并不总是显而易见的,这时可以通过下述试验方法来测定。① 在工业厂房内有多台动力机械设备时,可以逐个开动,观察结构在每个振源影响下的振动情况,从中找到主振源,但是这种方法往往由于影响生产而不便实现。② 分析实测振动波形,根据不同振源将会引起不同规律的强迫振动这一特点,来间接判定振源的某些性质,作为探测主振源的参考依据。

图 3.31 给出了几种典型振源的振动曲线的记录波形图。其中图 3.31(a) 是间歇性的阻尼振动曲线,振动曲线上有明显的尖峰和衰减的特点,说明是冲击性振源所引起的振动。图 3.31(b) 是周期性的简谐振动曲线,这可能是一台机器或多台转速一样的机器运转(即旋转设备性简谐振源)所引起的振动。图 3.31(c) 为频率相差两倍的两个简谐振源叠加引起的合成振动曲线。图 3.31(d) 为三个简谐振源叠加引起的更为复杂的合成振动曲线。图 3.31(e) 的振动曲线符合"拍振"的规律,振幅周期性地由小变大,又由大变小。这有两种可能,一种是由两个频率接近的简谐振源共同作用;另外一种是只有一个振源,但其频率和结构的自振频率相近。图 3.31(f) 的振动曲线是随机振动的记录图形,由随机性动荷载引起,如液体或气体的压力脉冲。

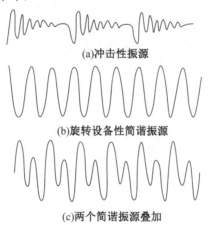

(a)冲击性振源

(b)旋转设备性简谐振源

(c)两个简谐振源叠加

图 3.31　典型振源的振动曲线的记录波形图

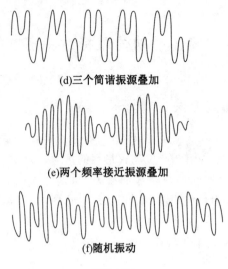

(d)三个简谐振源叠加

(e)两个频率接近振源叠加

(f)随机振动

续图 3.31

分析结构振动的频率,可以作为进一步判断主振源的依据。由于结构强迫振动频率和作用力的频率相同,因此具有这种频率的振源就可能是主振源。对于简谐振动可以直接在振动记录图上量出振动频率,对于复杂的合成振动则需进一步分析合成振动记录图,作出复合振动频谱图,在复合振动频谱图上可以清楚地看出合成振动是由哪些频率成分组成的,哪一个频率成分具有较大的幅值,从而判断哪一个振源为主振源。

3.4.2 动荷载特性的试验测定

1.直接测定法

直接测定法是通过测定动荷载本身参数以确定其特性。这种方法简单可靠。由于测量技术不断提高,各种传感器逐步完善,它的应用范围也越来越广。

对一些由往复式运动部件(如牛头刨床、曲柄连杆机械等)产生的惯性力,可以将加速度传感器安装在运动部件上,直接测出机器工作时运动部件的加速度变化规律,由于运动部件的质量是已知的,所以便可得到惯性力。

对由某些机械传递到结构上的动荷载,可使用各种测力传感器来测定,将传感器固定在结构物和机器底座之间,开动机器时,传感器就可将产生的惯性力用记录仪器直接记录下来。但用此法时,测力传感器的刚度应足够大,否则会导致很大的误差。

对于由密封容器或管道内液体与气体的压力运动而产生的动荷载,可以在该容器上安装压力传感器,直接记录容器内液体与气体的压力波动图形,从而得出由此产生的动荷载。

对于有些机器主设备(如桥式起重机),可以通过测量某一杆件的变形来得到动荷载的大小和规律。但应注意,选取适当的杆件是很重要的,被选的杆件要经过动力特性的测定。

2.间接测定法

间接测定法是把要测定动荷载特性的机器安装在有足够弹性变形的专用结构上,结构下面为刚性支座。可以将受弯钢梁或木梁安装在大型基础上作为这种弹性结构。梁的刚度和跨度的选择必须避免与机器发生共振,以保证所测结果的准确度。

试验时,首先将机器安装在梁上,在机器开动前应先进行结构的静力和动力特性的测定(可采用突加荷载法或突卸荷载法),确定结构的刚度、惯性力矩、固有振动频率、阻尼比及在已知简谐外力作用下的振幅。然后开动机器,用仪器测定并记录结构的振动情况,根据所测数据来确定机器造成的可变外力。

该法的先决条件是振源必须为可移动的,而实际上大部分振源是固定的,因此这种方法比较适合于动力设备制造部门和校准单位在产品检验和标定时采用。

3.比较测定法

比较测定法是通过比较振源的承载结构(楼板、框架或基础)在已知动荷载作用下的振动情况和待测振源作用下的振动情况,进而得出动荷载的特性数据。

测定时在振源旁边放一台激振器,先开动激振器测定承载结构的动力特性,确定其自振规率、阻尼比以及在已知简谐力作用下随激振器转速改变的强迫振动振幅,再开动待测振源,记录承载结构的振动图形。依据这些记录数据,可求得振源工作时产生的动荷载的特性。用此法也可按如下步骤进行:先开动振源,记录承载结构的振动情况,再开动激振器逐渐调节其频率和作用力的大小,使结构产生同样振动。由于激振器的作用力和频率已知,这样也可以求得振源的动荷载特性,这种方法对于产生简谐振动的振源效果最好。

3.5　动力特性测定

建筑结构的动力特性包括固有频率、阻尼比及振型等,是结构本身的固有参数。它们决定于结构的组成形式、刚度、质量分布和材料性质等。

测量结构动力特性参数是结构动力试验的基本内容,在研究建筑结构或其他工程结构的抗震、抗风或抵抗其他动荷载的性能和能力时,都必须要进行结构动力特性试验,了解结构的自振特性。尤其以下几个方面:

① 在结构抗震设计中,为了确定地震作用的大小,必须了解各类结构的自振周期。同样,对于已建建筑的震后加固修复,也需了解结构的动力特性,建立结构的动力计算模型,才能进行地震反应分析。

② 测量结构动力特性,了解结构的自振频率,可以避免和防止动荷载作用所产生的干扰与结构产生共振或拍振现象。在设计中可以使结构避开干扰源的影响,同样也可以设法防止结构自身动力特性对于仪器设备的工作产生干扰,有助于采取相应的防震、隔震或消震措施。

③ 结构动力特性试验可以为检测、诊断结构的损伤积累提供可靠的资料和数据。由于结构受动力作用,特别是地震作用后,结构受损开裂使结构刚度发生变化,刚度的减弱使结构自振周期变长、阻尼变大。由此,可以从结构自身固有特性的变化来识别结构的损伤程度,为结构的可靠度诊断和剩余寿命的估计提供依据。

结构动力特性测定以研究结构自振特性为主,由于它可以在小振幅试验下求得,不会使结构出现过大的振动和损坏,因此经常可以在现场进行结构的实物试验。当然随着对结构动力反应研究需要的提升,目前较多的结构动力试验,特别是研究地震、风振反应的抗振动力试验,也可以通过实验室内的模型试验来测量动力特性。

对于比较简单的动力问题,一般只关注结构的基本频率(即基频)。而为了研究结构(如复杂的多自由度体系)的振动规律,有时还必须考虑第二、第三甚至更高阶的固有频率以及相应的振型。结构的固有频率及相应振型虽然可由结构动力学原理计算得到,但由于实际结构的组成和材料性质等因素,经过简化计算得出的理论数据误差比较大。至于阻尼比则只能通过试验来确定。因此,采用试验手段研究各种结构的动力特性具有重要的实际意义。下面将介绍一些常用的动力特性测定方法。

3.5.1　自由振动法

自由振动法是设法使结构产生自由振动,通过记录仪器记录下幅值逐渐衰减的自由振动曲线,由此求出结构的基本频率和阻尼系数。

使结构产生自由振动的办法较多,通常可采用突加荷载法和突卸荷载法。其加载方式如图 3.32 所示。例如,对有桥式起重机(吊车)的工业厂房,可以利用小车突然倒车制动,引起厂房横向自由振动;对体积较大的结构,可对结构预加初位移,试验时突然释放预加初位移,从而使结构产生自由振动。

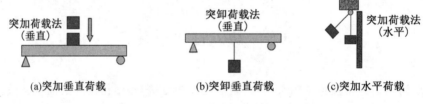

(a)突加垂直荷载　　　(b)突卸垂直荷载　　　(c)突加水平荷载

图 3.32　加载方式

此外,用发射反冲小火箭(又称反冲激振器)的方法可以产生脉冲荷载,也可以使结构产生自由振动,该法特别适宜于烟囱等高大建筑物。一些单位用这种方法对高层房屋、烟囱、古塔、桥梁、闸门等做过大量试验,得到了较好结果,但使用时要特别注意安全问题。近年来我国已研制出各种型号的反冲激振器,推力为 $10 \sim 40$ kN。在测定桥梁的动力性时,还可以采用载货汽车越过障碍物的方法产生一个冲击荷载,使桥梁产生自由振动。

采用自由振动法时,拾振器一般布置在振幅较大处,要避开某些杆件的局部振动。最好在结构纵向和横向多布测点,观察结构整体振动情况。自由振动法记录的时间历程(时程)曲线如图 3.33 所示。

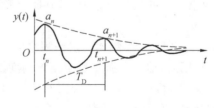

图 3.33　自由振动法记录的时程曲线

从实测得到的结构自由振动曲线记录图上,可以根据时间信号直接测量出基本频率。

为了消除荷载影响,最初的 1、2 个波一般不用。同时,为了提高准确度,可以取若干个波的总时间除以波数作为基本周期,取其倒数即为基本频率。

根据图 3.33 计算阻尼比和振型:

$$m\ddot{x} + c\dot{x} + kx = 0 \tag{3.24}$$

$$\xi = \frac{c}{2m\omega} \tag{3.25}$$

$$\omega = \sqrt{\frac{k}{m}} \tag{3.26}$$

由上述公式可以推导:

$$\ddot{x} + 2\xi\omega\dot{x} + \omega^2 x = 0 \tag{3.27}$$

故在初位移和初速度不等于零时,可以求解得到

$$x = A e^{-\xi\omega t} \sin(\omega_D t + \alpha_D) \tag{3.28}$$

因此有

$$\frac{a_n}{a_{n+1}} = \frac{A e^{-\xi\omega t_n}}{A e^{-\xi\omega t_{n+1}}} \tag{3.29}$$

由此可以得到其曲线幅值为 $e^{\xi\omega T_D}$,对公式(3.29)两端取对数,可得

$$\ln \frac{a_n}{a_{n+1}} = \xi\omega T_D \tag{3.30}$$

再将周期 $T_D = \dfrac{2\pi}{\omega_D}$ 代入(3.30)可以得到

$$\xi = \frac{1}{2\pi} \frac{\omega_D}{\omega} \ln \frac{a_n}{a_{n+1}} \approx \frac{1}{2\pi} \ln \frac{a_n}{a_{n+1}} \tag{3.31}$$

对于取 k 个周期进行计算的情况,一般表达式为

$$\xi = \frac{1}{2k\pi} \ln \frac{a_n}{a_{n+k}} \tag{3.32}$$

上述方法需要知道振动曲线的中心位置,但在实际应用过程中往往遇到不能准确获取中心位置的情况。这时可以按照波峰－波谷的总辐值来确定结构的阻尼比,即阻尼比 ξ 的计算公式为式(3.33)。但要注意 k 的计数方法与式(3.32)中不同。某结构实测自由振动时程曲线如图 3.34 所示。

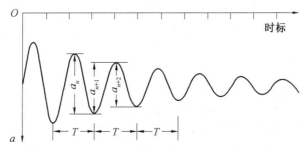

图 3.34　某结构实测自由振动时程曲线

$$\xi = \frac{1}{k\pi}\ln\frac{a_n}{a_{n+k}} \tag{3.33}$$

式中　　a_n——第 n 个波的峰－谷值或谷－峰值；

　　　　a_{n+k}——第 $n+k$ 个波的峰－谷值或谷－峰值；

　　　　ξ——临界阻尼比。

自由振动法的频域分析方法可采用傅里叶变换。用傅里叶级数将时程曲线分解并作出其频谱图，由于建（构）筑物固有频率的谐量为其主要组成部分，因此在频谱图上建（构）筑物固有频率处必然出现突出的峰点。峰点一般在基频处是非常突出的，而在二频、三频处有时也很明显。其中傅里叶变换所用到的函数为

$$\widetilde{X}_T(\omega_n) = \sum_{k=0}^{N-1}\widetilde{x}_T(t_k)\mathrm{e}^{-\mathrm{j}\frac{2\pi nk}{N}} \tag{3.34}$$

$$\widetilde{x}_T(t_k) = \frac{1}{N}\sum_{n=0}^{N-1}\widetilde{X}_T(\omega_n)\mathrm{e}^{\mathrm{j}\frac{2\pi kn}{N}} \tag{3.35}$$

如图 3.35(a) 所示的实测响应信号经傅里叶函数变换之后得到如图 3.35(b) 所示的频率振幅曲线。

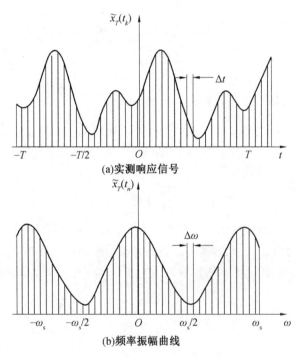

(a)实测响应信号

(b)频率振幅曲线

图 3.35　傅里叶函数变换

【例 3.1】一水塔如图 3.36 所示，塔身为 240 mm 厚砖砌体墙，塔顶水箱采用钢筋混凝土结构。在水箱内充满水时（共重 100 t），通过钢丝缆绳和花篮螺丝，采用张拉突卸法对塔顶水箱施加荷载。并利用安装在水箱侧壁上与水塔振动方向一致的加速度传感器，测得突卸荷载时水塔侧向振动的加速度时程响应曲线，如图 3.37 所示。根据实测的响应信号，经过傅里叶变换得到水塔侧向振动的加速度频响曲线，如图 3.38 所示。从中可知，水箱的实测

一阶固有频率为 4.50 Hz。按图 3.36 所示的计算模型进行理论分析,得到的水塔一阶固有频率为 4.36 Hz,与实测相差 3.1%。

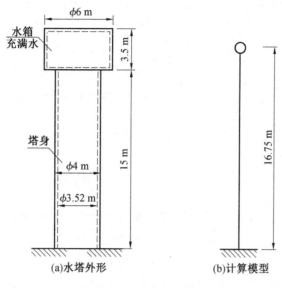

图 3.36   水塔外形及计算模型

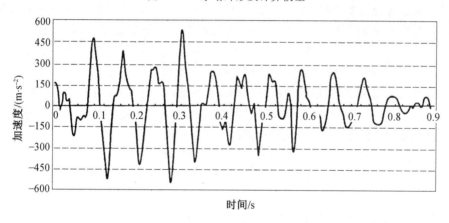

图 3.37   实测加速度时程响应曲线

为了测定结构的振型,必须使结构按某一固有频率振动,测量各点在同一时刻的位移。对于单自由度体系,对应一个基本频率只有一个主振型;而对于多自由度体系,对应多阶固有频率就有多个振型,其中对应于基本频率的振型即为主振型或第一振型,对应于高阶频率的振型称为高阶振型,依次为第二、第三振型等。

由于试验对象和试验加载条件等因素不同,往往只能在结构的一点或几点上用激振器对结构激振加力,这与结构自身质量所产生的惯性力并按比例关系分布在结构各点的实际情况有所不同,但是在工程上一般均采用激振方法来测量结构的振型。

在布置激振器或施加激振力时,为易于得到需要的振型,要使激振力作用在振型曲线上位移较大的部位。要注意防止将激振力作用在振型曲线的"节点"(即在某一振型结构振动时位移为"零"的不动点)处。为此需要在试验前通过理论计算进行初步分析,对可能产生

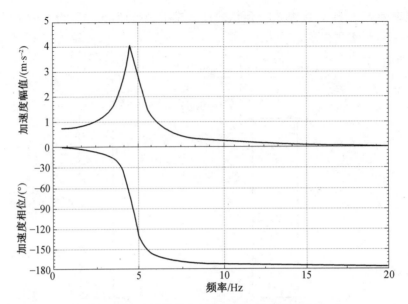

图 3.38　实测结果分析得到的加速度频响曲线

的振型大致做到心中有数,然后决定激振力的作用点,即激振器的安装位置。

为了实测结构的振型曲线,需要沿结构高度或跨度方向连续布置水平或垂直方向的测振传感器。与静力试验一样,为了能将各测点的位移连线形成振型曲线,一般至少要布置5个测点。 对于整体结构动力试验,经常在各层楼面及屋面上布置测点;对于高层建筑和高耸构筑物,测点的数量只要满足能获得完整的振型曲线即可。

试验时按振动记录曲线,取某一固有频率下结构振动时各测点同一时刻位移值的连线,以获得相应频率下的结构振型曲线,此时各测点仪器必须要严格同步。在量取各点位移值时必须注意振动曲线的相位,以确定位移值的正负。

采用自由振动法时,多数用初位移或初速度法在结构可能产生最大位移值的位置进行激振,随后在自由振动状态下测取结构振型,一般情况下自由振动法只能测得结构的基频与第一振型。

结构的高阶振型一般是最容易激发的,所以撞击荷载法只能测出结构的基频及其对应的主振型,而得不到高阶频率。

3.5.2　共振法

共振法(Resonance Method)是利用专门的激振器对结构施加简谐动荷载,使结构产生恒定的强迫简谐振动,借助对结构受迫振动的测定,求得结构动力特性的基本参数。

将激振器牢固地安装在建筑结构上,不使其跳动,否则将影响试验结果。激振器的激振方向和安装位置要根据试验结构的情况和试验目的而定。一般说来,整体结构动荷载试验多为水平方向激振,楼板和梁的动荷载试验多为垂直方向激振。激振器的安装位置应选在所要测量的各个振型曲线上的非节点处。试验前最好先对结构进行初步动力分析,做到对所测量的振型曲线的大致形状心中有数。

由结构动力学可知,当干扰力的频率与结构本身固有频率相符时,结构就出现共振。因此,连续改变激振器的频率(频率扫描),达到使结构产生共振,这时记录下的频率,就是结构的固有频率;连续激振下去,应可以得到第一次共振、第二次共振、第三次共振等。工程结构都是具有连续分布质量的系统,严格说来,其自振频率不是一个,而有无限多个。对于一般的动力问题,确定其最低的基本频率是最重要的。有时尚需要确定结构的第二频率、第三频率等,此时可采用共振法测得第二阶、第三阶甚至更高阶频率。

在理论上,结构有无限阶自振频率,但频率越高输出越小,受检测仪表灵敏度的限制,一般仅能测到有限阶的自振频率。另外,对结构影响较大的是前几阶共振,而高阶共振的影响较小。

图 3.39 为建筑物进行频率扫描试验时所得到的共振时的时间历程曲线。使用激振器测共振频率时,一般总是把激振器的转速由低到高进行几次连续变换,即所谓的频率扫描试验,同时记录振动曲线。在共振频率附近逐渐调节激振器的频率,同时记录结构的振幅,就可作出频率-振幅关系曲线,或称为共振曲线。当使用偏心式激振器时,应注意转速不同时,激振力大小也不一样,因为激振力与激振器转速的二次方成正比。为了使绘出的共振曲线具有可比性,应把振幅折算为单位激振力作用下的振幅,或把振幅换算为在相同激振力作用下的振幅。

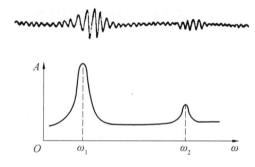

图 3.39　共振时的时间历程曲线

频域法测定结构固有频率的基本原理为振型分解和模态叠加原理。该原理认为结构的震动由各个震动模态叠加而成,当激励频率等于结构的固有频率时,结构产生共振。因此,频响函数或响应功率谱密度函数在结构的固有频率处有突出的峰值。对于单自由度体系,只有一阶固有频率,其频响函数或响应功率谱密度函数曲线只有一个峰值(图 3.40)。对于多自由度体系,在测试的振动频率范围内,其频响函数或响应功率谱密度函数曲线可能有几个峰值,分别对应结构各阶的固有频率(图 3.41)。

通常以实测振幅 A 除以激振器的角频率 ω^2(A/ω^2)为纵坐标,以 ω 为横坐标,绘制共振曲线,如图 3.42 所示。曲线上峰值所对应的频率值即为结构的固有频率。

从共振曲线上也可以得到结构的阻尼系数:在纵坐标最大值 0.707 倍处作水平线与共振曲线相交于 A 和 B 两点,两个点称为半功率点。因为 0.707 表示了 3 dB 衰减,所以半功率带宽有时又称为 3 dB 带宽,其对应横坐标是 ω_1 和 ω_2,则阻尼系数:

$$\delta = \frac{\omega_2 - \omega_1}{2} \tag{3.36}$$

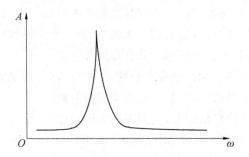

图 3.40　单自由度体系的频响函数曲线

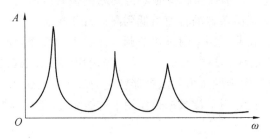

图 3.41　多自由度体系的频响函数曲线

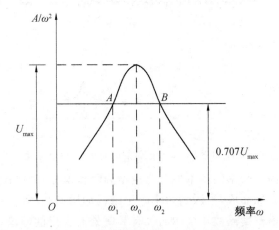

图 3.42　由共振曲线求阻尼系数和阻尼比

临界阻尼比：

$$\xi_c = \frac{\delta}{\omega_0} \tag{3.37}$$

由于噪声干扰，多自由度的频响函数或响应功率谱密度函数曲线上的峰值并不一定对应结构的固有频率。在结构模态试验中常采用频响函数曲线拟合方法识别结构模态参数，这种方法利用结构振动试验获取的激励和响应信号，经程序运算和变换后，得到结构的频响函数，再通过对结构动力学模型的识别，确定与频响函数拟合最佳的模态参数。该方法可得到包括结构固有频率、振型和阻尼比在内的全部模态参数。例如，当多自由度结构的各阶固有频率的数值相隔较大，反映在频响函数上是对应各阶固有频率的峰值相距较远时，可以假设它们之间的相互影响较小,采用单自由度体系的频响函数曲线拟合多自由度体系的频响函数曲线,从中得到结构各阶固有频率等模态参数。这就是结构模态参数识别的单自由度方法。在共振法中,利用傅里叶变换求得其位移频率响应的幅值谱的具体计算过程如下:

$$m(\ddot{y} + 2\xi\omega_0\dot{y} + \omega_0^2 y) = f(t) \tag{3.38}$$

利用傅里叶变换:

$$Y(\omega) = \int_{-\infty}^{+\infty} y(t)e^{-j\omega t}\,dt \tag{3.39}$$

$$F(\omega) = \int_{-\infty}^{+\infty} f(t)e^{-j\omega t}\,dt \tag{3.40}$$

可以得到

$$m(\omega_0^2 - \omega^2 + 2j\xi\omega_0\omega)Y(\omega) = F(\omega) \tag{3.41}$$

$$Y(\omega) = H_d(\omega)F(\omega) \tag{3.42}$$

最终得到其位移频率响应的幅值谱:

$$H_d(\omega) = \frac{1}{m(\omega_0^2 - \omega^2 + 2j\xi\omega_0\omega)} \tag{3.43}$$

由结构动力学可知,结构按某一固有频率振动时形成的弹性曲线称为结构按此频率振动的振动形式,简称振型。用共振法测量振型时,测量前对各通道进行相对较准,使其对试件的振动检测具有相同的灵敏度。当结构发生共振时,用拾振器同时测量结构各部位的振动图。通过比较各测点的振幅和相位,即可绘出对应于该频率的振型图。若测量参数为速度、加速度或位移,则所得振型图应为速度振型、加速度振型或位移振型。共振法可测得结构高阶振型,但应布置足够的拾振器。

如图 3.43 所示为用共振法获得建筑的某一频率振型图的步骤,图 3.43(a) 为拾振器和激振器的测点布置,图 3.43(b) 为共振时记录下的振动曲线,图 3.43(c) 为获得的振型曲线。绘制振型曲线图时,规定顶层的拾振器 1 的位移为正,凡与它相位相同的为正,反之则为负。将各点的振幅按一定的比例和正负值画在图上即是振型曲线。

拾振器的布置数目和仪器位置由研究的目的和要求而定。试验前,可根据结构动力学原理初步分析或估计振型的大致形式,然后在变形较大的位置布置仪器。例如图 3.44 所示框架,在横梁和柱子的中点、四分之一点、柱端点处可布置 1～6 个测点,能够较好地连成振型曲线。

有时由于结构形式比较复杂,测点数超过已有拾振器数量或记录装置能容纳的点数。这时,可以逐次移动拾振器,分几次测量,但是必须有一个测点作为参考点。每次测量位于参考点的拾振器不能移动,而且每次测量的结果都要与参考点的曲线比较相位。

随着现代电子控制技术的发展,激振器控制系统得到不断改进,稳速和同步性能得到不断提高。这不仅可以比较准确地测得多阶平稳振型系数,而且可以进行扭转和空间振型的测定。近年来,我国采用这种方法对一系列的高层建筑、水工结构、桥梁、海港、码头、海洋平

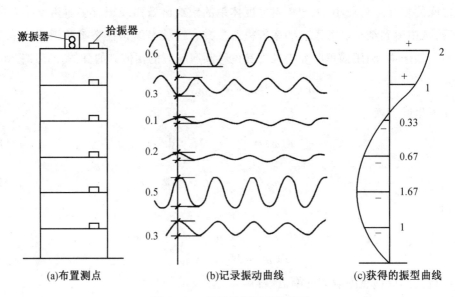

图 3.43　共振法测建筑物振型

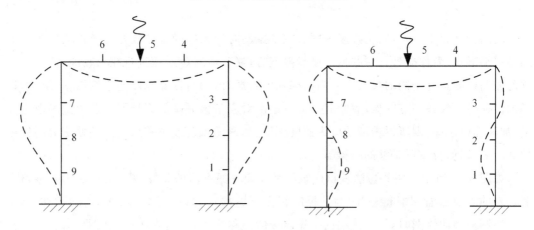

图 3.44　测点布置图

台、大型储油罐等多项工程进行了动力试验,取得了理想的效果。

石家庄 KQ－79 型框架轻板建筑三层空框架整体试验中,在空框架经低周反复荷载试验后,将两台偏心同步激振器安装于结构屋面的 X_1、X_2 位置(表 3.1)进行同步激振。根据布置在各层及屋面的激振传感器 x_1、x_2 和 x_3 的记录,可以测得结构的一、二阶固有频率和振型,$f_1 = 1.65$ Hz,$f_2 = 5.45$ Hz。在第二振型图上由于一、二层楼面的位移与屋面位移在相位上正好相差 180°,以致在振型图上测点 2、3 之间出现了"节点"。

表 3.1　三层框架轻板建筑用共振法测量动力特性

设备布置	第一频率	第二频率	阻尼比1	阻尼比2	第一振型	第二振型
	1.65 Hz	5.45 Hz	3.81%	2.89%		

当利用两台同步激振器同步反向激振时,可以测得结构的整体扭转振型。在该工程的动力试验中,还利用了反冲激振器能多点同步激振的特点,测量多自由度体系结构高阶振型等动力特性。用若干个反冲激振器按要求沿结构不同高度和方向布置,在每一个质点上作用一个相应于振型 $X_k(x_i)$ 的激振力 P_i,由同步激振测量结构的各阶固有频率和振型。

反冲激振器的布点方案见表 3.1,具体测量方案描述如下:

① 实测横向第一振型时,两个反冲激振器分别安装在轴线 2 和轴线 5 的柱顶,同向发射。

② 实测横向第二振型时,在每层轴线 2 和轴线 5 分别安装一个反冲激振器。试验时,第一、二层的两个激振器同向发射,第三层的两个激振器反向发射。

③ 实测横向第三振型时,在第三层的轴线 2 和轴线 5 分别安装一个反冲激振器,在第一、二层轴线 2 和轴线 5 分别安装一个反冲激振器。试验时,第一、三层的两个激振器同向发射,第二层的两个激振器反向发射。

④ 实测结构扭转振型时,在轴线 1 和轴线 6 的柱顶分别安装一个反冲激振器,两个激振器反向发射。

3.5.3　脉动法

建筑物的脉动是一种很微小的振动,脉动源为地壳内部微小的振动、地面车辆运动、机器运转所引起的微小振动以及风荷载引起的建筑物振动等。使用建筑物的脉动响应来确定动力特性的方法俗称脉动试验(Fluctuation Test)。脉动试验使用高灵敏度的传感器、放大记录设备,借助于随机信号数据处理,利用环境激励测量建筑物的响应,以分析确定建筑物的动力特性,是一种有效而简便的方法。它可以不用任何激振设备,对建筑物没有丝毫损伤,也不影响建筑物内工作的正常进行,在自然环境条件下就可测量建筑物的响应,经过数据分析就可确定其动力特性。

脉动法是通过测量由环境随机激振而产生的建筑物微小振动,即"脉动"来分析建筑物的动力特性方法,可以从脉动信号中识别出结构的固有频率、阻尼比、振型等多种模态参数。其特点是:实测不需要激振设备;不受结构限制。

(1) 基本假设

在进行脉动试验及其数据分析时,可做下述 3 条假设:

① 假设建筑物的脉动是一种各态历经的随机过程。由于建筑物脉动的主要特征与时间起点的选择关系不大,同时因为它本身的动力特性的存在(建筑物如同一个滤波器),因此建筑物的脉动是一个平稳随机过程。实践表明,它可被看作各态历经的平稳过程。只要有足够长的记录时间,就可以用单个样本函数上的时间平均来描述这个过程的所有样本的平均特性。

② 对于多自由度体系,当有多个激振输入时,在共振频率附近所测得的物理坐标的位移幅值,可以近似地认为就是纯模态的振型幅值。对于多自由度体系,如果假设各阶固有频率 $\omega_i = K_i/M_i (i=1,2,\cdots,n)$ 之间比较稀疏(此处 K_i 和 M_i 相应为广义刚度和广义质量),对于阻尼比较小的情况,在 $\omega = \omega_i \pm \Delta\omega_i/2$ 这一共振频率附近所测得的信号,可以近似地认为与其主振型成比例,而忽略其他振型的影响,这样就可以采用峰值来确定结构各阶频率和振型。如果相邻的模态成分耦联,就先要进行分解,不能直接利用峰值来确定结构的各阶频率与振型。

③ 假设脉动源的频谱是较平坦的,可以把它近似为有限带宽白噪声,即脉动源的傅里叶谱或者功率谱是一个常数。这样结构响应的频谱就是结构的动力特性,不仅可以确定其固有频率,还可以在结构脉动信号的傅里叶谱或功率谱上利用半功率点确定阻尼比。

(2) 测量仪器的要求

结构动力特性的测量对象涉及面很广,包括高层建筑及一般民用建筑、大跨桥梁及城市立交桥、工业厂房及设备等,这些建筑物的特点对仪器设备具有较高的要求。包括:

① 应注意下限频率。当前国内高层建筑的高度已经达到 400 m 以上,大跨桥梁主跨达到 1 000 m 以上,这些建筑物自振频率很低,即自振周期很长,因此要求传感器及放大器的下限频率很低,甚至是从 0 Hz 开始,才能满足测试要求。

② 要求传感器灵敏度高。由于是采用自然环境激励,不采用强迫激振器激振,因此振动信号微弱,要求传感器灵敏度高、放大器有足够的增益。

③ 要有足够数量的传感器及相应的放大记录设备。由于被测对象高度越来越高,跨度越来越大,因此在测量与分析其动力特性时,会得到较多的频率与振型。如传感器数量不够,则只能分若干次测量,这里存在两个问题。一是需要确定分次测量的共用连接测点。这个测点如果选择得好,可以得到满意的结果;如果选择得不好,正好放在某一振型的节点处,由于在振型节点处的信号很小,因此两个测点的相干就会很不好,做出来的振型就会失真。二是分次测量用的时间较多,分几次测量就要多用几倍的时间,也会相应地增加分析处理的时间。因此,最好能够一次把需要记录的测点同时记录下来,这就要求有较多的传感器及相应的放大记录设备。

（3）传感器的布置原则

一座建筑物，又高又大，从什么部位来拾取它的振动信号才能得到预期的效果，这是一个十分重要的问题。振动信号的拾取需要靠传感器的布点来实现，因此传感器布置在什么部位，就是一个关键的工作，可以从下面几个方面考虑：

① 找好中心位置布置平移振动测点。一座建筑物，从其振动状态来分析，一般可分为水平振动、扭转振动和垂直振动。为了区别于扭转振动，一般习惯于把水平振动称为结构的平移振动，也即结构在水平位置上的整体振动。这种振动一般可分为横向振动与纵向振动两种。现在建筑物很多是方形或圆形的，因此设计图上也往往标上 x 坐标轴和 y 坐标轴，在描述结构振动时也常常描述为 x 方向振动和 y 方向振动。在布置平移振动测点时，传感器一般安放在建筑物的刚度中心，这样做的目的是让传感器接收到的信号仅仅是平移振动信号，而不包含扭转振动信号，这样在数据分析处理时可便于识别平移振动信号。当然，受现场试验条件的限制，有时候不可能在建筑物的刚度中心安放传感器，这就要使传感器尽可能地靠近刚度中心，使扭转振动信号尽可能地小些，以突出平移振动信号。在现场试验时，刚度中心不易确定，但平面位置的几何中心容易找到，故传感器可布置在几何中心。

② 在建筑物的两侧布置扭转振动测点。建筑物的扭转振动是整个建筑物绕着结构的扭转中心转动，因此它越远离扭转中心，振动也就越大。从 x、y 坐标轴上看，距坐标原点越远，振动幅值就越大。因此，往往把扭转振动的测点布置在建筑物 x 坐标轴或 y 坐标轴最远端，即建筑物的两侧，在同一个楼层中成双成对地布置测点。为了检验楼板的整体刚度如何，在同一楼层内沿着平面的 x 坐标轴或 y 坐标轴布置若干个对称的测点，检查结构的平面刚度，看它是否是绕着扭转中心在做均匀的转动。

③ 在结构突变处布置测点。由于某种需要，结构在某一部位断面突然变化时会引起刚度突然变化，或者质量突然变化，这些变化都有可能使结构的振动形态发生变化。在这些变化处，要安放一定数量的传感器，如凸出屋面的塔楼、高耸结构和旋转餐厅等。结构断面削弱、刚度突变会引起结构振动的鞭梢效应。凸出屋面的子结构与主体结构振动的某一阶频率吻合或者接近时，也都有可能引起结构振动加大，甚至产生明显的鞭梢效应。

④ 在特殊部位布置测点。在特殊部位布置测点可分为以下几种情况：

a.基础两侧的测点。在建筑物基础两侧布置垂直振动的测点，看看基础是纯粹的垂直振动还是绕着某一位置的上下转动。

b.振动强烈部位的测点。在振动强烈的部位布置测点，可以了解该处的振动情况。

c.为便于信号识别需要而布置的测点。有时候在分析谱图上出现的频率比较乱，如在伸缩缝两边的结构，测量一边的时候，要考虑在另一边也放上一个传感器，这样会给分析判断带来方便。

d.楼板刚性测量时的测点。在同一楼层平面内，沿着一个方向等间隔地放置若干个传感器记录振动信号，以便分析和判断楼板的刚性。

（4）测点数量和测试步骤的确定

所有建筑物的质量分布都是连续的，从理论上讲都有无限多个自由度的系统，其相应的固有频率也同样有无限多个。在研究一般动力问题时，重要的是找出基本频率，但也不能忽视高阶频率和振型的影响，尤其是对于高层建筑，由于场地土质和结构情况的差异，频率较高的地震波成分或地层卓越周期有可能与坐落于其上的房屋的高振型产生类共振，使结构反应加大，破坏加剧。因此，对高振型的地震荷载也要引起重视，在测量时要视条件而异，尽可能地多得到一些结构的自振频率与振型。

一般把高层建筑的每一个楼层作为一个集中质量的质点来考虑，在楼层的地板上布置测点。高层建筑层数较多，不可能每一层都摆放传感器。一般来说，横向、纵向及扭转振动只要得到各 5 ~ 6 阶的频率、振型及相应的阻尼比，就可以满足抗震设计计算的需要。

从理论上说，结构在某一方向出多少阶频率和振型，只需相应布置多少测点就够了，例如出 5 阶频率和振型，只需布置 5 个测点就够了。但是测点太少时，很难捕捉到各阶振型的最大幅值及拐弯的节点位置，因此做出来的振型失真较大，甚至会漏掉某一阶频率及振型。所以，按照经验，如要得到准确的频率及振型曲线，测点的数量要比预期得到的振型个数多 1 倍，即如要得到 5 阶频率与振型图形，布置 10 个测点才能得到较好的结果。

测点数量确定以后，按照传感器布置的原则，自下而上按照楼层等间隔地安放传感器，同时也要统一考虑特殊部位的传感器安放。如果一个传感器感应振动的方向是 x、y 两个方向的，那么一次就可记录下两个方向的振动。一般传感器多用于感受某一个方向的振动，因此，可以先统一测定一个方向的振动，等记录完毕后把传感器在平面位置上转动 90° 再测定另一方向的振动。

在测量扭转振动时，把传感器成双成对地布置在楼层的两侧，从平面上看，每一层至少要布置两个，从竖向来看，也要自下而上间隔若干层进行布置，这样传感器的数量就是测平移振动的 2 倍。这样便可以记录下比较完整的扭转振动信号，既便于分析，做出来的建筑物振型也比较完整。但是一般仅要求知道扭转振动的频率与建筑物简化成一根杆状时的振型，为了简化测量，往往先在某两层平面的两侧布置传感器，宜选较高的楼层测试。从楼层两侧两个测点的记录信号中确定扭转振动的频率，它们在相位上应该相差 180°。在两个楼层上布置传感器是为了保险起见，万一某个测点信号出现问题，仍可用其他测点分析，然后把传感器自下而上集中布置在建筑物一侧的测点处，从已经得到的扭转频率处得到振型。

某些情况下传感器数量可能受限。由于建筑物越来越高大，测量时需要的传感器数量也越来越多，一次完成测量与记录工作对测试结果的分析处理会带来很大的方便。但是如果传感器数量不够，也可以分若干次进行测量与记录。以高层建筑为例，可以选择若干个楼层作为基准楼层，其他楼层的测试结果与其进行分析比较。一般的高层建筑可以分成两次或三次测量。由于高层建筑的振动受风的影响较大，一般把顶层作为基准层比较好，另外再在适当高度选取 1 ~ 2 个楼层作为基准层。基准层的测点应一直固定，中间分次测量时不变动。其他楼层可以分几次测量,与这些基准层比较,就可得到需要的频率与振型。

（5）布置传感器时的注意事项

① 测试方向要一致。每一个测点的传感器都要按照测试的方向摆放一致,可以在建筑物内寻找一个参照物,统一方向。如果摆放不一致,传感器感应的振动分量就会有差异,影响分析结果。

② 传感器相位要一致。传感器振动信号的相位是判断结构动力特性的重要依据,如利用相位差 $180°$ 来确定同一楼层上该频率是否为扭转振动频率,不同楼层的测点之间利用相位来确定某一阶的频率与振型。因此,安放传感器时,要确保各传感器首尾方向的一致性。

③ 传感器在各个楼层上测点的平面位置要一致。传感器自下而上在每一个楼层上测点的平面位置要一致。特别是在测量结构扭转振动时,要严格按照要求摆放。由于当测点离扭转中心的距离不同时,感应到扭转振动的分量是不同的,因此会影响振型的准确性。

④ 传感器要布置在建筑物的主体结构上。传感器如果布置在一些容易产生局部振动的构件上,会感应到局部振动信号,并且局部振动信号受外界影响大,容易超量程,会影响数据的处理与分析。

⑤ 传感器要放在安全的地方。测量、记录时,传感器不能随意翻看及移动。

⑥ 传感器附近要防磁、防局部振动。传感器附近不能有强磁场的干扰,以免影响传感器的正常工作。传感器附近不能有强烈的振动。建筑物内有人工作时,特别是还没有全部完工的建筑物,局部施工的强烈振动会使记录量程超值,影响记录数据的分析处理。

（6）脉动记录的分析

工程结构的脉动是由随机脉动源所引起的响应,是一种随机过程。随机振动是一个复杂的过程,对某一样本每重复测试一次,所得到的结果均是不同的,如果单个样本在全部时间上所求得的统计特性与在同一时刻对振动历程的全体所求得的统计特性相等,则称这种随机过程为各态历经的。另外,由于工程结构脉动的主要特征与时间的起点选择关系不大,它在时刻 t_1 到 t_2 这一段随机振动的统计信息与 $t_1+\pi$ 到 $t_2+\pi$ 这一段的统计信息是相关的,并且差别不大,即具有相同的统计特性。因此,工程结构脉动又是一种平稳随机过程。实践证明,对于这样一种各态历经的平稳随机过程,只要有足够长的记录时间,就可以用单个样本函数来描述随机过程的所有特性。

与一般振动问题相类似,随机振动问题也是讨论系统的输入（激励）、输出（响应）以及系统的动态特性三者之间的关系。假设 $x(t)$ 是以脉动源为输入的振动过程,结构本身称之为系统,当脉动源作用于系统后,结构在外界激励下就产生响应,即结构的脉动反应 $y(t)$,称为输出的振动过程,这时系统的响应输出必然反映结构的动力特性。

在随机振动中,由于振动时间历程是明显的非周期函数,用傅里叶积分的方法可知这种振动有连续的各种频率成分,且每种频率有它对应的功率或能量,把它们的关系用图线表示,称为功率在频域内的函数,又称功率谱密度函数（Power Spectral Density Function）。

在平稳随机过程中,功率谱密度函数给出了某一过程的"功率"在频率域上的分布方式,可用它来识别该过程中各种频率成分能量的强弱,以及对于动态结构的响应效果。所以功率谱密度是描述随机振动的一个重要参数,也是在随机荷载作用下设计结构的一个重要依据。

在各态历经平稳随机过程的假定下,脉动源的功率谱密度函数与结构反应功率谱密度函数之间存在一定关系,可以推知,当已知输入输出时,即可得到传递函数。在测试工作中通过测振传感器测量地面自由场的脉动源 $x(t)$ 和结构反应的脉动信号 $y(t)$,将这些符合平稳随机过程的样本由专用信号处理机(频谱分析仪)通过使用具有传递函数功率谱的程序进行计算处理,即可得到结构的动力特性 —— 频率、振幅、相位等,运算结果可以在处理机上直接显示,也可用 $X-Y$ 函数记录仪将结果绘制出来。从频谱曲线上用峰值法很容易得到各阶频率,结构自振频率处必然出现突出的峰值,一般基频处非常突出,而在第二、第三频率处也有相应明显的峰值。

利用模态分析法可以由功率得到工程结构的自振频率。如果输入功率谱是已知的,还可以得到高阶频率、振型和阻尼比,但用上述方法研究工程结构动力特性参数需要专门的频谱分析设备及专用程序。

在实践中人们从记录的脉动信号图中往往可以明显地发现它所反映的某种频率特性。由环境随机振动法的基本原理可知,既然工程结构的基频谐量是脉动信号中最主要的部分,那么在记录里就应有所反映。事实上在脉动记录里常常出现酷似"拍"的现象,在波形光滑之处"拍"的现象最显著,振幅最大,凡有这种现象之处,振动周期大多相同,这一周期往往即是结构的基本周期。

在结构脉动记录中出现这种现象是不难理解的,因为地面脉动是一种随机现象,它的频率是多种多样的,当这些信号输入具有滤波器作用的结构时,由于结构本身的动力特性,使得远离结构自振频率的信号被抑制,与结构自振频率接近的信号则被放大,这些被放大的信号恰恰为揭示结构动力特性提供了线索。

在出现"拍"的瞬时,可以理解为在此刻结构的基频谐量处于最大,其他的谐量处于最小,因此表现出结构基本振型的性质。利用脉动记录读出该时刻同一瞬间各点的振幅,即可确定结构的基本振型。

对于一般工程结构,用环境随机振动法确定基频与主振型比较方便,有时也能测出第二频率及相应振型,但高阶振动的脉动信号在记录曲线中出现的机会很少,振幅也小,这样测得的结构动力特性误差较大。另外,用环境随机振动法难以确定结构的阻尼特性。

从分析结构动力特性的目的出发,应用脉动法时应注意以下几点。

① 工程结构的脉动是由环境随机振动引起的,可能带来各种频率分量,为得到正确的记录,要求记录仪器有足够宽的频带,使需要的频率分量不失真。

② 根据脉动分析原理,脉动记录中不应有规则的干扰或仪器本身带进的噪音,因此观

测时应避开机器或其他有规则的振动影响,以保持脉动记录的"纯洁"性。

③ 为使每次记录的脉动均能反映结构的自振特性,每次观测应持续足够长的时间并且重复几次。

④ 为使高频分量在分析时能满足要求的精度,减小由于时间分段带来的误差,记录仪应有足够快的速度,而且速度可变,以适应各种刚度的结构。

⑤ 布置测点时应将结构视为空间体系,沿着高度及水平方向同时布置仪器,如仪器数量不足可做多次测量,这时应有一台仪器保持位置不动,作为各次测量的比较标准。

⑥ 每次观测应记下当时的天气状况、风向、风速以及附近地面的脉动,以便分析这些因素对脉动的影响。

随着计算机技术的发展和一些信号处理机或结构动态分析仪的应用,脉动测量方法得到了迅速发展,广泛地应用于工程结构的动力分析和研究中。

在一般建筑的脉动试验记录里,除了看到反映结构基频的那些酷似"拍"的振动曲线外,还有各式各样的高频出现,这些高频分量有些实际上是反映结构的高阶频率特性,但一般它的规律性不甚明显,如果要用主谐量方法去进行判断处理,困难很大,而且其结果的精度也较差,然而在高层建筑的脉动记录中可以发现,这些高频分量却有时也以一定规律出现,特别是对于建筑体型简单的高层建筑,尤为显著。为此,它为人们通过环境随机振动直接用主谐量法处理脉动记录,求得结构高阶频率、振型等动力参数提供了有利条件。

广州白云宾馆是我国南方在 20 世纪 70 年代末建成的高层建筑之一。为了研究高层建筑的动力特性,完善高层建筑的设计计算方法,利用白云宾馆从施工到竣工整个过程前后进行的 8 次试验工作中积累的实测资料,通过分析结构动力特性和受力状态,为剪力墙结构的振动计算分析提供试验依据。

【例 3.2】广州白云宾馆动力特性测试。

(1) 试验对象概况

白云宾馆主楼 29 层,高 101.35 m,长 76.2 m,宽 18 m,顶部塔楼最高处为 33 层,总高 117.05 m,建筑立面与平面体型比较规则,整个结构大致是对称的。

结构采用钢筋混凝土剪力墙承重体系。横向共有 12 片工字形断面的剪力墙,墙板在中间走廊部分开孔,形成单孔双肢剪力墙板,纵向在走廊两侧有两片主要剪力墙,外墙为两片带大洞口的剪力墙。剪力墙厚度沿着高度分 8 段,每 4 层为 1 段,每段缩减 50 mm,图 3.45 展示了建筑平面、剖面。

(2) 试验内容与测点布置

试验的主要目的在于了解结构的动力特性,测量结构纵横向振动时的自振周期及振型曲线。为了满足试验要求,在主体结构施工到 18 层以后,随着施工进度与楼层加高,先后用环境随机振动法进行了 7 次试验。在竣工交付使用以后,又进行了较为全面的第 8 次试验。采用脉动法和共振法分别试验,并进行比较。

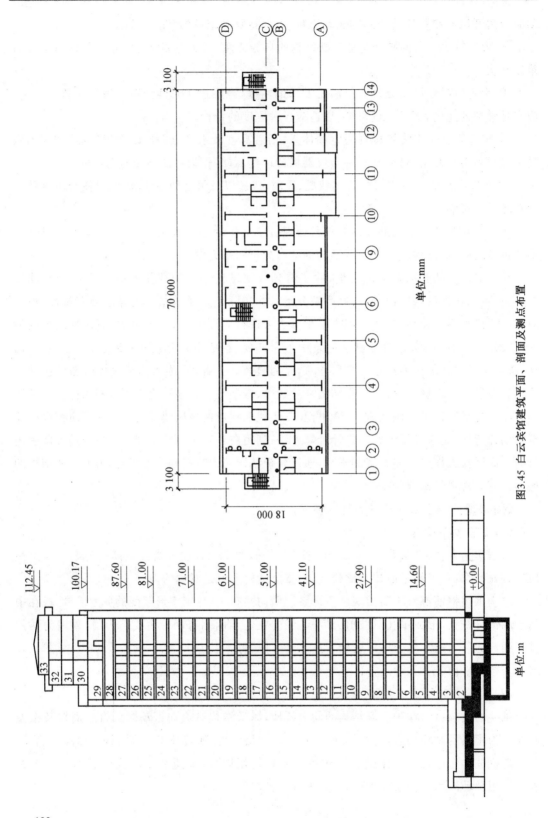

图3.45 白云宾馆建筑平面、剖面及测点布置

在试验中,沿结构高度布置 10 个测振传感器,分别测量各层间在纵横向水平振动时的相对变位。测点布置见表 3.2。

表 3.2　测点布置

楼层	1	5	9	13	16	19	22	25	27	30
测点	1	2	3	4	5	6	7	8	9	10

注:纵向激振时测点 9 布置在 28 层。

(3)试验结果

① 随着结构进程,先后通过 8 次试验获得了结构随楼层增高时自振周期的变化规律,见表 3.3。结构的自振周期随着层数的增高而线性增长,两者呈线性关系。

表 3.3　结构楼层增高与自振周期的变化规律

序号	施工进度	激振方法	纵向周期 /s			横向周期 /s		
			T_1	T_2	T_3	T_1	T_2	T_3
1	18 层完工	脉动法	0.44			0.54		
2	20 层完工	脉动法	0.49			0.62		
3	25 层完工	脉动法	0.62					
4	26 层完工	脉动法	0.68	0.24	0.14	0.95	0.25	0.12
5	29 层完工	脉动法	0.816			1.11		
6	33 层完工	脉动法	0.821			1.14		
7	拆除脚手	脉动法	0.825			1.37		
8	交付使用	共振法	0.835	0.278	0.174	1.44	0.35	0.16

② 结构纵横向振动的动力特性。在多次脉动测量中发现,虽然记录曲线中存在着各式各样的频率,在同一时刻各测点的相位也不同,但也反复出现如图 3.46 所示的现象,即在某一时间内各测点的振动曲线有一定规律。图 3.46(a)(b)为结构纵向振动的脉动信号记录曲线。图 3.46(c)为结构横向振动的脉动信号记录曲线。从图 3.46 可以看到一些共同特性。

a. 记录曲线比较光滑,有类似"拍"的现象。

b. 同一时刻各测点的周期接近,反映以某一周期为主的振动。如在 T_1 附近以周期为 0.835 s 的振动为主;在 T_2 附近以周期为 0.285 s 的振动为主;在 T_3 附近以周期为 0.16 s 的振动为主。

c. 各测点的相位相同或者相反,而且其反相有一定规律,反映了振型的一个重要特性。如 T_1 处没有反相现象,这与结构第一振型振动时的相位一致,而 T_2、T_3 处的相位依次与结构第二、第三振型振动时的相位一致。图 3.47 为结构纵横向振动时的振型曲线。

直接从记录曲线的 T_1 处量出同一时刻各测点的振幅值及相位,以各测点振幅的相对比值绘成曲线。

这里需要指出,结构处于某一振型转变到另一振型的过渡状态时,其相位是杂乱的,只有当相位一致或相位差为 180° 时才反映结构的固有特性。

　　结构交付使用后,用脉动法与共振法分别试验的结构纵横向振动的动力特性参数见表 3.4。从表 3.4 可见各激振方法测量的结果基本相同,也说明了用脉动法测量高层建筑的高阶频率和振型参数的可靠性。

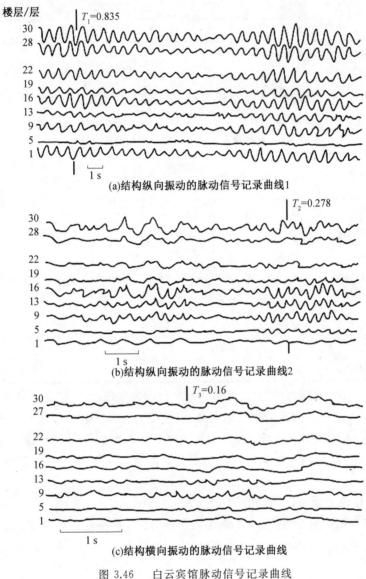

(a)结构纵向振动的脉动信号记录曲线1

(b)结构纵向振动的脉动信号记录曲线2

(c)结构横向振动的脉动信号记录曲线

图 3.46　　白云宾馆脉动信号记录曲线

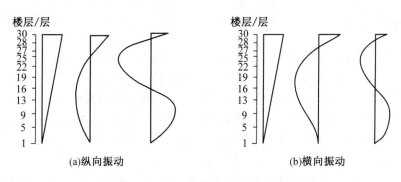

图 3.47　白云宾馆纵横向振动时的振型曲线

表 3.4　结构纵横向振动的动力特性参数

振动方向	激振方法	T_1	T_2	T_3
纵向	脉动法	0.83	0.285	0.17
	共振法	0.835	0.278	0.174
横向	脉动法	1.43	0.33	0.16
	共振法	1.44	0.35	0.16

从本例可见,高层建筑采用环境随机振动法试验,并用主谐量法分析脉动信号记录,可以避免采用谱分析方法,因而获得了较为满意的结果。但由于结构的高频反应较基频反应小得多,而且出现的机会也少,因而要求测量仪器要有足够的放大倍数,同时整个测量系统要求有较好的抗干扰性能。

在实践中发现,第一、第二周期信号一般比较容易记录得到,而第三周期信号往往要费较长的时间记录,至于要想获得更高阶的动力特性,事实上已经没有可能。为此,对于高层建筑和高耸构筑物(电视塔、桅杆等),要得到高阶动力特性参数,就必须采用前述频谱分析方法,并利用专门处理手段进行分析处理。

3.6　动力反应测定

结构动力反应测定是测定结构在实际工作时的振动参数(振幅、频幅)及性状。在生产实践和科学研究中,有时需要对结构在实际动荷载作用下的动力反应进行试验测定。例如,工业厂房中的动力机械设备中,吊车在吊车梁上运行的振动情况;汽车、火车驶过桥梁时引起的振动;高耸建(构)筑物受风荷载作用等引起结构的振动以及强震观察等。

研究动荷载作用下的结构动力反应一般不需要专门的起振装置,只要选择测定位置并布置测量仪表即可记录振动图形,主要是选择适当的仪器和试验方法。如结构在荷载作用下的动应变、动挠度和动力系数等均属动力反应测定。测量得到的这些资料,用来研究结构的工作是否正常、安全,存在何种问题,薄弱环节在何处。下面介绍常用的结构动力反应测定方法。

3.6.1 动力反应

实践中经常遇到需要测定建筑物在动荷载作用下特定部位的动参数,如振幅、频率(或频率谱)、速度、加速度、动变形等。这种情况下,仅在结构振动时布置适当的拾振器(如位移传感器、速度传感器、加速度传感器等),记录下振动图和振动波形即可。测点布置根据结构情况和试验目的而定。动应变是一个随时间变换的函数,进行测量时要把各种仪器组成测量系统。应变传感器感应的应变通过测量桥路和动态应变仪的转换、放大、滤波后送入各种记录仪进行记录,最后将应变随时间的变化过程送入频谱分析仪或数据处理机进行数据处理和分析。例如,如果是校核结构承载力,就应将测点布置在最危险的部位(即控制断面上);如果是测定振动对精密仪器的影响,一般应在精密仪器基座处测定振动参数。多层厂房常需要测定某个振源(如机床扰动力)引起的振动在结构内传布和衰减的情况。 如图 3.48 所示为网壳结构振动台试验。

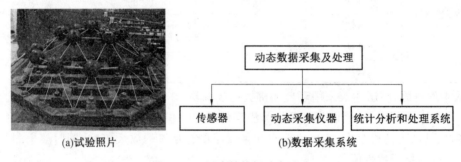

(a)试验照片   (b)数据采集系统

图 3.48   网壳结构振动台试验

注意事项:

测定动应变时,要选用有足够疲劳寿命的应变片,纸基片和丝绕片则不宜使用;对于高频应变测量,为了获得较高的动态响应,应选用小标距应变片;连接应变片的导线应捆扎成束,牢固定位,否则导线之间或导线与大地之间分布电容的变动将引起较大的测量误差;仪器的工作频率范围必须大于被测动应变信号的频率,否则将会引起非线性失真。

测定动应变后,即可根据结构力学知识求得结构的动应力和动内力。动应变的频率可以直接在图上确定或者利用时间标志和应变频率的波长确定:

$$f = \frac{L_0}{L} f_0 \qquad (3.44)$$

式中 L_0、f_0—— 时间标志的波长和频率;

L、f—— 应变的波长和频率。

3.6.2 振动位移图

为了确定结构在动荷载作用下的振动状态和动应力大小,往往需要测定结构在一定动荷载作用下的振动位移图,如图 3.49 所示。将各测点的振动图用记录仪器同时记录下来,根据相位关系确定位移的正负号,再按振幅(即位移)大小以一定比例画在位移图上,最后连成结构在实际动荷载作用下的振动位移图。这种测量分析方法与前述振型确定的方法类似。但结构的振动位移图是结构在特定荷载作用下的变形曲线,一般说来并不与结构的某一振型一致。

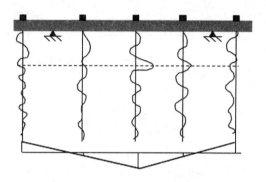

图 3.49　　结构振动位移图

确定了振动位移图后,即可按结构力学的理论近似地确定结构由于动荷载作用所产生的内力。可以根据实测结果假设振动弹性曲线方程,按数学分析的方法求出内力。

实际上,弹性曲线方程可以给定为某一函数,只要这一函数的形态与振动位移图相似,而且最大位移与实测位移相等,用它来确定内力就不会有过大的误差。这样确定的结构内力,可与直接测定应变得出的内力相比较。

3.6.3　动力系数

承受移动荷载的结构,如吊车梁、桥梁等,常常要确定它的动力系数,以判定结构的工作情况。移动荷载作用于结构上所产生的动挠度,往往比静荷载作用时产生的静挠度大。动挠度和静挠度的比值称为动力系数 K:

$$K = \frac{y_d}{y_j} \qquad\qquad (3.45)$$

式中　　y_d—— 动挠度;

　　　　y_j—— 静挠度。

结构动力系数一般用试验方法实测确定。为了求得动力系数,先使移动荷载以最慢的速度驶过结构,测得挠度图如图 3.50(a) 所示,然后使移动荷载按某种速度驶过,这时结构产生最大挠度 y_d(采取以各种不同速度驶过的方法确定),如图 3.50(b) 所示。从图上量得最大静挠度 y_j 和最大动挠度 y_d,即可求得动力系数 K。上述方法只适用于一些有轨的动荷载,对无轨的动荷载(如汽车)不可能使两次行驶的路线完全相同。有的移动荷载由于生产工艺上的原因,用慢速行驶测最大静挠度也有困难,这时可以采取一次高速行驶测试,记录图形如图 3.50(c) 所示。取曲线最大值为 y_d,同时在曲线上绘出中线,相应于 y_d 处中线的纵坐标即为 y_j,同样可求得动力系数 K。

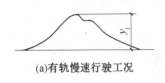

(a)有轨慢速行驶工况

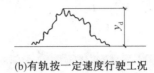

(b)有轨按一定速度行驶工况

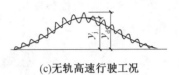

(c)无轨高速行驶工况

图 3.50　移动荷载作用下荷载变形结构图

3.7　疲劳试验

　　工程结构或构件在多次重复加载和卸载作用下,其破坏强度比其材料静力强度要低得多的现象称为疲劳。结构在等幅等频、变幅变频的多次重复和反复荷载作用下,由于结构某一部分局部损伤的递增和积累,导致裂纹的形成并逐步扩展,材料的极限强度降低,以致结构在低于相同静荷载作用情况下被破坏,这种现象称为结构或材料的疲劳破坏,如图 3.51所示。结构疲劳试验就是要了解结构或构件在重复荷载作用下的性能及变化规律。

　　疲劳(Fatigue)问题涉及的范围比较广,对某一种结构而言,它包含材料的疲劳和结构或构件的疲劳。如混凝土结构中有钢筋的疲劳、混凝土的疲劳和构件的疲劳等。目前疲劳理论研究工作尚在不断发展,疲劳试验也因目的要求不同而采取不同的方法。

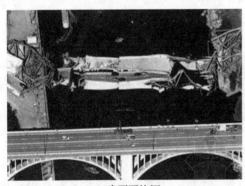

(a)密西西比河

(b)I−35W高速公路大桥

图 3.51　疲劳破坏

3.7.1　疲劳试验测试项目

　　疲劳试验的目的是研究结构在多次重复或反复荷载作用下的结构性能及其变化规律,确定结构疲劳破坏时的强度值和荷载重复作用的次数,即疲劳极限和疲劳寿命。结构所能承受的荷载重复次数及应力达到的最大值均与应力的变化幅度有关。研究表明,在一定应力变化幅度下,应力与重复荷载作用次数的增加不会再引起结构的疲劳破坏,该疲劳应力称疲劳极限应力,结构设计时必须严格按照疲劳极限应力进行设计。

　　结构的疲劳试验一般均在专门的疲劳试验机上进行,大部分采用电液伺服疲劳试验机或电磁脉冲千斤顶施加重复或反复荷载,也有时采用偏心轮式振动设备加载。结构的疲劳试验大多采用等幅匀速脉动荷载,借以模拟结构或构件在使用阶段不断反复加载和卸载的受力状态。

结构疲劳试验按目的不同可分为验证性疲劳试验和研究性疲劳试验两类。

① 对于验证性疲劳试验,在控制疲劳次数内应取得构件抗裂性及开裂荷载、裂缝宽度及其发展、最大挠度及其变化幅度、疲劳强度和疲劳寿命的相关数据,同时应满足现行相关设计规范的要求。

② 对于研究性疲劳试验,测试内容根据研究目的和要求而定。以正截面的疲劳性能试验为例,测试内容一般应包括各阶段截面应力分布状况、中和轴变化规律、抗裂性及开裂荷载、裂缝及其发展情况、最大挠度及其变化规律、疲劳强度以及疲劳破坏特征分析。

对于钢结构构件,疲劳试验中的观测项目主要包括:

① 局部应力或最大应力的变化。

② 构件的最大变形及其随荷载循环次数的发展规律。

③ 断裂裂纹的萌生和发展。

④ 构件承载能力与疲劳荷载的关系。

不同疲劳试验对象和试验目的的观测项目也不相同,例如,预应力混凝土构件的锚夹具组装件疲劳试验,属生产鉴定性试验,试验中的观测项目主要就是钢丝相对于锚具的位移以及锚具工作状态。而在粘钢加固的钢筋混凝土梁的疲劳试验中,观测项目往往以粘贴钢板的应变变化作为主要观测项目之一。

3.7.2　疲劳试验的分类与特征

近年来,比较典型的疲劳试验有以下几种。

① 钢筋混凝土和预应力混凝土梁的疲劳试验,既有钢筋的疲劳试验、混凝土的疲劳试验,又有这两种材料组成的构件的疲劳试验,如钢筋混凝土吊车梁、铁路钢筋混凝土简支梁或其他承受反复荷载的钢筋混凝土梁等的疲劳试验。

② 焊接钢结构疲劳试验,如焊接钢结构节点、焊接钢梁等的疲劳试验。

③ 用于预应力混凝土结构的锚夹具组装件疲劳试验。按照有关技术标准,锚夹具产品应进行疲劳试验。

④ 拉索疲劳试验。拉索疲劳试验主要用于斜拉桥的斜拉索或吊杆拱桥的吊杆。

⑤ 新型材料或新结构构件的疲劳试验,如钢纤维混凝土梁的疲劳试验,钢－混凝土组合结构的疲劳试验,粘钢加固或粘贴碳纤维加固混凝土梁的疲劳试验等。

结构的疲劳试验按其受力状况不同,可分为压力疲劳、弯曲疲劳和扭转疲劳试验;按试验机产生的脉冲信号的大小,可分为等幅疲劳和变幅疲劳试验;还有环境疲劳试验,如腐蚀性环境下的疲劳试验、高温或低温下的疲劳试验、加压或真空等条件下的疲劳试验。

从材料学的观点来看,疲劳破坏是材料损伤累积而导致的一种破坏形态。金属材料的疲劳有以下特征:

a.交变荷载作用下,构件的交变应力远低于材料静力强度条件下有可能发生的疲劳破坏。

b.单调静载试验中表现为脆性或塑性的材料,在发生疲劳破坏时,宏观上均表现为脆性断裂,疲劳破坏的预兆不明显。

c. 疲劳破坏具有显著的局部特征, 疲劳裂纹扩展和破坏过程发生在局部区。

d. 疲劳破坏是一个累积损伤的过程, 要经历足够多次导致损伤的交变应力才会发生疲劳破坏。

可见, 疲劳破坏与静力破坏和冲击荷载作用下的破坏有着本质上的区别。从受力特征看, 承受反复交变荷载的结构有可能发生疲劳破坏。在建筑工程中, 典型的结构构件是工业厂房中的吊车梁;桥梁工程中, 铁路桥梁的疲劳破坏是主要破坏形态之一。典型的疲劳破坏工程事故是1994年韩国圣水大桥的破坏, 钢桁梁桥, 全长1160 m。当时, 建成仅15年的圣水大桥因桁架式挂梁的吊杆疲劳断裂, 40 m长的一段桥面结构坠入汉江中, 15人丧生。

常规疲劳试验的典型特点是试验结构受到交替变化但幅值保持不变的多次反复荷载作用, 既不同于结构静力试验, 也不同于结构低周反复荷载试验(拟静力试验)。疲劳试验的反复荷载次数以百万次计, 且荷载的幅值明显小于结构的破坏荷载。有时, 将常规疲劳荷载试验称为高周疲劳试验以区别于因其他目的而进行的低周疲劳试验。

3.7.3 疲劳试验荷载

(1) 疲劳试验的荷载取值

疲劳荷载的描述由3个参量组成, 即最大荷载 Q_{max}、最小荷载 Q_{min}、平均荷载 Q_m。疲劳试验的上限荷载 Q_{max} 是根据构件在最大标准荷载最不利组合下产生的弯矩计算而得, 下限荷载 Q_{min} 根据疲劳试验设备的性能而定, 并考虑到大多数脉冲千斤顶性能的限制, 规定下限荷载 Q_{min} 不应小于千斤顶最大动荷载的3%。为了能同时满足最大荷载要求和最小荷载值限制的规定, 试验时必须正确选择适当的脉冲千斤顶。

对预应力混凝土结构中使用的锚具进行疲劳性能试验时, 试验荷载取值应按如下规定:当预应力钢材用钢丝、钢绞线或热处理钢筋时, 试验应力上限值取预应力钢材抗拉强度标准值的65%, 应力幅值取80 MPa。当预应力钢筋为冷拉Ⅰ、Ⅱ、Ⅲ级钢时, 试验应力上限值为预应力钢材抗拉强度标准值的80%, 应力幅值取80 MPa。

(2) 疲劳试验的荷载频率

疲劳试验荷载在单位时间内重复作用的次数称为荷载频率。荷载频率将影响材料的塑性变形和徐变。此外, 疲劳荷载的频率过高将对疲劳试验附属设施带来较多影响。目前, 国内外尚无统一的荷载频率规定, 主要依据疲劳试验机的性能而定。

荷载频率不应使构件及荷载架共振, 同时应使构件在试验时与实际工作时的受力状态一致, 为此荷载频率与构件自振频率之比应满足小于0.5或大于1.3, 即

$$\frac{\theta}{\omega} < 0.5 \text{ 或 } \frac{\theta}{\omega} > 1.3 \tag{3.46}$$

式中　ω—— 构件固有频率;

　　　θ—— 荷载频率。

(3) 疲劳试验的循环次数

构件经受一定要求控制次数的疲劳荷载作用后, 抗裂性(即裂纹宽度)、刚度、强度必须满足现行相关规范中的有关规定。如, 中级工作制吊车梁 $n = 2 \times 10^6$ 次;重级工作制吊车梁 $n = 4 \times 10^6$ 次。

3.7.4 疲劳试验加载方法

疲劳试验属于动力试验,试验过程中所有的信息都在随时间变化。但是若在一定的荷载循环中,试验信息的变化幅度不大,则可不采用自动数据采集设备记录试验数据。疲劳试验均为荷载控制,试验荷载值必须采用动态方式测量和记录,以便对试验过程进行监控,对试验荷载值偏差及时进行调整。疲劳试验的主要步骤如下:

(1)预加静力试验

对构件施加不大于上限荷载 20% 的预加静载 1 ~ 2 次,以消除支座等连接件之间的松动及接触不良,压牢构件并使仪表正常工作。

(2)正式疲劳试验

疲劳试验步骤如图 3.52 所示。

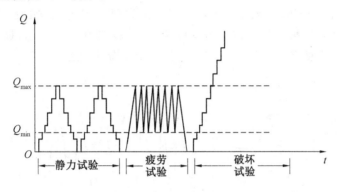

图 3.52　疲劳试验步骤

① 第一步,做静力试验。在疲劳试验前,先做 2 ~ 3 次静力试验,因为在最大疲劳荷载作用下,试件可能已经开裂,而在开裂前、后的应力及应变的变化幅度较大,若能使此阶段构件的工作状态稳定,则其应力及应变的变化幅度可以减小。其目的主要是对比构件经受反复荷载后受力性能有何变化。

荷载分级加到疲劳上限荷载。静荷载试验的加载程序与一般静力试验基本相同,每级荷载可取上限荷载的 20%,临近开裂荷载时应适当加密,第一条裂缝出现后仍以 20% 的荷载施加,每级荷载加完后停歇 10 ~ 15 min,记录读数。加满载后分两次或一次卸载,也可采取等变形加载方法。对于允许出现裂缝的试件,为正确控制开裂荷载值,应在临近开裂荷载阶段加密荷载分级。

② 第二步,做疲劳试验。疲劳试验机开机后,调节油压,并调节疲劳机上下限荷载,调节加载频率施加至 Q_{max},反复调节保持荷载稳定,即保证疲劳试验期间荷载上、下限值的稳定,且其误差不宜超过最大荷载的 $\pm 3\%$。在试验过程中,对于混凝土受弯构件,应有计划地停机进行静态测点读数,停机宜在重复加载到 1×10^4 次、1×10^5 次、5×10^5 次、1×10^6 次、2×10^6 次和 4×10^6 次时,进行一个循环的静力试验,测读应变、挠度并观测裂缝。动应变和动挠度的测量,应在荷载加至 1×10^4 次、2×10^4 次、5×10^4 次、1×10^5 次、2×10^5 次、5×10^5 次、1×10^6 次、1.5×10^6 次、2×10^6 次、3×10^6 次及 4×10^6 次时分别进行,在临近破坏时应加强观测。

待示值稳定后读取第一次动载读数,以后每隔一定次数读取数据。根据要求也可在疲劳过程中进行静力试验(方法同 ①),完毕后重新启动疲劳试验机,继续疲劳试验。

另外,疲劳试验时构件除受脉冲千斤顶液压荷载作用外,还受到构件和千斤顶运动部件惯性力的影响,在计算脉冲千斤顶的最大和最小荷载时应给予综合考虑。

③ 第三步,做破坏试验。在达到要求的疲劳次数后,有时需要加载直至结构破坏为止。这时的加载有两种情况,一种是继续施加疲劳荷载直至结构破坏,得出承受 Q_{min} 疲劳荷载的次数;另一种是继续静荷载破坏试验,得出其极限承载力。静力试验的方法同 ①,但荷载级距可适当加大。

对于鉴定试验,一般在完成规定次数的疲劳荷载后,若检查构件的各项性能指标发现满足要求,则疲劳试验结束。而研究性疲劳试验,在完成预定次数的疲劳加载后,往往会再进行试验。随着试验目的和要求的不同,疲劳试验所采取的试验步骤也不相同。如带裂缝的疲劳试验,静载可不分级缓慢地加到第一条可见裂缝出现为止,然后开始疲劳试验,如图 3.53 所示;还可以在疲劳试验过程中变更荷载上限,如图 3.54 所示(提高疲劳荷载的上限,可以在达到要求疲劳次数之前,也可在达到要求疲劳次数之后)。

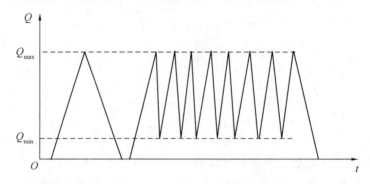

图 3.53　等幅值荷载疲劳试验

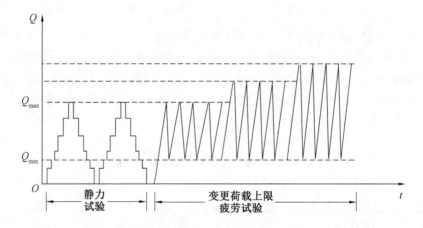

图 3.54　变更荷载上限疲劳试验

3.7.5　疲劳试验观测

疲劳试验中的观测内容与静力试验中的观测内容基本相同,主要包括构件的变形、应变分布及裂缝变化。与常规静力试验不同之处,是疲劳试验所获取的数据一般都是以荷载相同为前提条件,测试数据随循环次数的变化反映出结构或构件的性能变化,也就是结构或构件的疲劳性能。下面分别阐述疲劳强度测量、应变测量、裂缝测量和挠度测量的具体要求。

(1) 疲劳强度测量

构件所能承受的疲劳荷载作用次数 n,取决于最大应力值 σ_{max}(或最大荷载 Q_{max})及应力变化幅度 ρ(或荷载变化幅度)。试验应按设计要求取最大应力值 σ_{max} 及疲劳应力比值 $\rho = \sigma_{max}/\sigma_{min}$。按此条件进行疲劳试验,在控制疲劳次数内,构件的强度、刚度、抗裂性应满足现行规范要求。

进行研究性疲劳试验时,构件以疲劳极限强度和疲劳极限荷载作为最大的疲劳承载能力。构件达到疲劳破坏时的荷载上限值为疲劳极限荷载,构件达到疲劳破坏时的应力最大值为疲劳极限强度。

为了得到给定 ρ 值条件下的疲劳极限荷载和疲劳极限强度,一般采取的办法是:根据构件实际承载能力,取最大应力值 σ_{max},做疲劳试验,求得疲劳破坏时荷载作用次数 n,从 σ_{max} 与 n 的双对数直线关系中求得控制疲劳极限强度,作为标准疲劳极限强度。它的统计值作为设计验算时疲劳强度取值的基本依据。

疲劳破坏的标志应根据相应规范的要求而定。研究性疲劳试验有时为了分析和研究破坏的全过程及其特征,往往将破坏阶段延长至构件完全丧失承载能力。

(2) 应变测量

一般采用电阻应变片测量动应变,测点布置根据试验的具体要求而定。测试方法有:

① 以动态电阻应变仪和记录仪器组成测量系统,这种方法的缺点是测点数量少。

② 用静动态电阻应变仪和阴极射线示波器或光线示波器组成测量系统,这种方法简便且具有一定精度,可多点测量。

(3) 裂缝测量

由于裂缝的开始出现和微裂缝的宽度对构件安全使用具有重要意义。因此,裂缝测量在疲劳试验中很重要,目前测量裂缝主要是利用光学仪器目测或利用应变传感器电测。

(4) 挠度测量

疲劳试验中挠度测量可采用接触式测振仪、差动变压器式位移计和电阻应变式位移传感器,如国产 CW－20 型差动变压器式位移计(量程为 20 mm)等,组成测量系统进行多点测量,并能直接测读最大荷载和最小荷载作用时的挠度。

3.7.6　试件安装

构件的疲劳试验不同于静力试验,试件承受疲劳荷载的次数在 200 万次以上。它连续进行的时间长,试验过程振动大,且构件的疲劳破坏可能是突然的脆性破坏。因此,试验装置应具有安全防护能力,试件的安装就位以及相配合的安全措施均应认真对待,否则将会产生严重后果。试件安装时应做到以下几点。

（1）严格对中

荷载架上的分布梁、脉冲千斤顶、试验构件、支座以及中间垫板都要对中，特别是千斤顶，轴心一定要同构件断面纵轴在一条直线上。

（2）保持平稳

疲劳试验的支座最好是可调的，即使构件不够平直也应能调整安装位置，使之保持水平。另外千斤顶与试件之间、支座与支墩之间、构件与支座之间都要找平。用砂浆找平时不宜铺厚，因为厚砂浆层易压酥。

（3）安全防护

疲劳破坏通常是脆性断裂，事先没有明显预兆，因此必须采取安全防护措施，如设置安全支架、支墩等防护措施，以避免人员和设备因试件突然破坏而受伤或受损。

第4章 结构抗震试验

结构工程是一门实践性很强的学科,是在实践经验的基础上发展建立的。人们首先在实践中积累和掌握了结构工程的经验,在此基础上,通过不断地学习、不断地应用,逐步形成了结构工程理论。结构工程理论形成于人类居住之后。20世纪20年代,日本采用在建筑物上加一水平力代表地震对结构的作用力,这可能算是最早的结构抗震设计方法了。而结构抗震理论的形成和发展,是在21世纪初才开始的。

地震造成的灾害是极其严重的,人类在地震灾害中付出了极大的代价,也取得了宝贵的经验。对于地震灾害,预防应当是最主要的方法,虽然临时性的地震预报可以大大减少人员的伤亡,但是根本性的预防措施在于采取合理的结构抗震设计方法,提高房屋的抗震能力,避免结构的倒塌和严重损坏。结构抗震设计方法的发展与社会经济的发展和科学技术的进步密切相关,人类真正开始比较系统地研究结构抗震设计方法并将其以法规的形式确定下来还是21世纪初的事情。随着理论研究的深入和实际应用的发展,到目前结构抗震理论已经形成了一个内容庞大的学科。而结构抗震的试验研究作为结构抗震理论的重要组成部分,是与结构抗震理论的发展密切相关的,因此结构抗震理论的发展过程也代表了结构抗震试验的发展过程。没有试验作为基础,抗震理论难以得到验证,就更难以应用于实际工程;而抗震理论方面没有突破和进展,也很难为抗震试验方法提供指导,难以促进试验研究的发展。同时,其他科技领域的发展也是抗震试验方法发展的重要前提。如果按时间顺序划分,结构抗震设计理论的发展大致经历了静力理论、反应谱理论、直接动力分析理论和概率弹塑性理论4个阶段,在这4个阶段中抗震试验方法也经历了不同的发展阶段。

本章将主要介绍拟静力试验方法、振动台试验方法、拟动力试验方法、实时子结构试验方法、动力子结构试验方法的实施方案及加载控制方法等内容。

4.1 基本原理

人类为了生产、生活,需要采用天然或人工材料建造各种各样的建筑物和构筑物(结构)。这些建筑物和构筑物在使用过程中要受到各种外界作用(荷载)。在这些作用下,结构会产生内力、变形等(反应)。为了保证结构安全、提高结构寿命并有效地实现结构使用功能,需要控制结构的反应,这就需要研究结构、荷载、反应的关系。结构动力学就是研究结构、动荷载、结构反应三者关系的学科。

要了解和掌握结构动力反应的规律,必须首先建立描述结构运动的(微分)方程。建立运动方程的方法很多,常用的有虚功法、变分法等。下面介绍以达朗泊尔原理为基础的运动方程建立方法:

$$m\ddot{Y}(t) = P(t) \tag{4.1}$$

$$P(t) + [-m\ddot{Y}(t)] = 0 \qquad (4.2)$$

式中　　m——质量；

　　　　$Y(t)$——位移；

　　　　$P(t)$——外力。

由支承运动引起的振动称为位移激振，如图 4.1 所示。其中，质点位移 $Y(t) = [y(t) + u_g(t)]$；质点加速度 $\ddot{Y}(t) = [\ddot{y}(t) + \ddot{u}_g(t)]$；惯性力 $f_1 = -m[\ddot{y}(t) + \ddot{u}_g(t)]$；弹性恢复力 $f_r = ky(t)$；阻尼力 $f_d = c\dot{y}(t)$。

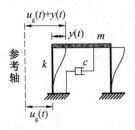

图 4.1　结构运动示意图

根据平衡关系得运动方程：

$$-c\dot{y}(t) - ky(t) - m[\ddot{y}(t) + \ddot{u}_g(t)] = 0 \qquad (4.3)$$

整理得

$$m\ddot{y}(t) + c\dot{y}(t) + ky(t) = -m\ddot{u}_g(t) \qquad (4.4)$$

求取地震响应常采用非线性时程分析。非线性时程分析指的是根据已有的试验结果和理论分析，假定一个恢复力模型，再用逐步积分法求解，如图 4.2 所示。

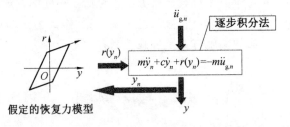

图 4.2　非线性时程分析

根据图 4.2 所示的非线性时程分析方法，可以获得结构的动力反应。但该方法存在 3 个方面的不足：① 该方法需要已知结构的恢复力模型。恢复力模型为运动方程的重要组成部分，如何科学获取该恢复力模型是关键。② 该方法依托时间和空间的离散，必然存在离散误差。③ 恢复力模型为简化模型，必然不能完全反映试件的性能；存在模型误差，必然导致计算获得的时程反应存在误差。

为了解决上述问题，结构抗震试验方法应运而生。结构抗震试验方法通常分为拟静力试验方法、振动台试验方法和拟动力试验方法。

① 拟静力试验方法是采用假定的往复循环加载路径对试件慢速加载位移，获得试件的

恢复力模型(力－位移关系),依据恢复力模型评价试件的性能。可以看出,是针对上述第一个问题提出的试验方法。

②振动台试验方法是为解决上述第二个问题提出的。该方法将结构模型锚固在振动台上,通过振动台模拟地面运动来研究结构的抗震性能。振动台试验可以真实地再现地震过程,是目前研究结构抗震性能最准确的试验方法。事实上,只要试件的质量、尺寸和反应特征处于振动台的功能范围之内,都可以进行振动台试验;台面再现的波形也不仅仅限于地震波,可以是其他类型的振动问题。

③拟动力试验方法是为解决上述第三个问题提出的。也就是用真实试件替代图4.2所示非线性时程分析中的简化模型,以解决简化模型带来的误差问题。拟动力试验的加载速率与拟静力试验的加载速率是一样的,但是拟动力试验的加载目标与拟静力试验的加载目标在确定上具有本质的不同。拟静力试验每一步的加载目标(位移或力)是已知的,而拟动力试验每一步的加载目标是由上一步的测量结果和计算结果通过递推公式得到的,这种递推公式基于被试结构的离散动力方程,因此试验结果代表了结构的真实地震反应,这也是拟动力试验优于拟静力试验之处。另外,拟动力试验又称为联机试验,是将计算机的计算和控制与结构试验有机地结合在一起的一种试验方法,它与采用数值积分方法进行的结构非线性动力分析过程十分相似,与数值模拟分析方法不同的是结构的恢复力特性不再来自于数学模型,而是直接从被试结构上实时测取。

虽然拟动力试验和振动台试验可以获得结构的真实地震反应,但是由于输入地震波的选择是任意的,所以被试结构的地震反应将随输入的不同而不同。

4.2　拟静力试验方法

4.2.1　定义

拟静力试验方法(又称低周往复循环加载试验方法)是采用一定的荷载控制或变形控制对试件进行低周反(往)复加载,使试件从弹性阶段直至破坏的全过程试验。

它有两个特点:一是它的加载速率很低,从而应变速率的影响可以忽略。二是它包括单调加载和循环加载试验。通常循环加载试验也称为周期性加载试验,而单调加载试验可以认为是循环加载试验的一个特例,所以许多情况下不用区分拟静力试验和周期性加载试验。应用这种方法进行的试验不仅在数量上远远超过其他类型的试验,更重要的是拟静力试验可以最大限度地利用试件提供各种信息,例如承载力、刚度、变形能力、耗能能力和损伤特征等。

拟静力试验的根本目的是对材料或结构在荷载作用下的基本性能进行深入的研究,进而建立可靠的理论模型(一种理论分析上的力学或数学模型);许多实际工程结构或构件的检验性试验也采用这种试验方法,试验目的是检验现有设计方法和理论分析方法的有效性,为应用提供技术保证。从试件种类来看,拟静力试验对钢结构、钢筋混凝土结构、砖石结构以及组合结构是研究最多的。拟静力试验所研究的主要试件类型有梁、板、柱、节点、墙、框架和整体结构等。

在开展缩尺模型的拟静力试验时,为了揭示试件的真实性能,相似比要满足要求:砌体结构的墙体试体与原型的比例不宜小于 1/4;钢筋混凝土试体与原型比例不宜小于 1/10;钢筋混凝土节点试体与原型的比例不宜小于 1/5;钢结构试体与原型的比例不宜小于 1/5。

4.2.2 加载方法

1.试验装置和加载设备

(1)试验装置

常用的拟静力试验的试验装置包括剪切型试验装置、弯剪型试验装置、梁式构件试验装置、节点构件试验装置、结构多点同步侧向加载试验装置几种形式。

① 剪切型试验装置(顶部不容许转动)。

对于剪切型构件,顶部不容许转动,可采用如图 4.3 所示的试验装置开展拟静力试验。其四连杆机构和 L 形加载曲梁应具有足够的刚度。墙体通过加载器施加竖向荷载时,应在门架和加载器之间设置滚动导轨或接触面为聚四氟乙烯材料的平面导轨。设置滚动导轨时,其摩擦系数不应大于 0.01;设置平面导轨时,其摩擦系数不应大于 0.02。

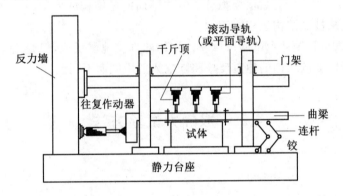

图 4.3 四连杆机构与 L 形加载曲梁试验装置示意

② 弯剪型试验装置。

对于以弯剪受力为主的构件可采用弯剪型试验装置(图 4.4)。例如墙片试验也采用这种装置。当墙体通过加载器施加竖向荷载时,应在门架和加载器之间设置滚动导轨或接触面为聚四氟乙烯材料的平面导轨。设置滚动导轨时,其摩擦系数不应大于 0.01;设置平面导轨时,其摩擦系数不应大于 0.02。

③ 梁式构件试验装置。

梁式构件试验装置示意如图 4.5 所示。梁式构件可采用不设滚动导轨的试验装置。

④ 节点构件试验装置。

对于梁—柱节点试验,当试体不考虑 $P-\Delta$ 效应(重力二阶效应)时,可采用梁—柱试验装置(图 4.6);当考虑 $P-\Delta$ 效应时,可采用柱端试验装置(图 4.7)。

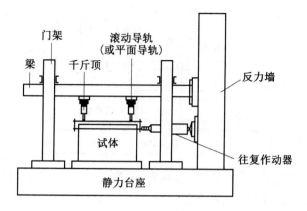

图 4.4 弯剪型试验装置示意

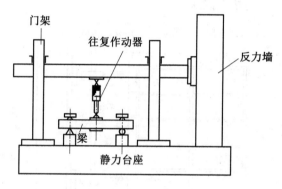

图 4.5 梁式构件试验装置示意

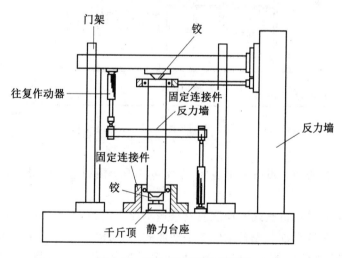

图 4.6 梁—柱试验装置示意

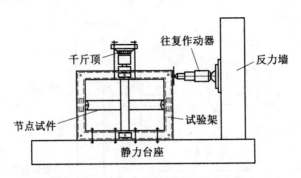

图 4.7　柱端试验装置示意

⑤ 结构多点同步侧向加载试验装置。

对于结构多点同步侧向加载构件,可采用图 4.8 所示试验装置。柔性或易失稳试体的拟静力试验,应采取抗失稳的技术措施。

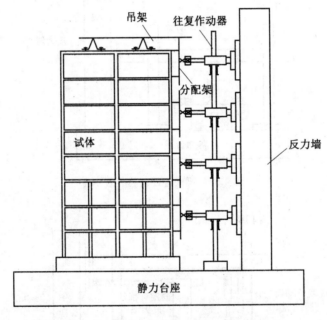

图 4.8　结构多点同步侧向加载试验装置示意

(2) 加载设备

结构拟静力试验的加载设备有很多种,主要包括千斤顶和电液伺服作动器等。

① 千斤顶。

在实验室中主要采用机械式千斤顶或液压式千斤顶进行试验的竖向加载,用于模拟试件受到的轴力。由于这类加载设备主要是手动加载,自动化程度不高,因此仅能用来模拟定常轴力。此外,这类加载设备的试验加载过程不容易控制,往往数据测量不稳定、不准确,试验结果分析困难。关于千斤顶的介绍详见第 2 章。

② 电液伺服作动器。

近年来随着经济的发展和科学技术水平的不断提高,结构加载设备有了质的改变,目前许多结构实验室主要采用电液伺服加载系统模拟结构的水平地震荷载,开展拟静力加载试验。目前许多拟静力加载试验已经采用计算机进行试验控制和数据采集。

电液伺服作动器是电液伺服试验系统的动作执行机构。它接收命令信号后立即将电压信号转换成活塞杆的运动,从而对试件进行推和拉的加载试验。

电液伺服作动器一方面与试件连接,另一方面与反力装置连接,以便固定和施加对试件的作用。同时试件也需要固定和模拟实际边界条件,所以反力装置和传力装置都是拟静力加载试验中所必需的。目前常用的反力装置主要有反力墙、反力台座、门式刚架、反力架和相应的各种组合类型。

试验装置的设计应符合下列规定:

a.试验装置与试验加载设备应满足试体的设计受力条件和支承方式的要求。

b.试验台座、反力墙、门架、反力架等,其传力装置应具有足够的刚度、承载力和整体稳定性。试验台座应能承受竖向和水平向的反力。试验台座提供反力部位的刚度不应小于试体刚度的 10 倍,反力墙顶点的最大相对侧移不宜大于 1/2 000;试验台的质量不应小于结构试体最大质量的 5 倍。试验台能够承受垂直和水平方向的力。试验台在其可能提供反力部位的刚度,应比试体刚度大 10 倍。

c.通过千斤顶对试体、墙体施加竖向荷载时,应在门架与加载器之间设置滚动导轨或接触面为聚四氟乙烯材料的平面导轨。设置滚动导轨时,其摩擦系数不应大于 0.01;设置平面导轨时,其摩擦系数不成大于 0.02。

d.竖向加载用千斤顶宜有稳压装置,保证试体在往复试验过程中竖向荷载保持不变。

e.电液伺服作动器的加载能力和行程不应小于试体的计算极限承载力和极限变形的 1.5 倍。

f.加载设备精度应满足试验要求。

2.加载过程

加载过程应符合以下原则:

① 试验前,应先进行预加荷载试验。混凝土结构试体的预加荷载值不宜大于开裂荷载计算值的 30%;砌体结构试体的预加荷载值不宜大于开裂荷载计算值的 20%。

② 对于试体的设计恒载值,宜先施加满载的 40%～60%,再逐步加至 100%,试验过程中应保持恒载的稳定。

③ 试验过程中,应保持反复加载的连续性和均匀性,加载或卸载的速度宜一致。

④ 承载能力和极限状态下的破坏特征试验宜加载至试验曲线的下降段,下降值宜控制到极限荷载的 85%。

⑤ 平面框架节点试体的加载,当以梁端塑性铰区或节点核心区为主要试验对象时,宜采用梁－柱试验装置加载;当以柱端塑性铰区或柱连接处为主要试验对象时,宜采用柱端试验装置加载,并应计入 $P-\Delta$ 效应的影响。

⑥ 多层结构试体的水平加载宜在楼层标高处施加,试体屈服前按倒三角形分布采用力控制模式加载,屈服后应根据数值分析结果确定各层之间的位移加载模式。

⑦ 双向拟静力试验可以按两个单方向拟静力试验的叠加实施,加载规则和控制模式应由研究内容的需要确定,施加轴力的装置应能实现双向滑动。

依据以上原则,拟静力试验的加载控制方法包括以下几种。

(1)力控制加载

力控制加载是以每次循环的力幅值作为控制量进行加载的,其加载规则如图 4.9 所示,因为试件屈服后难以控制加载的力,所以这种加载方式较少单独使用。

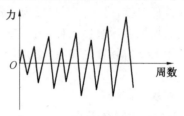

图 4.9　力控制加载规则

(2)位移控制加载

位移控制加载是以加载过程的位移作为控制量,按照一定的位移增幅进行循环加载。变幅加载是由小到大改变幅值的,等幅加载的幅值是恒定的,混合变幅加载的幅值是大小混合的,如图 4.10 所示。

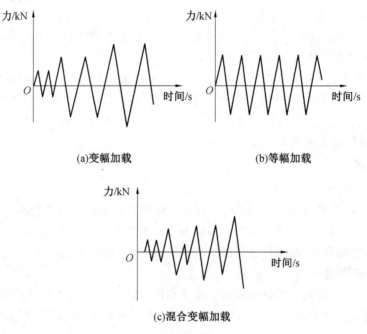

(a)变幅加载　　　　　　　　　　(b)等幅加载

(c)混合变幅加载

图 4.10　位移控制加载规则

变幅加载多用于确定试件的恢复力特性和建立恢复力模型,一般是每一级位移幅值下循环 2、3 次,由试验得到的滞回曲线建立构件的恢复力模型;等幅加载主要用于确定试件在特定位移幅值下的特定性能,例如极限滞回耗能、强度退化等;混合变幅加载用于研究不同加载幅值的顺序对试件受力性能的影响,例如先高后低和先低后高的加载顺序可能得到完全不同的试件破坏形态和试验结果。

（3）力－位移混合控制加载

力－位移混合控制加载首先是以力控制（荷载控制）进行加载，当试件达到屈服状态时改用位移控制（变形控制）。《建筑抗震试验规程》（JGJ/T 101—2015）规定：对于无屈服点的试件，开裂前应采用荷载控制，并分级加载，每级荷载可反复一次，接近开裂荷载前宜减小级差加载；开裂后应采用变形控制，变形值宜取开裂位移的倍数为极差进行控制加载，每级宜反复三次。对于有屈服点的试件，屈服前应采用荷载控制，并分级加载，每级荷载可反复一次，接近屈服荷载前宜减小级差加载；屈服后应采用变形控制，变形值取屈服位移的倍数为极差进行控制加载，每级宜反复三次。力－位移混合控制加载规则如图 4.11 所示。

上述规定在实际应用中需要解决一些具体问题：一是试验过程中如何确定开裂荷载。目前多数用人工方法检查，逐级加载难以准确地得到开裂荷载；二是没有一个确定屈服点的统一标准。目前有几种不同的确定试件屈服点的位移荷载方法，但屈服位移的大小对试件的位移延性系数的大小影响很大，在试验过程中很难精确确定试件的屈服荷载和屈服位移，因此试验中所判断的试件屈服与否只是一个不精确的概念。另外，有些试件本身没有明显的屈服点，应当考虑用位移控制完成整个试验。

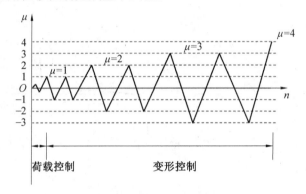

图 4.11 力－位移混合控制加载规则

4.2.3 试验数据处理

拟静力试验的目的是研究结构在经受模拟地震作用的低周反复荷载作用后的力学性能和破坏机理，尤其注重研究结构或构件进入屈服以及非线性阶段的相关特性。拟静力试验的结果通常用荷载－变形滞回曲线及相关参数描述，它们是研究结构抗震性能的基础数据，常用于进行结构抗震性能的评定。结构的抗震性能也可以从结构的强度、刚度、延性、退化以及能量耗散等方面进行综合分析，判断结构或构件是否具有良好的恢复力特性，是否具有足够的承载能力、变形能力以及耗能能力来抵御地震作用。通过综合评定，对各类结构和加固措施的抗震性能进行比较，建立和完善抗震设计理论和设计方法。

试体的荷载及变形试验资料整理应符合下列规定：

① 开裂荷载及变形应取试件受拉区出现第一条裂缝时相应的荷载和变形。

② 对于钢筋屈服的试件，屈服荷载及变形应取受拉区纵向受力钢筋达到屈服应变时相应的荷载和变形。

③ 试体承受的极限荷载应取试体承受荷载最大时相应的荷载。

④ 试体的破坏荷载和极限变形应取试体在荷载下降至最大荷载的 85% 时的荷载和相应变形。

依据以上规定,拟静力试验的数据处理方法包括以下几种情况。

(1) 滞回曲线

施加一个周期的荷载后得到的荷载－位移曲线称为滞回曲线(滞回环),如图 4.12 所示。

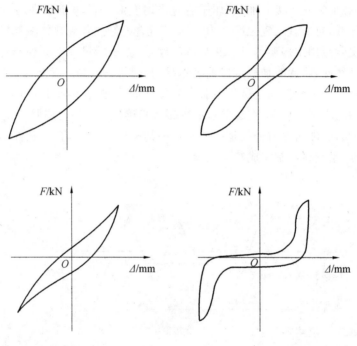

图 4.12　滞回曲线

(2) 骨架曲线

在拟静力试验的荷载－变形滞回曲线中,连接所有各级荷载第一次循环的峰点(卸载顶点)的包络线称作骨架曲线(图 4.13)。它是每次循环的荷载－变形曲线到达峰点的轨迹,反映了试体受力与变形的各个不同阶段及特性,是确定恢复力模型中特征点的依据。

(3) 强度

试体的强度为拟静力试验的重要指标,从图 4.14 所示的骨架曲线上可以获得屈服强度 F_y 和极限强度 F_{max}。

(4) 刚度

试体的刚度可用割线刚度来表示,根据图 4.14,割线刚度 K_i 应按下式计算:

$$K_i = \frac{|+F_i| + |-F_i|}{|+\Delta_i| + |-\Delta_i|} \tag{4.5}$$

式中　　$+F_i$、$-F_i$——第 i 次正、反向峰值点的荷载值;

　　　　$+\Delta_i$、$-\Delta_i$——第 i 次正、反向峰值点的位移值。

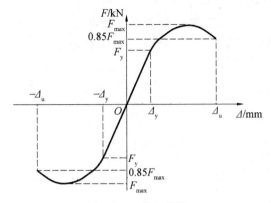

图 4.13　骨架曲线

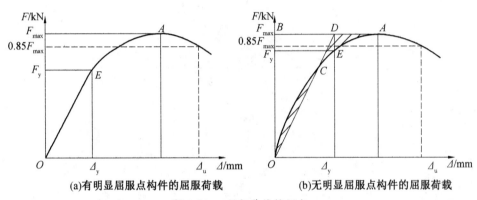

(a)有明显屈服点构件的屈服荷载　　　(b)无明显屈服点构件的屈服荷载

图 4.14　骨架曲线特征点

（5）延性系数

试体的延性系数反映了结构或构件的变形能力,是评价结构抗震性能的重要指标。对应屈服强度 F_y 的位移为屈服变形 Δ_y。对应 $0.85F_{max}$ 的位移为极限变形 Δ_u。根据图 4.14,延性系数 μ 应按下式计算:

$$\mu = \frac{\Delta_u}{\Delta_y} \tag{4.6}$$

式中　　Δ_u——试体的极限变形;

　　　　Δ_y——试体的屈服变形。

（6）退化率

结构强度和刚度的退化率是指在控制位移做等幅低周反复加载时,每施加一周荷载后强度或刚度降低的速率。它反映结构在一定变形条件下,强度或刚度随荷载反复次数增加而降低的特性。退化率反映了结构是否经得起地震的反复作用,退化率小,表明结构有较大的耗能能力。试体的强度退化率 λ_i 的计算公式为

$$\lambda_i = \frac{F_j^i}{F_j^{i-1}} \tag{4.7}$$

式中　　F_j^i——第 j 级加载时,第 i 次循环峰值点的荷载值;

　　　　F_j^{i-1}——第 j 级加载时,第 $i-1$ 次循环峰值点的荷载值。

（7）能量耗散能力（耗能能力）

结构的能量耗散能力，应以荷载－变形滞回曲线所包围的面积来衡量，通常用能量耗散系数 E 或等效黏滞阻尼系数 ζ_{eq} 来评价，分别按下列公式计算：

$$E = \frac{S_{(ABC+CDA)}}{S_{(\triangle OBE+\triangle ODF)}} \tag{4.8}$$

$$\zeta_{eq} = \frac{1}{2\pi} \frac{S_{(ABC+CDA)}}{S_{(\triangle OBE+\triangle ODF)}} \tag{4.9}$$

式中　　$S_{(ABC+CDA)}$——图 4.15 中滞回曲线所包围的面积；

$S_{(\triangle OBE+\triangle ODF)}$——图 4.15 中 $\triangle OBE$ 与 $\triangle ODF$ 的面积之和。

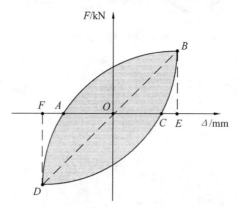

图 4.15　等效黏滞阻尼系数计算

图 4.15 表明，$\triangle ABC$ 面积越大，则 ζ_{eq} 的值就越高，结构的能量耗散能力也越强。此外，等效黏滞阻尼系数也是衡量结构抗震能力的指标。

（8）简化模型

结构的简化模型可用于开展非线性时程分析。如图 4.16 所示的双线性和三线性模型。

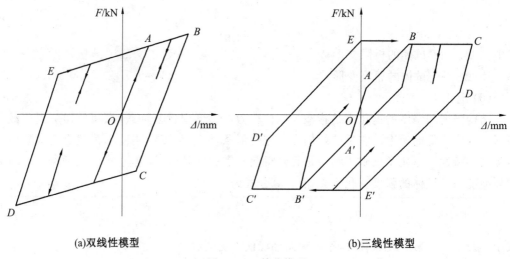

(a)双线性模型　　　　　　　　　　　(b)三线性模型

图 4.16　简化模型

通过拟静力试验可以获得上述多项指标和一系列具体参数,通过对这些参数量值的对比分析,可以判断各类结构抗震性能的优劣并做出适当的评价。

4.2.4　外环高精度位移反馈控制

土木结构试验中试件出力大,试验中连接件、支座不可避免地发生变形和滑移,常常使得试件实际位移与期望位移明显不同。在拟动力试验中,如何减小该试验控制误差,降低误差的累积效应,对提高试验数据可靠性以及正确评价结构抗震性能具有重要意义。显而易见,为了驱使试件实现逐步积分算法求得的结构位移(即"期望位移"),需要给作动器发送一个与其不同的值,以补偿控制误差。如何确定或调节电液伺服作动器命令,使得电液伺服作动器较好地实现期望位移,就是解决该问题的关键。

鉴于控制误差常常与荷载、接头连接间隙等有关,在电液伺服作动器命令调节中需要适当反映这些特点才能有效补偿控制误差,因此常常根据期望位移和结构实测位移来调整命令。这就是反馈控制的基本思想。具体而言,如图 4.17 所示,高精度位移计测得结构的实测位移 d^{LVDT},与期望位移 d^{desire} 做差得到偏差,再由控制算法更新电液伺服作动器命令位移 d^{cmd},并发送给电液伺服作动器进行加载。

一般而言,电液伺服作动器都有自身的反馈控制回路,为了安全起见进行了封装,用户仅能调节回路命令和控制器参数。此处讨论的反馈控制回路,附加在电液伺服作动器的控制回路之外,因此称之为外环反馈控制。该回路的控制变量是试件位移,与作动器反馈控制回路不同(为电液伺服作动器位移),因此能够补偿电液伺服作动器控制回路对试件位移的控制误差,这正是该控制能够提高试件位移实现精度的原因。外环反馈控制不需要修改电液伺服作动器控制回路,实现起来相对容易,且能够保证电液伺服作动器内部控制回路的完整性、可靠性和安全性。但是需要引起足够重视的是,外环反馈控制以试件位移为控制变量,该位移的可靠测量对试验安全有重要影响,试验中务必谨慎。

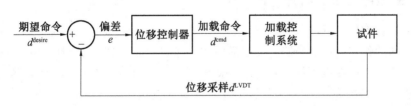

图 4.17　外环反馈控制框图

工程上,PI(比例－积分)控制因其良好的精度、稳定性、实用性等得到了广泛应用。其传递函数为

$$G_{\text{c}}(s) = K_{\text{P}} + \frac{K_{\text{I}}}{s} \tag{4.10}$$

式中　　K_{P}、K_{I}——比例增益和积分增益;

　　　　s——拉普拉斯(Laplace)变量。

为了在计算机中实现该算法,需要离散该表达式。考虑到控制器输入的偏差信号可以表示为 $e = d^{\text{desire}} - d^{\text{LVDT}}$,控制器输出(即电液伺服作动器命令)可表示为

$$I_i = I_{i-1} + \Delta t(d_i^{\text{desire}} - d_i^{\text{LVDT}})$$
$$d_{i+1}^{\text{cmd}} = K_P(d_i^{\text{desire}} - d_i^{\text{LVDT}}) + K_1 I_i \qquad (4.11)$$

式中　　d_{i+1}^{cmd}——电液伺服作动器第 $i+1$ 步命令位移；

d_i^{desire}——第 i 步期望位移；

d_i^{LVDT}——第 i 步的 LVDT 实测位移（即试件位移）；

Δt——采样间隔；

I_i——误差的积分累积。

需要注意的是，公式(4.11)中采用了矩形面积来近似积分项。控制器参数 K_P 和 K_1 与试验系统电液伺服作动器特性有关，需要在正式试验之前确定。确定 PI 控制器参数的方法很多，比如动态特性参数法、稳定边界法、衰减曲线法、经验试凑法等，不再赘述。

图 4.18 所示为外环反馈控制效果。虽然电液伺服作动器命令位移与期望位移的偏差较大，但结构实测位移与期望位移偏差很小。该试验表明位移外环控制大幅提高了试验加载精度，降低了加载误差，使试验数据更可靠。

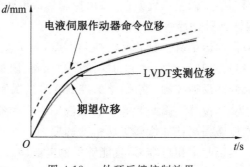

图 4.18　外环反馈控制效果

4.2.4　拟静力试验特点

拟静力试验的优点：设备简单，加载过程可人为控制，便于观测；可模拟地震荷载对结构正反两个方向的作用；可获得荷载－变形曲线用于进一步非线性分析；适用于研究构件的力学性能。该方法存在以下缺点：采用对称、有规律的加载制度（低周反复加载），与一次确定性的地震反应试验结果存在一定的差异；不能反映应变速率对结构的影响。

4.3　振动台试验方法

4.3.1　定义

振动台试验方法是通过地震模拟振动台台面对试体输入的地面运动，模拟地震对试体作用的抗震试验方法。

地震模拟振动台可以真实地再现地震过程，是目前研究结构抗震性能最直接的试验方法。地震模拟振动台试验主要用于检验结构抗震设计理论、方法和计算模型的正确与否，尤其是许多高层结构和超高层结构都是通过缩尺模型的振动台试验来检验设计和计算结果的。事实上,只要试件的质量、尺寸和反应特征处于振动台的功能范围之内,都可以进行振动台试验。台面再现的波形也不仅仅限于地震波,可以是其他类型的振动波形。所以采用振动台进行试验的对象不仅有建筑结构(图 4.19),也有桥梁结构、离岸结构、水工结构以及工业产品和设备等。

(a)中华恐龙塔振动台试验

(b)砌体结构振动台试验

图 4.19   地震模拟振动台试验

地震模拟振动台试验具有其他抗震动力或静力试验所不具备的特点,即地震模拟振动台能再现各种形式的地震波,为试验的多波输入分析提供了可能;可以模拟若干次地震现象的初震、主震以及余震的全过程,能了解试验结构在相应各个阶段的力学性能,能更直观地了解和认识地震对结构产生的破坏现象;可以借助人工地震波模拟任何场地上的地面运动特性,进行结构的随机振动分析;对于特种结构,特别是与其他介质共同工作时,许多破坏过程都难以预测,振动台试验可以获得更多直观认识,建立合理力学模型。而拟静力试验,受试验设备和技术条件的限制,试验采用静力加载方法模拟地震力的作用,整个试验过程持续时间长达数小时以上,与仅 1 s 左右的一般结构自振周期相比,即使试验时间缩短到几十秒、甚至几秒钟,但仍属于慢加载,与真正受动荷载作用的振动台试验相比,拟静力试验无法真实反映应变速率对结构抗震能力的实际影响,也无法研究结构的动力反应、结构抵抗动荷载的实际能力与安全储备。

在开展缩尺模型的振动台试验时,为了真实揭示试件的性能,相似比要满足要求:砌体结构的墙体试体与原型的比例不宜小于 1/4;钢筋混凝土试体振动台试验弹塑性模型与原型比例不宜小于 1/50;钢结构试体振动台试验弹塑性模型与原型的比例不宜小于 1/25;振动台试验弹性模型试验模型与原型的比例不宜小于 1/100。

4.3.2   地震模拟振动台

1.振动台组成

地震模拟振动台是一项复杂的高技术产品,它的设计和建造涉及土建、机械、液压传动、电子技术、自动控制和计算机技术等。地震模拟振动台为一个复杂的系统,主要由如下几个部分组成：振动台台面和基础、作动器、计算机控制系统、试验数据采集系统、监视终端、伺服模拟控制器、液压泵站及冷却系统和供电控制系统，如图 4.20 所示。

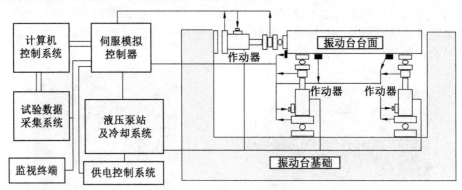

图 4.20　振动台系统组成

从驱动方式来看，大部分地震模拟振动台都采用电液伺服方式，即采用高压液压油作为驱动源，这种方式具有出力大、位移行程大、设备质量轻等特点。一部分小型振动台采用电动式的。从激振方向来看，单向的地震模拟振动台和双向的地震模拟振动台较多，但是随着科学技术的发展和抗震研究水平的提高，三向的地震模拟振动台不断增多。地震模拟振动台的控制方式目前主要有两种，一种是以位移控制为基础的 PID 控制方式（图 4.21），另一种是以位移、速度和加速度组成的三参量反馈控制方式（图 4.22）。另外，自适应控制方法也逐渐应用到振动台的控制中。

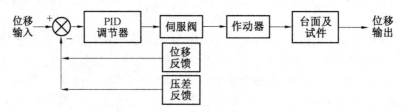

图 4.21　PID 控制方式的振动台系统

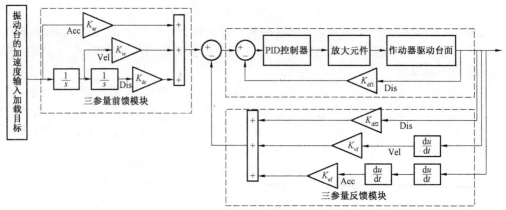

K_{ar}、K_{vr}、K_{dr}—加速度、速度、位移的前馈增益；K_{af}、K_{vf}、K_{df}—加速度、速度、位移的反馈增益；Acc—加速度；Vel—速度；Dis—位移

图 4.22　电液伺服振动台的三参量反馈控制原理

2.技术指标

地震模拟振动台的技术指标如下。

（1）台面尺寸

台面尺寸是表示振动台台面大小的指标。台面尺寸越大，模型尺寸可越大。常见的台面尺寸为 1 m×1 m、15 m×15 m、20 m×15 m、20 m×16 m 等。

（2）台面最大负荷

台面最大负荷是表示振动台承载能力的指标。台面最大负荷越大，模型质量可越大。常见的台面最大负荷为 12 t、25 t、60 t、1 200 t 等。

（3）台面运动自由度

台面运动自由度是表示振动台台面能实现自由度数的指标。台面运动自由度数一般为 1～6。

（4）频率范围

频率范围表示振动台能够实现的频率范围。结构抗震试验的振动台频率范围通常在 0～50 Hz。

（5）最大位移、最大速度、最大加速

最大位移、最大速度、最大加速分别表征振动台能够实现的最大位移、最大速度、最大加速能力范围。例如最大位移为 100 mm，最大速度为 1 000 mm/s，最大加速度为 $2g$。

3.发展情况

振动台的发展趋势是台面越来越大、承载能力越来越大、自由度越来越多、控制方法越来越先进、控制精度越来越高。

根据地震模拟振动台的承载能力和台面尺寸，振动台基本上可以分成三种规模：① 小型。承载力在 10 t 以下，台面尺寸在 2 m×2 m 之内。② 中型。一般承载力在 20 t 左右，台面尺寸在 6 m×6 m 之内。③ 大型。承载力可达数百吨以上。

地震模拟振动台始建于 20 世纪 60 年代末，首先是美国加州 Berkerley 大学建成了 6.1 m×6.1 m 的水平和垂直两向振动台，随后日本国立防灾科学技术中心建成了当时世界上最大的 15 m×15 m 水平或垂直单独工作的地震模拟振动台。到目前为止，国内外已经建成了近百座地震模拟振动台，主要分布在日本、中国和美国三个国家。如日本兵库县国家防灾科学技术研究所建成的 E－Defense 振动台（图 4.23），台面尺寸为 20 m×15 m，可实现 6 自由度加载；我国天津大学牵头建设的地震模拟振动台，台面尺寸为 20 m×16 m，载重 1 350 t。加大台面尺寸，建设大尺寸振动台，可以缓解模型的尺寸效应问题。另外，近些年还建设了台阵系统，以满足多点激励的试验需要，例如图 4.24 所示的北京工业大学的 9＋1 台阵系统。

美国的加利福尼亚大学圣迭戈分校（UCSD）振动台是当前世界最大室外振动台，完成了许多足尺试验，如图 4.25～4.27 所示。

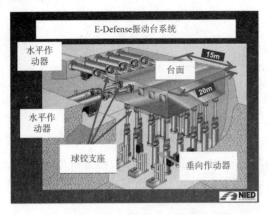

图 4.23　日本 E－Defense 振动台

(a)示意图　　　　　　　　　　　　(b)照片

图 4.24　北京工业大学的 9＋1 台阵系统

图 4.25　足尺风力涡轮机试验　　　　图 4.26　1.2 m 桥墩足尺试验

图 4.27　足尺钢结构室外振动台试验

4.3.3　加载设计及方法

1.试验加载设计

地震模拟振动台试验的加载程序设计至关重要。荷载选得过大,试件会很快进入塑性阶段,甚至破坏倒塌,难以完整地测量和观察结构的弹性和弹塑性反应全过程,甚至会发生安全事故。荷载选得太小,增加重复试验次数,而且多次加载会对试件产生损伤积累,难以达到预期目的,影响试验进程。因此,为获得系统的试验资料,必须周密考虑试验加载程序的设计。

进行结构抗震动力试验时,振动台台面的输入一般选用地面运动的加速度。常用的地震波有天然地震记录和拟合反应谱的人工地震波。振动台是一个非线性系统,若直接用地震波信号通过 D/A 转换和模拟控制系统放大后驱动振动台,在台面上将无法得到所要求的地震波,因此在实际试验时,地震模拟振动台的计算机系统将根据振动台的动力特性,对输入的地震波进行分析、计算,经处理后再进行 D/A 转换和模拟控制系统放大,使振动台能够再现所需要的地震波。在选择试验加载时,需要考虑下列因素:

① 试验结构的周期。如果模拟长周期结构并研究它的破坏机理,就要选择长周期分量占主导地位的地震记录或人工地震波,以便使结构能产生多次瞬时共振而得到清晰的变化和破坏形式。

② 结构所在的场地条件。如果要评价建立在某一类场地土上的结构的抗震能力,就应选择与这类场地土相适应的地震记录,即选择地震记录的频谱特性尽可能与场地土的频谱特性相一致,并需要考虑地震烈度和震中距离的影响。在进行实际工程地震模拟振动台模型试验时,这个条件尤其重要。

③ 振动台的加载能力。主要应考虑振动台台面输出的频率范围、最大位移、最大速度、最大加速度、台面承载能力等性能指标,在试验前应认真核查振动台台面特性曲线是否满足试验要求。

2.加载方法

地震模拟振动台试验内容包括结构动力特性试验、地震力反应试验等。

结构动力特性试验,是在结构模型安装到振动台以前采用自由振动法或脉动法进行试验测量。试验时将模型基础底板或底梁固定。模型安装在振动台上以后则可采用小振幅的白噪声输入振动台台面,进行激振试验,测量台面和结构的加速度反应。白噪声的频段应能覆盖所测试试体的自振频率,加速度幅值宜取 $0.5 \sim 0.8 \ \text{m/s}^2$,有效持续时间不宜少于 120 s。然后,通过传递函数、功率谱等频谱分析,求得结构模型的自振频率、阻尼比和振型等参数。也可采用正弦波输入连续扫频,通过共振法测得模型的动力特性。当采用正弦波扫频试验时,应特别注意共振作用对结构模型强度所造成的影响,避免结构开裂或破坏。

地震力反应试验根据试验目的不同,选择和设计振动台台面输入加速度时程曲线后,试验的加载过程可采用一次加载或多次加载的方法。

(1)一次加载

一次加载的特点是:结构从弹性阶段、弹塑性阶段直至破坏阶段的全过程是在一次加载过程中全部完成。试验加载时应选择一个适当的地震记录,在它的激励下能使试验结构产生全部要求的反应。在试验过程中,连续记录结构的位移、速度、加速度和应变等输出信号;观察并记录结构的裂缝形成和发展过程,以研究结构在弹性、弹塑性以及破坏阶段的各种性能,如刚度变化、能量吸收能力等,还可以从结构反应确定结构各个阶段的周期和阻尼比。一次加载的特点是:可以较好地连续模拟结构在一次强烈地震中的完整表现与反应。但是,在振动台台面运动的情况下进行观测,对测量和观察设备要求较高;在初裂阶段很难观察到结构各个部位上的细微裂缝;破坏阶段的观测具有危险,只能采用高速摄影或电视摄像的方法记录试验过程。因此在没有足够经验的情况下很少采用这种加载方法。

(2)多次加载

目前,在地震模拟振动台试验中,多采用多次加载方法进行试验。一般分为以下阶段:

① 动力特性试验。测定结构在各试验阶段的各种不同动力特性。

② 在振动台台面输入振动信号,使结构产生微裂缝。例如,结构底层墙、柱微裂缝或结构薄弱部位的微裂缝。

③ 加大台面输入的振动信号,使结构产生中等程度的开裂。例如,剪力墙、梁柱节点等部位产生明显的裂缝,停止加载后裂缝不能完全闭合。

④ 加大台面输入的加速度幅值使结构振动加剧。在剪力墙、梁柱节点等部位产生破坏,受拉、受压钢筋屈服,裂缝进一步发展并贯穿整个截面,但结构还具有一定的承载能力。

⑤ 继续加大振动台台面的振动幅值使结构变为机动结构,稍加荷载就会发生破坏倒塌。

每级加载试验完毕后,宜采用白噪声激振法测试试体自振频率的变化。在上述各个试验阶段,被试验结构各种反应的测量和记录与一次加载时相同,可以明确地得到结构在每个试验阶段的周期、阻尼、振动变形、刚度退化、耗能能力和滞回特性等。但由于采用多次加载,对结构将产生变形积累的影响。

3.安全措施

试件在模拟地震作用下将进入开裂和破坏阶段,为了保证试验过程中人员和仪器设备的安全,振动台试验必须采取以下安全措施:

① 试验时试体外围应挂防止附加荷重移位或甩出伤人的防护网。

② 试验时宜利用实验室的吊车通过吊钩及钢缆绳与试体相连,也可在试体外围设置防护钢架。

③ 试验过程中,一切人员不得上振动台,破坏试验阶段应远离事先标识的危险区。

④ 振动台控制系统应设有加速度、速度和位移3个参量的限位装置,当台面反应超过限位幅值时,应有自动停机的功能。

⑤ 振动台控制系统应有各种故障的报警指示装置,试验系统或与振动台基坑可能的碰撞点处应设有缓冲消能装置。

⑥ 振动台数据采集系统应设有不间断电源。

⑦ 试体吊下振动台的吊装方案应考虑试体破坏的影响。

4.3.4　试验数据观测与处理方法

1.观测方法

地震模拟振动台试验,一般需观测结构的位移、加速度、应变反应、开裂部位、裂缝的发展、破坏部位和破坏形式等。

在试验中,位移和加速度测点应布置在产生最大位移或加速度的部位。在试体的底梁或底板上,宜布置测点以校验试体底部相对于台面的运动。整体结构模型宜布置在试体顶部、模型体型或刚度发生变化的楼层,其他楼层可根据需要沿试体高度均匀布置。需要测量层间位移时,应在相邻两楼层布置位移或加速度传感器,将加速度传感器测到的信号通过二次积分获得位移信号。应变片应布置在试体中受力复杂、变形较大以及有性能化设计要求的构件或部位。

位移传感器宜采用非接触式位移计,并布置在变形反应较大的部位;当采用接触式位移计测量试体位移时,固定于台面或实验室地面上的仪表架应有足够的刚度。传感器与被测试体间应粘接牢固,其连接导线也应捆绑在试体上。传感器与试体间尚应使用绝缘垫隔离,且应防止绝缘垫与被测试体发生谐振。试验逐级加载的间隙中,应观测试体裂缝出现和扩展、构件挠曲等情况,并应按输入地震波的过程在试体上描绘与记录试验的全过程,宜以录像作为动态记录。对于试体主要部位的开裂、失稳、屈曲及破坏情况,宜拍摄照片并做记录。测得的位移、加速度和应变传感器的所有信号应输入计算机或专用数据采集系统进行数据采集和处理,试验结果由计算机终端显示或利用绘图仪、打印机等外围设备输出。

2.试验数据处理

试验数据分析前,应对数据进行下列处理:

① 根据传感器的标定值及应变计的灵敏系数等对试验数据进行修正。

② 根据试验情况和分析需要,采用滤波处理、零均值化、消除趋势项等减小测量误差的措施。

采用白噪声输入确定试体自振频率和阻尼比时,宜通过自功率谱或传递函数分析求得;试体振型宜通过互功率谱或传递函数分析确定;试体的位移反应可通过对实测加速度反应时程进行两次积分求得,但应在积分前消除趋势项和进行滤波处理。

处理后的试验数据,应提取测试数据的最大值及其相对应的时间、时程反应曲线以及结构的自振频率、振型和阻尼比等。

4.3.5 振动台试验特点

优点：真实反映地震影响；缺点：受承载力限制，振动台试验多为模型试验，缩尺试件比例较小，试验时容易产生尺寸效应，难以模拟实际结构构造，并且试验费用较高。

4.4 拟动力试验方法

4.4.1 定义

拟动力试验又称伪动力试验或计算机－加载器联机试验，对给定的地震加速度记录通过计算机进行非线性动力分析，将得到位移反应作为输入数据，控制加载器对试体进行加载的试验。试体在静力试验台上实时模拟地震动力反应。

拟动力试验方法适用于混凝土结构、钢结构、砌体结构、组合结构的模型在静力试验台上模拟地震动反应的抗震性能试验。通过拟动力试验，可以研究结构的恢复力特性，结构的加速度反应、位移反应以及结构的开裂、屈服和破坏的全过程。拟动力试验具有以下特点：

① 恢复力特性复杂的结构弹塑性分析十分困难，拟动力试验在数值分析过程中不需对结构的恢复力特性做任何假设，有利于分析结构弹塑性阶段的性能，便于再现实际地震反应。

② 拟动力试验加载周期可设计得较长，试验时有足够的时间观测结构性能变化和受损破坏的全过程，可以获得比较详尽的数据资料。

③ 拟动力试验能够采用作用力较大的加载器，可以进行大比例尺甚至足尺试件的模拟地震试验，弥补了地震模拟振动台试验中小比例尺模型的尺寸效应，能较好地反映结构的构造要求。

4.4.2 试验原理

拟动力试验的基本思想来源于结构动力方程的数值求解。对于一个离散的多自由度结构系统，当该系统受到地面运动激励时，其动力方程可写成

$$Ma + Cv + R(d) = -Ma_g \tag{4.12}$$

式中　　M、C、R——质量矩阵、阻尼矩阵和恢复力向量；

　　　　a、v、d、a_g——相对加速度向量、速度向量、位移向量和输入地震加速度向量。

为了能够对方程(4.12)进行数值求解，需要将上式的微分方程变成离散的形式，设离散时间步长为 Δt，则方程(4.12)在某一时刻 t_n 的离散时间动力方程为

$$Ma_n + Cv_n + R(d_n) = -Ma_{gn} \tag{4.13}$$

在非线性时程分析中，离散时间动力方程式(4.13)可由逐步积分方法求解。但该方法需要依靠简化的恢复力模型 $R(d_n)$，模型简化无疑会带来误差。

为了解决这个问题，拟动力试验方法用实测的恢复力取代简化模型计算结果。对于显式逐步积分算法，可直接求解位移命令，将位移命令施加到试件上，测量试件的真实恢复力，

然后用逐步积分法求解下一步位移命令,如此循环完成试验,如图 4.28 所示。其具体的实施过程如下:

① 假定 $n=0$ 时实测恢复力为零,计算在外荷载 a_{g0} 作用下结构的位移 d_1。

② 在第 $n=1,2,\cdots$ 步,根据计算得到的 d_n 驱动试件,对结构施加荷载。在施加荷载的同时,用力传感器测量结构的恢复力 $R(d_n)$。

③ 在试件恢复力 $R(d_n)$ 和外荷载 a_{gn} 作用下,计算下一步的位移 d_{n+1}。

④ 令 $n=n+1$,重复 ② ~ ③ 步,直至结束。

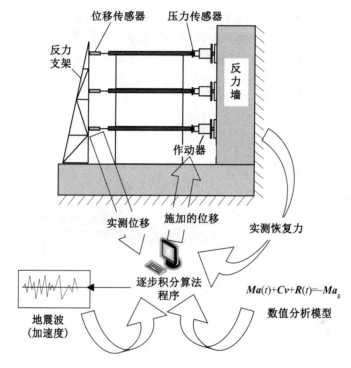

图 4.28　拟动力试验方法原理框图

结构在遭遇地震时,往往只有一部分进入非线性反应阶段,其余部分处于线性反应阶段。为了降低试验难度和对试验设备的要求,可采用子结构拟动力试验方法,其原理框图如图 4.29 所示。也就是将研究结构分成两部分,其中结构非线性比较强的部分选为试验子结构,其余线性部分选为数值子结构。试验子结构通过加载设备加载实测恢复力,而数值子结构部分通过数值模拟计算得到恢复力。

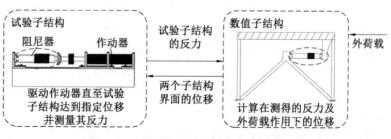

图 4.29　子结构拟动力试验方法原理框图

4.4.3 试验系统

拟动力试验系统应符合下列规定:① 加载设备应采用闭环自动控制的电液伺服试验系统。② 与动力反应直接有关的控制参数仪表不应采用非传感器式的机械直读仪表。拟动力试验的加载装置与拟静力试验类似,试验系统由电液伺服作动器、计算机、传感器、试验台架(试验装置和台座)等组成。

1.电液伺服作动器

拟动力试验加载器常采用电液伺服作动器。电液伺服作动器由加载器和电液伺服阀组成,可以将力、位移、速度、加速度等物理量转换为电参量作为控制参数。由于它能较精确地模拟各种外力,产生接近真实情况的试验状态,所以在试验加载技术中常被用于模拟各种振动荷载,特别是地震荷载。电液伺服作动器两端应有球铰支座,并应分别与反力墙、试体连接(图 4.30)。

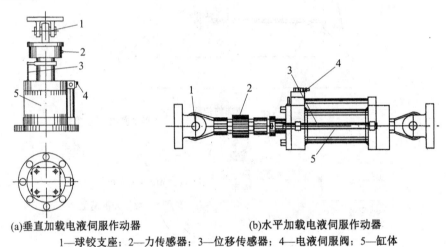

(a)垂直加载电液伺服作动器   (b)水平加载电液伺服作动器

1—球铰支座;2—力传感器;3—位移传感器;4—电液伺服阀;5—缸体

图 4.30 两种电液伺服作动器结构

拟动力试验所用加载器的性能应符合下列规定:

① 试验系统应能实现力和位移反馈的伺服控制。

② 系统动态响应的幅频特性不应低于 2 mm·Hz。

③ 力值系统允许误差宜为满量程的 $\pm 1.5\%$,分辨率应小于等于满量程的 0.1%。

④ 位移系统允许误差宜为满量程的 $\pm 1\%$,分辨率应小于等于满量程的 0.1%;

⑤ 加载设备在一段加速度时程曲线的试验周期内,应稳定可靠、无故障地连续工作。

拟动力试验选用电液伺服作动器的原则:

① 电液伺服作动器活塞行程的最大位移量应大于试验设计位移量的120%。

② 电液伺服作动器最大出力能力应大于试验设计荷载值的150%。因被测试对象的受力特征和破坏形式尚不清楚,对极限承载能力估计误差较大,因此电液伺服作动器的加载能力须有足够的余量。

③ 在对加载速率有较高要求时,应合理选用电液伺服作动器的频率响应特性。电液伺

服作动器比千斤顶的频率响应特性好得多,但电液伺服作动器的工作速率受自身的频率响应特性的制约,还与油源最大输出油量、电液伺服作动器的工作位移等条件相关,目前使用的电液伺服作动器的最高工作频率可达数十赫兹。

施加试体竖向恒载时,宜采用短行程的电液伺服作动器并配装能使试体产生剪弯反力的装置,恒载精度应为 ±1.5%。当采用一般液压加载设备装置(图 4.31)时,应有稳压技术措施,稳压允许误差应为 ±2.5%。

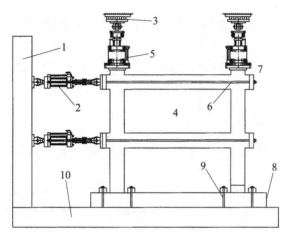

1—反力墙；2—水平加载伺服作动器；3—导轨；4—试体；5—垂直恒载伺服作动器；
6—拉杆；7—压梁；8—锚固梁；9—锚杆；10—试验台

图 4.31　装有竖向恒载电液伺服作动器的框架结构试体拟动力试验装置

2.计算机

在拟动力试验中,计算机是整个试验系统的核心,加载过程的控制和试验数据的采集都由计算机完成,因此计算机应满足实时控制与数据采集、数据处理、图形输出等功能要求,且具有足够的运算速度、足够的硬盘空间、满足试验要求的操作平台和工作软件。为保证试验工作的顺利进行,防止电源突然中断导致的数据丢失,计算机以及数据采集设备应配备不间断电源。应采用自动化测量仪器进行数据采集,数据采样频率不应低于 1 Hz。由计算机完成数据采集工作时,计算机应配备 A/D、D/A 转换卡及数据采集卡,完成模 — 数及数 — 模转换。转换卡应具有缓冲器和放大器,数据转换精度应达到 12 位以上。数据采集卡进行数据自动采集和处理时,采样频率不应低于 1 Hz。由数据采集卡中的单片机根据程序指令控制试验数据采集过程,试验数据存储由计算机完成。试验时应注意,计算机以及其他数据采集设备的机壳应妥善接地,且供电电源与液压系统供电电源不能共用同一电路,以免造成干扰。

3.传感器

拟动力试验多采用电测传感器,常用的电测传感器有力传感器、位移传感器、应变传感器等。力传感器一般内装在电液伺服加载器中,当荷载很小时,若加载器工作荷载小于传感器标称值的 10%,宜外装力传感器,以提高力信号的测量精度和信噪比。电液伺服加载器内常安装有差动式位移传感器,但由于加载设备之间以及加载设备与试件之间存在间隙,测量数据往往不能满足试验要求,因此常在试件上安装位移传感器进行位移或变形测量。拟动力试验中采用的位移传感器可以选用滑线电阻式位移传感器或差动式位移传感器,并根据结构的最大位移反应确定位移传感器的量程。为了提高位移信号的信噪比和测量精度,位移传感器的量程不宜过大。试验初期加载位移很小时,宜采用小量程、高灵敏度的位移传感器,提高信噪比。关于应变传感器及测量方法,可参见第 2 章。

4.试验装置和台座

试验采用与静力或拟静力试验同样的台座,试验装置的承载能力应大于试验设计荷载的 150%。安装试件时,应考虑在推拉力作用下试件与台座之间可能产生的松动,反力架(反力墙)与试件底部宜通过刚性拉杆连接,防止反力架与试件之间产生相对位移,以提高试验加载控制的精度。

4.4.4 逐步积分方法

拟动力试验过程是数值计算与加载试验混合进行的,所以采用的数值积分方法的性质直接影响到试验的成败。

逐步积分方法主要由以下 4 个方面评估:① 收敛性,即当时间离散步长 Δt 趋近 0 时,数值解是否收敛于精确解。② 计算精度,用于表述截断误差与时间步长 Δt 的关系,若截断误差 $\propto O(\Delta t^N)$,则称方法具有 N 阶精度。③ 稳定性,即随计算时间步数 n 的增大,数值解是否变得无穷大(即远离精确解)。④ 计算效率,即所花费计算时间的多少。好的数值分析方法必须是收敛的,并有足够的计算精度(例如 2 阶精度可满足工程要求)、良好的稳定性以及较高的计算效率。在逐步积分法的发展过程中,虽然发展了一些高精度方法,但因计算耗时而很难应用和推广。

按是否需要联立求解耦联方程组,逐步积分法又可分为显式方法和隐式方法两大类。显式方法的逐步积分计算公式是解耦的方程组,无须迭代求解,其计算工作量小,增加的工作量与自由度呈线性关系,如中心差分法、Chang 方法和 CR 方法等。隐式方法的逐步积分计算公式是耦联的方程组,通常需迭代求解,其计算工作量大(计算工作量至少与自由度的平方成正比),如 Newmark $-\beta$ 法、Wilson $-\theta$ 法等。

(1)中心差分法

中心差分法是应用非常广泛的数值积分方法之一。其结构运动平衡方程可表示为

$$\boldsymbol{M}\boldsymbol{a}_n + \boldsymbol{C}\boldsymbol{v}_n + \boldsymbol{R}(\boldsymbol{d}_n) = \boldsymbol{F}_n \tag{4.14}$$

中心差分法采用如下的速度和加速度假定:

$$\boldsymbol{v}_n = \frac{\boldsymbol{d}_{n+1} - \boldsymbol{d}_{n-1}}{2\Delta t} \tag{4.15}$$

$$\boldsymbol{a}_n = \frac{\boldsymbol{d}_{n+1} - 2\boldsymbol{d}_n + \boldsymbol{d}_{n-1}}{\Delta t^2} \tag{4.16}$$

将式(4.15)和式(4.16)代入式(4.14),经整理可得

$$\boldsymbol{d}_{n+1} = \left(\frac{\boldsymbol{M}}{\Delta t^2} + \frac{\boldsymbol{C}}{2\Delta t}\right)^{-1} \left[\boldsymbol{F}_n + \frac{2\boldsymbol{M}}{\Delta t^2}\boldsymbol{d}_n + \left(\frac{\boldsymbol{C}}{2\Delta t} - \frac{\boldsymbol{M}}{\Delta t^2}\right)\boldsymbol{d}_{n-1} - \boldsymbol{R}(\boldsymbol{d}_n)\right] \tag{4.17}$$

其中,$\boldsymbol{M}$、$\boldsymbol{C}$、Δt 为已知量,当 $\boldsymbol{d}_n$ 和 $\boldsymbol{d}_{n-1}$ 也为已知量时,$\boldsymbol{R}(\boldsymbol{d}_n)$ 可以在试件上测得,则

式(4.17)的右端都是已知量,可以直接计算得到 d_{n+1},因此中心差分法是一种显式方法。

可以应用谱半径方法分析中心差分法的稳定性。对于单自由度线性试件,在自由振动反应下,第 $n+1$ 步位移可表达为

$$d_{n+1} = \left(\frac{M}{\Delta t^2} + \frac{C}{2\Delta t}\right)^{-1} \left[\left(\frac{2M}{\Delta t^2} - K\right)d_n + \left(\frac{C}{2\Delta t} - \frac{M}{\Delta t^2}\right)d_{n-1}\right] \qquad (4.18)$$

令

$$X_{n+1} = AX_n \qquad (4.19)$$

其中

$$X_n = [d_n, d_{n-1}]^T \qquad (4.20)$$

定义 $\omega = \sqrt{\dfrac{K}{M}}$,$\xi = \dfrac{C}{2M\omega}$,$\Omega = \omega\Delta t$,可得放大矩阵:

$$A = \begin{bmatrix} \dfrac{2 - \Omega^2}{1 + \xi\Omega} & \dfrac{\xi\Omega - 1}{1 + \xi\Omega} \\ 1 & 0 \end{bmatrix} \qquad (4.21)$$

算法稳定的条件是谱半径 $\rho(A) \leqslant 1$,则从上式(4.21)可以推导得到中心差分法的稳定性条件 $\Omega = \omega\Delta t \leqslant 2$。

(2)Chang 方法

Chang 方法是一种适用于拟动力试验、显示的无条件稳定方法,该方法的速度和加速度假定如下:

$$d_{n+1} = d_n + \beta_1\Delta t v_n + \beta_2\Delta t^2 a_n \qquad (4.22)$$

$$v_{n+1} = v_n + \frac{1}{2}\Delta t (a_n + a_{n+1}) \qquad (4.23)$$

其中,参数 β_1、β_2 分别定义为

$$\beta_1 = \left(I + \frac{CM^{-1}}{2}\Delta t\right)\left(I + \frac{CM^{-1}}{2}\Delta t + \frac{K_0 M^{-1}}{4}\Delta t^2\right)^{-1} \qquad (4.24)$$

$$\beta_2 = \frac{1}{2}\left(I + \frac{CM^{-1}}{2}\Delta t + \frac{K_0 M^{-1}}{4}\Delta t^2\right)^{-1} \qquad (4.25)$$

式中 K_0—— 结构初始刚度矩阵;

      I—— 单位矩阵。把式(4.23)代入式(4.14)得

$$a_{n+1} = \left(M + \frac{C\Delta t}{2}\right)^{-1}\left[F_{n+1} - Cv_n - \frac{1}{2}C\Delta t a_n - R(d_{n+1})\right] \qquad (4.26)$$

式(4.26)中恢复力只与第 $n+1$ 步的位移有关,第 $n+1$ 步的位移 d_{n+1} 可由前一步的已知条件通过式(4.22)计算得到,通过式(4.26)计算得到 a_{n+1},进而由式(4.23)可求出 v_{n+1}。然后又可求出下一步的位移 d_{n+2},所以该方法对拟动力试验是显式的。

(3)CR 方法

Chen 等人提出了一种无条件稳定的显式逐步积分方法 ——CR 方法。这种方法假定第 $n+1$ 步的位移和速度为

$$d_{n+1} = d_n + \Delta t v_n + \alpha_2\Delta t^2 a_n \qquad (4.27)$$

$$v_{n+1} = v_n + \alpha_1\Delta t a_n \qquad (4.28)$$

其中，α_1 和 α_2 为与结构参数有关的参数，可按下式选取：

$$\alpha_1 = \alpha_2 = \frac{4\boldsymbol{M}}{4\boldsymbol{M} + 2\Delta t\boldsymbol{C} + \Delta t^2\boldsymbol{K}} \tag{4.29}$$

由上式可以看出，这种方法的位移和速度都为显式的表达，因此这种方法对快速拟动力试验是显式的。稳定分析结果表明，该方法是一种无条件稳定的显式逐步积分方法。

(4)Newmark $-\beta$ 法

Newmark $-\beta$ 法假设在 $t_n \sim t_{n+1}$ 之间的加速度值是介于 $\boldsymbol{a}_n \sim \boldsymbol{a}_{n+1}$ 之间的某一常量，即 $\boldsymbol{r}$，如图 4.32 所示。根据基本假设有

$$\boldsymbol{r} = (1-\gamma)\boldsymbol{a}_n + \gamma\boldsymbol{a}_{n+1}, \; 0 \leqslant \gamma \leqslant 1 \tag{4.30}$$

为了得到稳定和高精度的算法，$\boldsymbol{r}$ 也用另一控制参数 β 表示，即

$$\boldsymbol{r} = (1-2\beta)\boldsymbol{a}_n + 2\beta\boldsymbol{a}_{n+1}, \; 0 \leqslant \beta \leqslant \frac{1}{2} \tag{4.31}$$

通过在 $t_n \sim t_{n+1}$ 时间段上对加速度积分，可得 t_{n+1} 时刻的速度和位移：

$$\boldsymbol{d}_{n+1} = \boldsymbol{d}_n + \Delta t\boldsymbol{v}_n + \Delta t^2\left[\left(\frac{1}{2}-\beta\right)\boldsymbol{a}_n + \beta\boldsymbol{a}_{n+1}\right] \tag{4.32}$$

$$\boldsymbol{v}_{n+1} = \boldsymbol{v}_n + \Delta t\left[(1-\gamma)\boldsymbol{a}_n + \gamma\boldsymbol{a}_{n+1}\right] \tag{4.33}$$

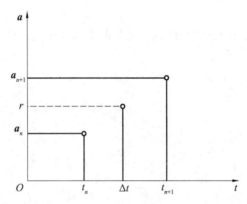

图 4.32　Newmark $-\beta$ 法离散时间点及加速度假设

由式(4.32) 可以看出，第 $n+1$ 步的位移 $\boldsymbol{d}_{n+1}$ 与第 $n+1$ 步的加速度 $\boldsymbol{a}_{n+1}$ 有关，即使第 n 步的位移、速度、加速度已知的情况下也不能直接求出 $\boldsymbol{d}_{n+1}$，因此该方法为隐式积分方法，通常需要迭代进行求解。但要注意，在迭代过程中，要避免往复迭代对试件产生累积损伤问题以及迭代不收敛问题。

(5) 算子分解法(OS) 法

OS法可认为是显式化的方法，其公式为

$$\boldsymbol{M}\boldsymbol{a}_{n+1} + \boldsymbol{C}\boldsymbol{v}_{n+1} + \boldsymbol{R}(\tilde{\boldsymbol{d}}_{n+1}) + \boldsymbol{K}_{\text{EL}}(\boldsymbol{d}_{n+1} - \tilde{\boldsymbol{d}}_{n+1}) = \boldsymbol{F}_{n+1} \tag{4.34}$$

根据显式 Newmark 法的位移假定得到的预测位移为

$$\tilde{\boldsymbol{d}}_{n+1} = \boldsymbol{d}_n + \Delta t\boldsymbol{v}_n + \frac{\Delta t^2}{4}\boldsymbol{a}_n \tag{4.35}$$

根据平均加速度法的位移和速度假定有

$$d_{n+1} = \tilde{d}_{n+1} + \frac{\Delta t^2}{4} a_{n+1} \tag{4.36}$$

$$v_{n+1} = v_n + \frac{\Delta t}{2}(a_n + a_{n+1}) \tag{4.37}$$

式中　$\tilde{d}_{n+1}$——预测位移向量；

　　　　K_{EL}——预先假定的结构线性刚度矩阵。

首先,在第 n 步的位移、速度、加速度已知的情况下由式(4.34)直接求出 $\tilde{d}_{n+1}$,然后由 $\tilde{d}_{n+1}$ 对试件加载,获得相应的反力 $R(\tilde{d}_{n+1})$,再把式(4.35)~(4.37)代入式(4.34)可以求得 a_{n+1},进而由式(4.36)和式(4.37)计算得到 d_{n+1}。可知 OS 法为一种显式方法。

(6) 等效力控制方法(EFCM)

以子结构拟动力试验说明等效力控制方法的原理。假设数值子结构的阻尼力为线性,则其子结构拟动力试验运动方程以及平均加速度法的加速度、速度假定为

$$M_N a_{n+1} + C_N v_{n+1} + R_N(d_{n+1}) + R_E(d_{n+1}) = F_{n+1} \tag{4.38}$$

$$a_{n+1} = \frac{4}{\Delta t^2}\left(-d_n - \Delta t v_n - \frac{\Delta t^2}{4} a_n + d_{n+1}\right) \tag{4.39}$$

$$v_{n+1} = -\frac{2}{\Delta t} d_n - v_n + \frac{2}{\Delta t} d_{n+1} \tag{4.40}$$

式中　角标 N——数值子结构；

　　　　角标 E——试验子结构。

将式(4.39)和(4.40)代入式(4.38),整理得

$$R_N(d_{n+1}) + K_{PD} d_{n+1} + R_E(d_{n+1}) = F_{EQ,n+1} \tag{4.41}$$

其中

$$K_{PD} = \frac{4M_N}{\Delta t^2} + \frac{2C_N}{\Delta t} \tag{4.42}$$

$$F_{EQ,n+1} = F_{n+1} + M_N a_n + \left(\frac{4M_N}{\Delta t} + C_N\right) v_n + \left(\frac{4M_N}{\Delta t^2} + \frac{2C_N}{\Delta t}\right) d_n \tag{4.43}$$

等效力控制方法基本原理如图 4.33 所示。每个积分时间步分子步执行,为方便用连续时间 t 表达。M、C、Δt 为已知量时,在第 n 步的位移、速度、加速度已知的情况下由式(4.43)直接求出等效力命令 $F_{EQ,n+1}$。将 $F_{EQ,n+1}$ 作为图 4.33 反馈控制系统的输入,将输入 $F_{EQ,n+1}$ 与反馈量 $F'_{EQ,n+1}(t)$ 的差值 $e_{EQ}(t)$ 通过等效力控制器和力-位移转换系数 C_F 变成位移命令 $d^c_{n+1}(t)$,实现对试件的加载和数值计算,并将三部分的力求和作为下一子步反馈量 $F'_{EQ,n+1}(t)$。如此反复,直至得到稳定的位移即得到了方程(4.38)和方程(4.41)的解。

4.4.5　拟动力试验特点

拟动力试验的优点:通过慢速加载试验能反映地震影响,尤其它的子结构拟动力试验方法能降低对试验设备的要求并节省试验成本;缺点:由于采用慢速加载,不能反映速度相关型试件的性能。

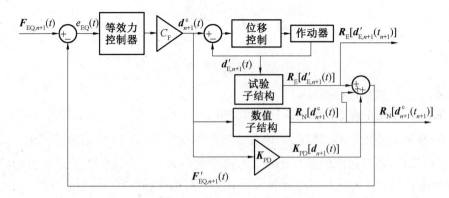

图 4.33　等效力控制方法基本原理

4.5　实时子结构试验方法

4.5.1　基本原理

拟动力试验考虑了惯性力和阻尼力的影响,把实时的动力试验转为慢速的加载试验,使大比例尺的试验成为可能。尤其是拟动力子结构试验方法,可以仅将结构的关键部位提取出来做试验,其余部分采用数值模型予以模拟,大大降低了试验费用。但是拟动力试验方法的缺点是不能反映速度相关型材料的性能。特别是一些新型结构控制装置,这些装置的性能不仅与位移有关,而且与速度有关(如黏弹性阻尼器、磁流变阻尼器等)、甚至与加速度有关(如 TMD、AMD、TLD 等),这对拟动力试验方法提出了挑战。

为了解决这些困难,1992 年 Nakashima 等人提出了实时子结构试验方法。实时子结构试验方法对结构关键部位进行大比例尺、甚至足尺的实时加载试验,这样即节省了造价,又保证了结果的准确性。

下面举例说明实时子结构试验原理,如图 4.34 所示为一个三层框架,框架结构的力学模型已有较为成熟的理论和试验研究,故采用数学模型来模拟框架结构;而阻尼器力学性能较为复杂,需对阻尼器进行试验。两部分联合完成实时子结构试验。

具体的试验过程如下:

① 当 $n=1$ 时,假设试验子结构反力 $R_1=0$,通过数值积分方法计算出在外部荷载激励下两个子结构交界面运动量 (d_n,v_n,a_n)。

② 将计算出来的运动量作为激励命令传递给电液伺服作动器,对试验子结构进行加载,同时利用测力装置测出子结构的反力 R_n。

③ 将测得的 R_n 传递给数值子结构,计算在 R_n 和外部荷载激励下的子结构交界面运动量 $(d_{n+1},v_{n+1},a_{n+1})$,然后将这个运动量作为激励命令传递给试验子结构。

④ 重复步骤 ② 和步骤 ③,直至试验结束。

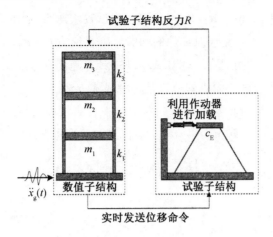

图 4.34　实时子结构试验原理

4.5.2　逐步积分方法

实时子结构试验是数值计算与加载试验混合进行的,所以采用的数值积分方法的性质直接影响到试验的成败。此外,实时子结构试验要求对试件实时加载,既要保证加载的实时性,也要求计算的实时性。因此,逐步积分方法对于实时子结构试验来说极为关键。

(1) 实时子结构试验中心差分法

在实时子结构试验中,结构运动平衡方程如下:

$$M_N a_n + C_N v_n + R_N(d_n) + R_E(d_n, v_n) = F_n \tag{4.44}$$

中心差分法第 n 步的速度和加速度假定如下:

$$v_n = \frac{d_{n+1} - d_{n-1}}{2\Delta t} \tag{4.45}$$

$$a_n = \frac{d_{n+1} - 2d_n + d_{n-1}}{\Delta t^2} \tag{4.46}$$

将式(4.45)和式(4.46)代入式(4.44),经整理可得

$$d_{n+1} = \left(\frac{M_N}{\Delta t^2} + \frac{C_N}{2\Delta t}\right)^{-1}\left[F_n - R_N(d_n) + \frac{2M_N}{\Delta t^2}d_n + \left(\frac{C_N}{2\Delta t} - \frac{M_N}{\Delta t^2}\right)d_{n-1} - R_E(d_n, v_n)\right]$$

$$\tag{4.47}$$

由式(4.47)可知试验子结构的恢复力不但与位移有关,还与速度有关。为了得到足够准确的位移和速度控制,在实时子结构试验中采用数字液压作动器,作动器把目标位移信号 d_{i+1} 线性地分为一系列的位移信号 $_1 d_{n+1}, _2 d_{n+1}, \cdots, _j d_{n+1}, \cdots, _{j_0} d_{n+1}$,其中 $_j d_{n+1} = d_n + j \times \delta t \times v_{n+1}, _{j_0} d_{n+1} = d_{n+1}$。也就是说,在实时子结构试验中目标速度采用了如下的假定:

$$v_{n+1} = \frac{d_{n+1} - d_n}{\Delta t} \tag{4.48}$$

由于上面的假定,中心差分法中速度和位移均变成了显式的。将对目标速度按式(4.48)做了修正后的中心差分法称为实时子结构中心差分法。当其中 M_N、C_N、Δt 为已知

量时，若 d_n 和 d_{n-1} 也为已知量，$R_E(d_n,v_n)$ 可以在试件上测得，则由式（4.47）和式（4.48）可以直接计算得到 d_{n+1} 和 v_{n+1}，完成对试件的加载并测量反力 $R_E(d_{n+1},v_{n+1})$，进而由式（4.47）可以直接计算得到 d_{n+2}，并由式（4.45）和式（4.46）计算速度 v_{n+1} 和加速度 a_{n+1}，如此循环完成试验。因此实时子结构试验中心差分法是一种显式方法。

仍然采用谱半径法进行稳定性分析。对于该单自由度线性试件，有 $R_N(d_n)=C_Nv_n+K_Nd_n$，$R_E(d_n,v_n)=C_Ev_n+K_Ed_n$，第 $n+1$ 步位移和速度可表达为

$$d_{n+1}=\left(\frac{M}{\Delta t^2}+\frac{C_N}{2\Delta t}\right)^{-1}\left[F_n-\left(K_N+K_E-\frac{2M}{\Delta t^2}\right)d_n+\left(\frac{C_N}{2\Delta t}-\frac{M}{\Delta t^2}\right)d_{n-1}-C_Ev_n\right]$$
(4.49)

$$v_{n+1}=\left(\frac{M}{\Delta t}+\frac{C_N}{2}\right)^{-1}\left[F_n-\left(K_N+K_E-\frac{M}{\Delta t^2}+\frac{C_N}{2\Delta t}\right)d_n+\left(\frac{C_N}{2\Delta t}-\frac{M}{\Delta t^2}\right)d_{n-1}-C_Ev_n\right]$$
(4.50)

对于自由振动体系，递推公式可以写成如下状态方程的形式：

$$X_{n+1}=AX_n \tag{4.51}$$

其中

$$X_n=\left[d_n,d_{n-1},\Delta tv_n\right]^T \tag{4.52}$$

定义 $\omega=\sqrt{\dfrac{K}{M}}$，$\xi_N=\dfrac{C_N}{2M\omega}$，$\xi_E=\dfrac{C_E}{2M\omega}$，$\Omega=\omega\Delta t$，可得放大矩阵：

$$A=\begin{bmatrix}\dfrac{2-\Omega^2}{1+\xi_N\Omega} & \dfrac{\xi_N\Omega-1}{1+\xi_N\Omega} & \dfrac{-2\xi_E\Omega}{1+\xi_N\Omega}\\[3mm] 1 & 0 & 0\\[3mm] \dfrac{1-\xi_N\Omega-\Omega^2}{1+\xi_N\Omega} & \dfrac{\xi_N\Omega-1}{1+\xi_N\Omega} & \dfrac{-2\xi_E\Omega}{1+\xi_N\Omega}\end{bmatrix} \tag{4.53}$$

根据谱半径要求 $\rho(A)\leqslant1$，则从上式可以推导得到稳定性条件 $\Omega\leqslant\sqrt{4+4\xi_E^2}-2\xi_E$。

（2）实时子结构试验 Chang 方法

对于实时子结构试验，结构的运动方程可以表示为式（4.44）。

把式（4.23）代入式（4.44）得

$$a_{n+1}=\left(M_N+\frac{C_N\Delta t}{2\Delta t}\right)^{-1}\left[F_{n+1}-C_Nv_n-\frac{1}{2}C_N\Delta ta_n-R_N(d_{n+1})-R_E(d_{n+1},v_{n+1})\right]$$
(4.54)

由上式可知，第 $n+1$ 步的恢复力不但与该步的位移有关，而且与试验子结构的速度有关，而该步的速度未知。对于这一问题，通常的做法是让作动器实时地达到指定位移，以保证速度近似地达到正确值。这样做的结果是作动器的实际速度与计算假定不一致，从而改变了原算法的性质。作动器的实际速度与作动器本身的动力特性密切相关，但是作动器的阶跃响应试验结果表明，可以假定作动器近似地按匀速达到指定位移，因此假定试件（作动器）的实际速度为

$$v'_{n+1} = \frac{d_{n+1} - d_n}{\Delta t} \tag{4.55}$$

用 v'_{n+1} 替换式(4.54)中的 v_{n+1} 得

$$a_{n+1} = \left(M_N + \frac{C_N \Delta t}{2\Delta t} \right)^{-1} \left[F_{n+1} - C_N v_n - \frac{1}{2} C_N \Delta t a_n - R_N(d_{n+1}) - R_E(d_{n+1}, v'_{n+1}) \right] \tag{4.56}$$

把由式(4.56)计算试验子结构速度的 Chang 方法称为实时子结构试验 Chang 方法。第 $n+1$ 步的位移 d_{n+1} 可由前一步的已知条件通过式(4.22)计算得到,接着由式(4.55)计算 v'_{n+1},完成对试件的实时加载并测量 $R_E(d_{n+1}, v'_{n+1})$,通过式(4.56)计算得到 a_{n+1},进而由式(4.23)可求出 v_{n+1}。然后又可求出下一步的位移 d_{n+2} 和 v'_{n+2},所以该方法对实时子结构试验是显式的。

(3) 实时子结构试验 OS 法

实时子结构试验 OS 法的结构运动方程:

$$\begin{aligned} M a_{n+1} + C_N v_{n+1} + R_N(d_{n+1}) + \\ K_{EL}(d_{n+1} - \tilde{d}_{n+1}) + C_{EL}(v_{n+1} - \tilde{v}_{n+1}) + R_E(\tilde{d}_{n+1}, \tilde{v}_{n+1}) = F_{n+1} \end{aligned} \tag{4.57}$$

根据平均加速度法位移和速度假定得到的预测位移和预测速度为

$$\tilde{d}_{n+1} = d_n + \Delta t v_n + \frac{\Delta t^2}{4} a_n \tag{4.58}$$

$$\tilde{v}_{n+1} = \frac{\tilde{d}_{n+1} - \tilde{d}_n}{\Delta t} = v_n + \frac{a_n}{2} \Delta t \tag{4.59}$$

根据平均加速度法的位移和速度假定有

$$d_{n+1} = \tilde{d}_{n+1} + \frac{\Delta t^2}{4} a_{n+1} \tag{4.60}$$

$$v_{n+1} = \tilde{v}_{n+1} + \frac{\Delta t}{2} a_{n+1} \tag{4.61}$$

式中 $\tilde{d}$ —— 预测位移向量;

$\tilde{v}$ —— 预测速度向量;

K_{EL} —— 预先假定的结构线性刚度矩阵;

C_{EL} —— 预先假定的结构线性阻尼矩阵。

将式(4.57)~(4.61)定义为实时子结构试验 OS 法。首先,在第 n 步的位移、速度、加速度已知的情况下由式(4.58)和式(4.59)直接求出 $\tilde{d}_{n+1}$ 和 $\tilde{v}_{n+1}$,然后由 $\tilde{d}_{n+1}$ 和 $\tilde{v}_{n+1}$ 完成对试件加载,获得相应的反力 $R(\tilde{d}_{n+1}, \tilde{v}_{n+1})$,再把式(4.58)~(4.61)代入式(4.57)可以求得 a_{n+1},进而由式(4.60)和式(4.61)计算得到 d_{n+1} 和 v_{n+1}。可知实时子结构试验 OS 法为一种显式方法,且对于软化型材料为无条件稳定的方法。

4.5.2 实时子结构试验应用

图 4.35 为海洋平台结构实时子结构试验示意图。该海洋平台结构安装磁流变阻尼器

作为减振装置,该阻尼器为速度相关型构件。为了检验磁流变阻尼器的减振效果,开展了实时子结构试验。将磁流变阻尼器选为试件用试验机加载试验;其余结构为数值子结构,用数值模型予以模拟,两部分联机开展实时子结构试验。由数值模型计算结构的反应,同时获得隔震层的层间位移和速度,然后完成对磁流变阻尼器试件的加载,测量阻尼器的反力,如此循环完成试验。海洋平台结构实时子结构试验结果如图 4.36 所示。实时子结构试验能真实揭示速度相关型试件的性能,因此具有广阔的应用前景。

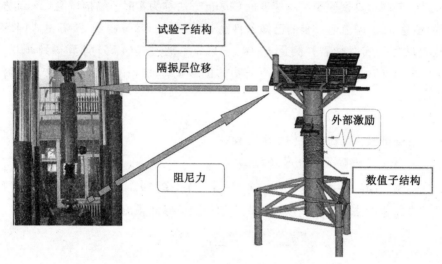

图 4.35　海洋平台结构实时子结构试验示意图

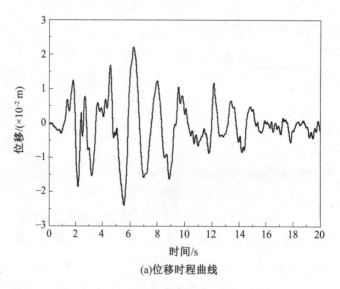

(a)位移时程曲线

图 4.36　海洋平台结构实时子结构试验结果

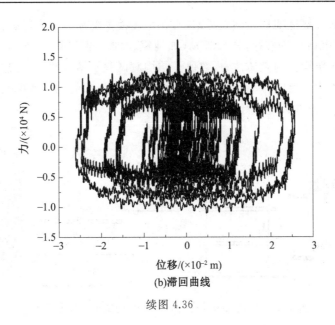

(b)滞回曲线

续图 4.36

4.5.3　实时子结构试验特点

实时子结构试验的优点：通过实时加载试验能反映地震影响，节省试验成本；能反映速度相关型试件的性能。缺点：对加载设备要求高，加载控制存在一定的困难。

4.6　动力子结构试验方法

由于近年来建筑结构越来越大型化和复杂化，因此对于大型复杂结构的试验研究日益受到重视。如果采用地震模拟振动台试验需要把相似比取得很小，试件的材料特性和配重等很难满足要求，试验误差很大。尤其是进入塑性范围后，试验结果往往难以推广到原结构中去。

针对地震模拟振动台试验方法的以上不足，提出了地震模拟振动台动力子结构试验方法。该方法运用子结构技术将拟动力试验和地震模拟振动台试验相结合，把结构划分为数值子结构部分和试验子结构部分，地震动加速度由振动台施加，数值子结构对试验子结构上的作用由作动器施加；通过对结构的关键构件或装置进行大比例尺（或足尺）的实时混合试验，突破以往的试验方法在试验设备的规模和加载速率上的限制，准确反映速度相关型构件或装置的力学性能，避免了拟动力试验中采取在集中质量处加载所产生的误差；同时可以降低试验对加载设备的行程和推力的要求，降低能耗；能够满足大型结构研究需要。

4.6.1　基本原理

下面以图 4.37 所示的三层框架为例说明地震模拟振动台动力子结构试验的基本原理。为了便于讨论，假设该框架为剪切型模型。上两层的动力性能已知，底层的动力性能是待研究的目标。取底层框架作为试验子结构,在地震模拟振动台上进行试验;上面两层框架作为数值子结构,由计算机模拟;外部激励(如地震动加速度记录)由振动台施加。由于振动台施加在试验子结构上的是惯性力,数值子结构对试验子结构的作用按力的形式考虑,该力由水平布置在反力墙上的作动器施加。这就是力控制加载的地震模拟振动台动力子结构试验方法,下面介绍该方法的执行过程。

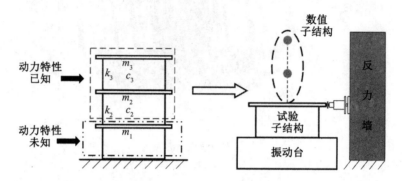

图 4.37　地震模拟振动台动力子结构试验的基本原理

① 假定 $n=1$ 时 $R_1=0$,并将 R_1 作为驱动命令传递给作动器,同时输入第一步的地震动加速度记录到地震模拟振动台,测量第一步结束时的(d_1,v_1,a_1),并将其传递给计算机。

② 计算在第 n 步$(n=2,3,4,\cdots)$地震动惯性力,以及位移、速度和加速度$(d_{n-1},v_{n-1},a_{n-1})$的共同作用下,数值子结构对试验子结构的作用力 R_n,并将其作为驱动命令传递给作动器。

③ 作动器施加 R_n 于试验子结构,同时输入第 n 步的地震动加速度到地震模拟振动台,测量第 n 步结束时刻数值子结构和试验子结构交界面的位移、速度和加速度(d_n,v_n,a_n),并将其传递给计算机。

④ 令 $n=n+1$,重复步骤 ② 和步骤 ③,直至试验结束。

考虑到地震模拟振动台在实现地震动加速度时会有一定的失真,在步骤 ② 的数值积分中应采用实测的振动台台面加速度。

4.6.2　逐步积分方法

(1) 考虑试件质量的中心差分法

当试件为动力子结构时,需要考虑试件的质量,计算简图如图 4.38 所示。

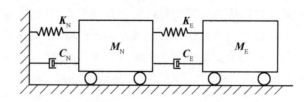

图 4.38　动力子结构的计算简图

此结构在地震作用下的运动方程可以表示为

$$M_N a_{N,n} + C_N v_{N,n} + K_N d_{N,n} + R_{E,n}(a_{N,n} + a_{g,n}) = -M_N a_{g,n} \tag{4.62}$$

$$\boldsymbol{M}_E \boldsymbol{a}_{E,n} + \boldsymbol{C}_E \boldsymbol{v}_{E,n} + \boldsymbol{K}_E \boldsymbol{d}_{E,n} = -\boldsymbol{M}_E (\boldsymbol{a}_{N,n} + \boldsymbol{a}_{g,n}) \tag{4.63}$$

将标准的中心差分法假定代入(4.62)可得

$$\boldsymbol{d}_{N,n+1} = \left(\frac{\boldsymbol{M}_N}{\Delta t^2} + \frac{\boldsymbol{C}_N}{2\Delta t}\right)^{-1} \left[-\boldsymbol{M}_N \boldsymbol{a}_{g,n} - \left(\boldsymbol{K}_N - \frac{2\boldsymbol{M}_N}{\Delta t^2}\right) \boldsymbol{d}_{N,n} + \right.$$
$$\left. \left(\frac{\boldsymbol{C}_N}{2\Delta t} - \frac{\boldsymbol{M}_N}{\Delta t^2}\right) \boldsymbol{d}_{N,n-1} - \boldsymbol{R}_{E,n}(\boldsymbol{a}_{N,n} + \boldsymbol{a}_{g,n}) \right] \tag{4.64}$$

式(4.64)中试验子结构的恢复力 $\boldsymbol{R}_{E,n}(\boldsymbol{a}_{N,n} + \boldsymbol{a}_{g,n}) = -(\boldsymbol{C}_E \boldsymbol{v}_{E,n} + \boldsymbol{K}_E \boldsymbol{d}_{E,n})$。可知,试验子结构第 n 步的恢复力与第 n 步的加速度 $\boldsymbol{a}$ 有关,因此试验子结构的恢复力是隐式的,需要迭代才能求解。为了避免迭代,下面将引入附加假定,使加速度表达式显式化。

假定试验子结构在一个积分步长内的加速度为常数,在试验加载时考虑作动器按下式表达的位移假定:

$$\tilde{\boldsymbol{d}}_{n+1}(t) = \boldsymbol{d}_n + \boldsymbol{v}_n(t - t_n) + \frac{1}{2}\boldsymbol{a}_n(t - t_n)^2 \tag{4.65}$$

其中,$\tilde{\boldsymbol{d}}_{n+1}$ 为试验子结构的目标位移;$\boldsymbol{M}_N$、$\boldsymbol{C}_N$、Δt 为已知量,当 $\boldsymbol{d}_{N,n}$ 和 $\boldsymbol{d}_{N,n-1}$ 也为已知量时,$\boldsymbol{R}_{E,n}(\boldsymbol{a}_{N,n} + \boldsymbol{a}_{g,n})$ 可以在试件上测得,则由式(4.64)可以直接计算得到 $\boldsymbol{d}_{N,n+1}$。由式(4.65)计算加载位移命令,完成对试件加载并测量反力 $\boldsymbol{R}_{E,n+1}(\boldsymbol{a}_{N,n+1} + \boldsymbol{a}_{g,n+1})$,进而由式(4.64)可以直接计算得到 $\boldsymbol{d}_{N,n+2}$,并由式(4.45)和式(4.46)计算速度 $\boldsymbol{v}_{N,n+1}$ 和加速度 $\boldsymbol{a}_{N,n+1}$,如此循环完成试验。因此考虑试件质量的中心差分法是一种显式方法。

(2) 考虑试件质量的 OS 法

当试件含有质量时,结构运动方程为

$$\boldsymbol{M}_N \boldsymbol{a}_{n+1} + \boldsymbol{C}_N \boldsymbol{v}_{n+1} + \boldsymbol{K}_N \boldsymbol{d}_{n+1} + \boldsymbol{R}_E(\boldsymbol{a}_n, \tilde{\boldsymbol{v}}_{n+1}, \tilde{\boldsymbol{d}}_{n+1}) +$$
$$\boldsymbol{K}_{EL}(\boldsymbol{d}_{n+1} - \tilde{\boldsymbol{d}}_{n+1}) + \boldsymbol{C}_{EL}(\boldsymbol{v}_{n+1} - \tilde{\boldsymbol{v}}_{n+1}) = \boldsymbol{F}_{n+1} \tag{4.66}$$

应用考虑试件质量的 OS 法,首先由式(4.67)计算预测位移。$\boldsymbol{d}_{n+1}$ 由式(4.68)计算。当作动器以传统的位移加载模式进行加载时,为保证作动器在 $t_n \sim t_{n+1}$ 有恒定的加速度 $\boldsymbol{a}_{E,n+1}$,提出将预测位移命令在相邻时间步内按二次函数的形式发送给作动器,见式(4.69)。

$$\tilde{\boldsymbol{d}}_{n+1} = \boldsymbol{d}_n + \Delta t \boldsymbol{v}_n + \frac{\Delta t^2}{4}\boldsymbol{a}_n \tag{4.67}$$

$$\boldsymbol{d}_{n+1} = \tilde{\boldsymbol{d}}_{n+1} + \frac{\Delta t^2}{4}\boldsymbol{a}_{n+1} \tag{4.68}$$

$$\tilde{\boldsymbol{d}}_{n+1}(t) = \tilde{\boldsymbol{d}}_n + \boldsymbol{v}_n(t - t_n) + \frac{1}{2}\boldsymbol{a}_n(t - t_n)^2 \tag{4.69}$$

其中 $t_n \leqslant t \leqslant t_{n+1}$。试验子结构在一个积分步长 $t_n \leqslant t \leqslant t_{n+1}$ 内,做匀加速运动。t_{n+1} 时刻的预测速度为

$$\tilde{\boldsymbol{v}}_{n+1} = \boldsymbol{v}_n + \boldsymbol{a}_n \Delta t \tag{4.70}$$

$$\boldsymbol{v}_{n+1} = \tilde{\boldsymbol{v}}_{n+1} + \frac{\Delta t}{2}(\boldsymbol{a}_{n+1} - \boldsymbol{a}_n) \tag{4.71}$$

将式(4.66)~(4.71)定义为动力子结构试验 OS 法。首先,在第 n 步的位移、速度、加速度已知的情况下由式(4.67)、式(4.69)和式(4.70)直接求出 $\tilde{\boldsymbol{d}}_{n+1}$、$\tilde{\boldsymbol{d}}_{n+1}(t)$ 和 $\tilde{\boldsymbol{v}}_{n+1}$,然后由

$\tilde{d}_{n+1}(t)$ 完成对试件加载，获得相应的反力 $R(a_n, \tilde{v}_{n+1}, \tilde{d}_{n+1})$，再把式（4.68）～（4.71）代入式（4.66）可以求得 a_{n+1}，进而由式（4.68）和式（4.71）计算得到 d_{n+1} 和 v_{n+1}，如此循环完成试验。由此可知，考虑试件质量的 OS 法为一种显式方法。

4.6.3　动力子结构试验应用

图 4.39 为 TLD 减振控制结构的振动台子结构试验原理，取 TLD 水箱作为试验子结构，其下方的三层框架作为数值子结构，因此在子结构试验中只需要振动台加载设备。具体的试验过程如下：

① 当 $n=1$ 时，假设试验子结构反力 $R_1=0$，通过数值积分方法计算出在外部荷载激励下两个子结构交界面运动量（d_n, v_n, a_n）。

② 将计算出来的运动量作为激励命令传递给地震模拟振动台，对试验子结构进行加载，同时利用测力装置测出子结构的反力 R_n。

③ 将测得的 R_n 传递给数值子结构，计算在 R_n 和外部荷载激励下的两个子结构交界面运动量（$d_{n+1}, v_{n+1}, a_{n+1}$），然后将这个运动量作为激励命令传递给试验子结构。

④ 令 $n=n+1$，重复步骤 ② 和步骤 ③，直至试验结束。

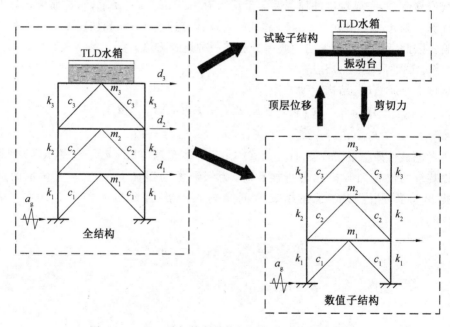

图 4.39　TLD 减振控制结构的振动台子结构试验原理

将走线架系统和底层框架作为试验子结构的试验都需要振动台－作动器联合加载。走线架系统的振动台－作动器联合加载试验原理如图 4.40 所示。

4.6.4　动力子结构试验特点

动力子结构试验的优点：通过实时加载试验能反映地震影响；能反映加速度相关型试件的性能。缺点：对加载设备要求高，加载控制存在一定的困难。

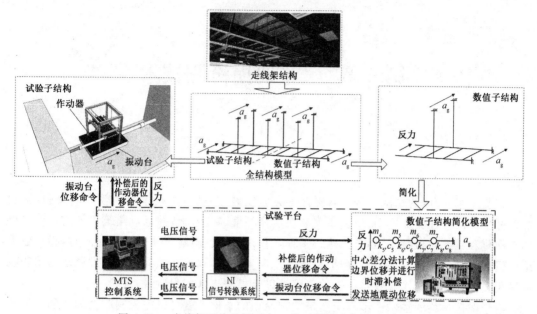

图 4.40　　走线架系统的振动台－作动器联合加载试验原理

第5章　非破损检测技术

5.1　概述

这些年来,我国的经济态势朝着更好的方向发展,各种科学技术有了较大的突破,人们对美好生活的向往更加迫切,最主要表现在居住环境的改善上,并且对建筑房屋的要求也更加多样化和精致化,这就需要土木建筑工程学科认真地创新建筑技术。与此同时,随着建筑结构质量和品质的大幅提升,非破损检测技术诞生,并得到了有效的运用和发展。运用非破损检测技术可更好地实现建筑结构的稳固性以及提升土木工程质量。

由于非破损检测技术在不影响建筑结构使用的条件下就可以完成相应物理量的测试工作,所以在建筑工程和科研中被广泛地使用。其主要的任务有以下几方面。

(1)评定建筑结构和构件的施工质量

不论是施工现场的建筑结构和构件,还是进行科学研究的试验结构和构件,当混凝土试块的强度不能正确地反映结构和构件本身材料的强度时,往往利用非破损检测技术对建筑结构和构件自身的混凝土强度进行检测,为评定施工质量提供正确可靠的数据。

(2)对受灾的既有建筑物进行安全评估

当已建成的建筑物受到火灾、冻结和融化的反复作用、化学物质的腐蚀、地震或其他事故性灾害的损伤后,只能利用非破损检测技术对建筑物的破损情况进行检测,给出建筑物的安全评估报告,为制定建筑物的加固和修复方案提供可靠资料。

(3)对古老的建筑物进行安全评估

建筑物使用了一定年限后,即使没有受到人为和自然的灾害破坏,但是在正常使用条件下也会使结构疲劳,产生微小的裂纹损伤。这些微小的裂纹损伤日积月累、积少成多,由无数小裂纹逐渐形成裂缝,会降低建筑结构的承载能力和耐久性能。在对古老建筑物的可靠性等级和剩余寿命进行安全评估时,只有采用非破损检测技术才能得出符合实际的测试数据,进行正确的分析和判断,为改建和加固工作的顺利进行打下良好的基础。

根据工程建设事业的实际需要,我国在建筑结构非破损检测技术的规范化方面做了大量的工作,目前,已颁布实施的规范有《回弹法检测混凝土抗压强度技术规程》(JGJ/T 23—2011)、《超声回弹综合法检测混凝土强度技术规程》(T/CECS 02—2020)、《钻芯法检测混凝土强度技术规程》(JGJ/T 384—2016)、《拔出法检测混凝土强度技术规程》(CECS 69—2011)、《超声法检测混凝土缺陷技术规程》(CECS 21—2000)。

在实际工程中,需进行非破损检测中的强度检测的情况有:施工控制不严,发生意外事故或预留试样不符合要求;需要了解混凝土强度增长情况,为构件拆模、吊装、预应力放张、施工服务;既有结构维护、改造、加固、拆除等方案决策中,需评估原有的混凝土强度;结构使用不当,维护失常;加层或功能发生改变的局部技术改造;使用期间发生意外;施工未完(中止),继续施工。需要进行非破损检测中的内部缺陷检测的情况有:未振捣或模板漏浆造成局部疏松、蜂窝、孔洞等缺陷(位置和范围);施工中产生的温度变形以及干燥收缩,检测裂缝的走向和深度;受环境侵蚀或灾害,产生由表至里的层状损伤,检测厚度和范围;结构正常使用期间,出现不明裂缝,需检测裂缝开展深度。

　　本章介绍的结构非破损检测技术是指在不影响结构或构件受力性能、使用功能的前提下,直接在结构或构件上测定某些适当的物理量,通过这些物理量与材料强度等指标的相关性,进而推定材料强度或评估其缺陷。有些检测方法以结构局部破损为前提,但这些局部破损对结构或构件的受力性能影响很小,因此,也将这些方法归入非破损检测方法。结构类型不同,非破损检测的方法也不同。对于混凝土结构,非破损检测包括混凝土强度与内部缺陷的检测、钢筋直径和混凝土保护层厚度检测、钢筋锈蚀检测等内容。对于砌体结构,主要是砌体抗压强度检测。

　　强度检测方法有半破损法(钻芯法、拔出法)、非破损法(回弹法、超声脉冲法);缺陷检测方法有超声脉冲法、雷达扫描法、红外热谱法、声发射法。本章主要讲述回弹法、超声脉冲法、超声回弹综合法、钻芯法、拔出法,以及典型的砌体结构检测方法等。

5.2　回弹法

　　回弹法是表面硬度法的一种应用。它采用一个标准质量的重物,在被激发的标准动力推动下,撞击在材料的表面,用形成的凹痕直径大小或对重物的回弹能量高低,来确定被测材料的强度。

　　回弹法的最初应用形式是使用回弹仪。回弹仪于 1948 年由瑞士的 E.Schmidt 发明,其工作原理是用一个弹簧驱动的重锤,通过传力杆弹击混凝土表面,用测出的重锤回弹值(反弹距离与冲击长度之比)来推定混凝土强度,如图 5.1 所示。后来,英国的 Kolek 论证了混凝土强度与压痕直径的关系,并用试验验证了回弹值与压痕直径的关系。而现在的回弹法主要是通过试验归纳直接建立混凝土强度与回弹值之间的经验关系曲线。回弹法在我国的应用始于 20 世纪 50 年代,后经大量的研究与实践应用,提出了适合我国实情的测强曲线及技术规程。

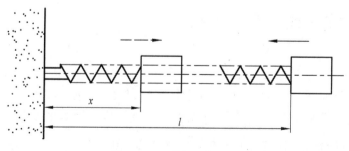

图 5.1　回弹仪工作原理

回弹仪(图 5.2)构造简单、测试方法易于掌握、携带便利、费用低廉、检测效率较高。因而回弹仪广泛应用于检验混凝土的均匀性、对比混凝土质量是否达到特定要求、初步判断混凝土质量出现问题的区域、推定混凝土的强度。

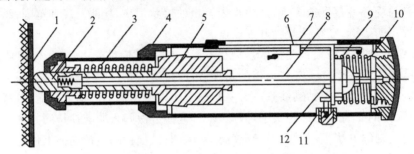

1—试件；2—冲击杆；3—拉簧；4—套筒；5—重锤；6—指针；
7—标尺；8—导杆；9—压簧；10—螺栓；11—按钮；12—钩子

图 5.2　回弹仪构造

冲击前,重锤初始势能:

$$e = \frac{1}{2}E_s l^2 \tag{5.1}$$

式中　　E_s—— 拉簧刚度；

　　　　l—— 拉簧初始变形。

冲击所产生瞬时弹性变形使重锤弹回,当弹击距离为 x 时所具有的势能:

$$e_x = \frac{1}{2}E_s x^2 \tag{5.2}$$

能量消耗:

$$\Delta e = e - e_x = \frac{1}{2}E_s l^2 - \frac{1}{2}E_s x^2 = e\left[1 - \left(\frac{x}{l}\right)^2\right] \tag{5.3}$$

令

$$R = \frac{x}{l} \Rightarrow R = \sqrt{\frac{e_x}{e}} \tag{5.4}$$

R 反映了重锤冲击过程中的能量损失,即材料塑性、振动耗能和机构间摩擦导致的能量损失。

5.2.1　影响回弹仪检测性能的因素

(1)装配尺寸

以 M225 型回弹仪为例进行说明。拉簧自由长度为 $l_0 = (61.5 \pm 0.3)$ mm,当 $l_0 >$ 61.5 mm 时回弹值偏高,当 $l_0 < 61.5$ mm 时回弹值偏低。冲击长度(拉簧初始变形)$l = (75 \pm 0.3)$ mm,拉簧刚度 $E = (0.785 \pm 0.035)$ kN/m。应保证水平弹击时,在重锤脱钩瞬间,回弹仪的标称能量为 $e = \frac{1}{2}E_s l^2 = 0.5 \times 0.785/1\,000 \times 75^2 \approx 2.207$ (J)。

（2）零件质量

拉簧刚度为（0.785±0.035）kN/m。应保证弹击杆前端的曲率半径和后端的冲击面的精度。

（3）其他

回弹仪除应符合现行国家标准《回弹仪》（GB/T 9138—2015）的规定外，尚应符合下列规定：

① 在重锤与冲击杆碰撞的瞬间，拉簧应处于自由状态，且重锤起跳点应位于指针刻度尺的"0"处。

② 在洛氏硬度 HRC 为 60±2 的钢砧上，回弹仪的率定值应为 80±2。

③ 回弹仪使用时的环境温度应为 -4～40 ℃。

5.2.2　回弹仪操作

用冲击杆顶住混凝土的表面，轻压仪器，松开按钮，冲击杆徐徐伸出。使仪器对混凝土表面均匀施压，待重锤脱钩、冲击冲击杆后即回弹，带动指针移动并停留在某一位置，相应示数即为回弹值。继续顶住混凝土表面并在读数和记录回弹值后，逐渐对仪器减压，使冲击杆自仪器内伸出。重复进行上述步骤。

5.2.3　测强曲线

采用回弹法检测混凝土的强度，必须预先知道回弹值与混凝土抗压强度的关系，这个关系称为回弹法测强曲线。回弹值与混凝土抗压强度的相关形式以基准测强曲线或经验公式的形式给出，依此判定结构和构件混凝土的抗压强度。

回弹法基准测强曲线或经验公式是回弹法检测结构和构件混凝土强度的关键，它直接关系到回弹法测量混凝土抗压强度的准确性。基准测强曲线的确定方法是：在实验室里选择不同原材料和配比，制作不同强度的混凝土立方体试块，在不同龄期测定试块混凝土的回弹值、碳化深度和抗压强度，然后进行回归分析，用求得的回归方程作为经验公式，由此获得的曲线称为基准测强曲线。在制定基准测强曲线的过程中，因为需要考虑的影响因素较多，又要求基准测强曲线的适应性强和覆盖面积广，所以回弹法的测量值离散性就很大，这样推定混凝土抗压强度的误差也就很大。

为了提高回弹法检测结构和构件混凝土强度的测量精度，目前国内常用的基准测强曲线分为 3 种类型，即专用测强曲线、地区测强曲线和统一测强曲线。

（1）专用测强曲线

专用测强曲线是针对某工程、某构件预制厂或某商品混凝土供应站，仅考虑使用特定的原材料、成型和养护工艺、成型的日期等影响因素制定的基准测强曲线。由于专用测强曲线考虑的影响因素与实际被测结构和构件混凝土吻合得较好，所以用回弹值推定的结构和构件混凝土抗压强度的误差也是小的。图 5.3 给出了标准养护 7 天未碳化的硅酸盐水泥混凝土的专用测强曲线。

（2）地区测强曲线

地区测强曲线是针对某省（区、市）或者是特定地区制定的基准测强曲线。由于此类基

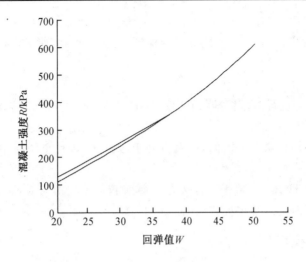

图 5.3　标准养护 7 天未碳化的硅酸盐水泥混凝土的专用测强曲线

准测强曲线适用的地域较广,要考虑的影响因素也多,所以混凝土强度值与回弹测量值间的离散性也稍大,由此推定混凝土抗压强度的误差也稍大一些。地区测强曲线适用的地域较专用测强曲线大,所推定混凝土强度的误差大的概率也大。

（3）统一测强曲线

在全国广泛布点,利用全国有代表性的材料、成型养护工艺配制混凝土,通过试验建立的曲线为统一测强曲线,可参见《回弹法检测混凝土抗压强度技术规程》(JGJ/T 23—2011)的测区混凝土强度换算表(表 5.1)。

表 5.1　测区混凝土强度换算表

平均回弹值 R_m	测区混凝土强度换算值 $f^c_{cu,i}$/MPa												
	平均碳化深度值 d_m/mm												
	0.0	0.5	1.0	1.5	2.0	2.5	3.0	3.5	4.0	4.5	5.0	5.5	≥6
20.0	10.3	10.1	—	—	—	—	—	—	—	—	—	—	—
20.2	10.5	10.3	10.0	—	—	—	—	—	—	—	—	—	—
20.4	10.7	10.5	10.2	—	—	—	—	—	—	—	—	—	—
20.6	11.0	10.8	10.4	10.1	—	—	—	—	—	—	—	—	—
20.8	11.2	11.0	10.6	10.3	—	—	—	—	—	—	—	—	—
21.0	11.4	11.2	10.8	10.5	10.0	—	—	—	—	—	—	—	—
21.2	11.6	11.4	11.0	10.7	10.2	—	—	—	—	—	—	—	—
21.4	11.8	11.6	11.2	10.9	10.4	10.0	—	—	—	—	—	—	—
21.6	12.0	11.8	11.4	11.0	10.6	10.2	—	—	—	—	—	—	—
21.8	12.3	12.1	11.7	11.3	10.8	10.5	10.1	—	—	—	—	—	—
22.0	12.5	12.2	11.9	11.5	11.0	10.6	10.2	—	—	—	—	—	—
22.2	12.7	12.4	12.1	11.7	11.2	10.8	10.4	10.0	—	—	—	—	—

续表5.1

平均回弹值 R_m	测区混凝土强度换算值 $f^c_{cu,i}$/MPa											
	平均碳化深度值 d_m/mm											
	0.0	0.5	1.0	1.5	2.0	2.5	3.0	3.5	4.0	4.5	5.0	5.5	≥6
22.4	13.0	12.7	12.4	12.0	11.4	11.0	10.7	10.3	10.0	—	—	—	
22.6	13.2	12.9	12.5	12.1	11.6	11.2	10.8	10.4	10.2	—	—	—	
22.8	13.4	13.1	12.7	12.3	11.8	11.4	11.0	10.6	10.3	—	—	—	
23.0	13.7	13.4	13.0	12.6	12.1	11.6	11.2	10.8	10.5	10.1	—	—	
23.2	13.9	13.6	13.2	12.8	12.2	11.8	11.4	11.0	10.7	10.3	10.0	—	
23.4	14.1	13.8	13.4	13.0	12.4	12.0	11.6	11.2	10.9	10.4	10.2	—	
23.6	14.4	14.1	13.7	13.2	12.7	12.2	11.8	11.4	11.1	10.7	10.4	10.1	
23.8	14.6	14.3	13.9	13.4	12.8	12.4	12.0	11.5	11.2	10.8	10.5	10.2	

回归方程可表示为

$$f^c_{cu,i} = 0.025\ 0 R_m^{2.010\ 8} \times 10^{-0.035\ 8 d_m}$$ (5.5)

式中　$f^c_{cu,i}$——测区混凝土的抗压强度(强度换算值),MPa,精确至 0.1 MPa;

R_m——测区混凝土的平均回弹值,精确至 0.1;

d_m——测区混凝土的平均碳化深度值,mm,精确至 0.1 mm。

对于龄期大于 365 天的结构,不可简单地使用回弹法统一测强曲线换算混凝土强度,宜与其他混凝土测强方法共同进行测量,这样可以提高测量混凝土强度的准确性。当混凝土强度大于 60 MPa 时,可采用标准能量大于 2.207 J 的回弹仪另行制定检测方法及专用测强曲线。

地区测强曲线的平均相对误差小于等于 14%,相对标准差小于等于 17%;专用测强曲线的平均相对误差小于等于 12%,相对标准差小于等于 14%。所以,测强曲线的使用原则是:根据专用测强曲线、地区测强曲线和统一测强曲线制作时的地域特点、考虑的影响因素及误差范围进行选取;应优先选用本单位的专用测强曲线,其次是使用本地区的地区测强曲线,当没有对应的专用测强曲线和地区测强曲线时,才考虑使用统一测强曲线。

5.2.4　检测技术

1.检测前技术资料准备

检测前需准备的技术资料有:

① 工程名称,设计单位,施工单位等。

② 构件名称、数量,混凝土类型、强度等级等。

③ 水泥安定性,外加剂、掺合料品种,混凝土混合比等。

④ 施工模板,混凝土浇筑、养护情况及浇筑日期等。

⑤ 必要的设计图纸和施工记录等。

⑥ 检测原因。

2.测试技术

混凝土强度可按单个构件或按批量进行检测,即分为单个检测和批量检测。单个检测:适用于单个结构或构件的检测。批量检测:对于混凝土生产工艺、强度等级相同,原材料、配合比、养护条件基本一致且龄期相近的一批同类构件的检测应采用批量检测。按批量进行检测时,应随机抽取构件,抽检数量不宜少于同批构件总数的 30% 且不少于 10 件。当检验数量大于 30 件时,抽样构件数量可适当调整,但不少于国家现行有关标准规定的最少抽样数量。

单个检测及批量检测均应符合以下规定:

① 对于一般构件,测区数不宜少于 10 个。当受检构件数量大于 30 个且不需提供单个构件推定强度、受检构件某一方向尺寸不大于 4.5 m 且另一个方向尺寸不大于 0.3 m 时,每个构件的测区数量可适当减少,但不应少于 5 个。

② 每一测区的大小一般约为 400 cm²;从每一个测区测取 16 个回弹值,剔除 3 个最大值和 3 个最小值,计算余下的 10 个回弹值的平均值作为测区平均回弹值 R_m。

③ 相邻两测区的间距不应大于 2 m,测区离构件端部或施工缝边缘的距离不宜大于0.5 m,且不宜小于 0.2 m。

④ 测区宜选在能使回弹仪处于水平方向的混凝土浇筑侧面。当不能满足这一要求时,也可选在使回弹仪处于非水平方向的混凝土浇筑表面或底面。

⑤ 测区宜布置在构件的两个对称的可测面上,当不能布置在对称的可测面上时,也可布置在同一可测面上,且应均匀分布。在构件的重要部位及薄弱部位应布置测区,并应避开预埋件。

⑥ 测区表面应为混凝土原浆面,并应清洁、平整,不应有疏松层、浮浆、油垢、涂层以及蜂窝、麻面。

⑦ 对于弹击时产生颤动的薄壁、小型构件,应进行固定。

3.回弹值计算

计算测区平均回弹值时,应从该测区的 16 个回弹值中剔除 3 个最大值和 3 个最小值,其余的 10 个回弹值应按下式计算:

$$R_m = \frac{\sum_{i=1}^{10} R_i}{10} \tag{5.6}$$

式中　R_m——测区混凝土的平均回弹值,精确值 0.1;

　　　R_i——第 i 个测点的回弹值。

式(5.6)要求测试时回弹仪应是水平方向且弹击面为混凝土的浇筑侧面,否则应对回弹值进行修正。具体修正方法是:先进行角度修正,后进行测试面修正。

非水平方向检测混凝土浇筑侧面时(图 5.4),测区平均回弹值按下式进行角度修正:

$$R_m = R_{m\alpha} + R_{a\alpha} \tag{5.7}$$

式中　$R_{m\alpha}$——非水平方向检测时,测试角度为 α 的测区平均回弹值,精确至 0.1;

　　　$R_{a\alpha}$——非水平方向检测时,测试角度为 α 的测区回弹修正值,按表 5.2 选用。

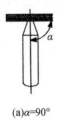
(a)α=90°

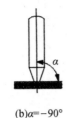
(b)α=-90°

(c)α=45°

(d)α=-45°

图 5.4　　测试角度示意图

表 5.2　　不同测试角度 α 的测区回弹修正值

R_{ma}	α 向上				α 向下			
	+90°	+60°	+45°	+30°	-30°	-45°	-60°	-90°
20	-6.0	-5.0	-4.0	-3.0	+2.5	+3.0	+3.5	+4.0
30	-5.0	-4.0	-3.5	-2.5	+2.0	+2.5	+3.0	+3.5
40	-4.0	-3.5	-3.0	-2.0	+1.5	+2.0	+2.5	+3.0
50	-3.5	-3.0	-2.5	-1.5	+1.0	+1.5	+2.0	+2.5

水平方向检测混凝土的浇筑顶面、浇筑底面时,测区平均回弹值做如下浇筑面修正:

$$R_m = R_m^t + R_a^t \tag{5.8}$$

$$R_m = R_m^b + R_a^b \tag{5.9}$$

式中　　R_m^t、R_m^b——水平方向检测混凝土的浇筑顶面、浇筑底面时,测区平均回弹值;

R_a^t、R_a^b——混凝土的浇筑顶面、浇筑底面回弹值的修正值。

不同浇筑面的回弹值及修正值见表 5.3。

表 5.3　　不同浇筑面的回弹值及修正值

R_m^t 或 R_m^b	R_a^t	R_a^b	R_m^t 或 R_m^b	R_a^t	R_a^b
20	+2.5	-3.0	40	+0.5	-1.0
25	+2.0	-2.5	45	0	-0.5
30	+1.5	-2.0	50	0	0
35	+1.0	-1.5			

注:①R_m^t 或 R_m^b 值小于 20 或者大于 50 时,分别按照 20 和 50 进行修正;未列入表格的按照内插法计算,精确至 0.1。② 表中浇筑表面的修正值,是指一般原浆抹面后的修正值。③ 表中浇筑底面的修正值,是指构件底面与侧面采用同一类模板在正常浇筑情况下的修正值。

4.碳化深度值测量

由于回弹法是以反映表面硬度的回弹值来确定混凝土强度的,因此必须考虑影响混凝土表面硬度的碳化深度。混凝土在硬化过程中,其表面的氢氧化钙会与空气中的二氧化碳起化学作用,形成碳化钙的结硬层,硬结层厚度即碳化深度。碳化深度的存在使得在老混凝土上测试的回弹值偏高,故应给予修正。

回弹值测量完毕后,应在有代表性的测区上测量碳化深度值,测点数不应少于构件测区数的 30%,应取其平均值作为该构件每个测区的碳化深度值 d_m。当碳化深度值极差大于 2.0 mm 时,应在每一测区分别测量碳化深度值。

$$d_m = \frac{\sum_{i=1}^{n} d_i}{n} \tag{5.10}$$

式中　n—— 碳化深度测量次数;

　　　d_i—— 第 i 次测量的碳化深度;

　　　d_m—— 测区平均碳化深度。

碳化深度值的测量应符合下列规定:

① 可采用工具在测区表面形成直径约 15 mm 的孔洞,其深度应大于混凝土的碳化深度。

② 应清除孔洞中的粉末和碎屑,且不得用水擦洗。

③ 应采用体积分数为 1% ~ 2% 的酚酞酒精溶液滴在孔洞内壁的边缘处,当已碳化部分与未碳化部分界限清晰时,应采用碳化深度测量仪测量已碳化与未碳化混凝土交界面到混凝土表面的垂直距离,并应测量 3 次,每次读数应精确至 0.25 mm。

④ 应取 3 次测量的平均值作为检测结果,并应精确至 0.5 mm。

5.碳化深度值修正

① 当 $d_m < 0.5$ mm,按无碳化处理。

② 当 $0.5 \text{ mm} \leqslant d_m < 6$ mm 时,查测强曲线表,由 R_m 及 d_m 值查出某测区混凝土强度换算值进行修正。

③ 当 $d_m \geqslant 6$ mm,按碳化深度值为 6 mm 处理。

5.2.5　强度推定

结构或构件的测区混凝土强度平均值可根据各测区的混凝土强度换算值计算。当测区数为 10 个及以上时,应计算强度标准差。平均值及标准差应按式(5.11) 和式(5.12) 计算:

$$m_{f_{cu}^c} = \frac{\sum_{i=1}^{n} f_{cu,i}^c}{n} \tag{5.11}$$

$$S_{f_{cu}^c} = \sqrt{\frac{\sum_{i=1}^{n} (f_{cu,i}^c)^2 - n\,(m_{f_{cu}^c})^2}{n-1}} \tag{5.12}$$

式中　$m_{f_{cu}^c}$—— 结构或构件测区混凝土强度换算值的平均值,精确至 0.1 MPa;

　　　n—— 对于单个检测的构件则取一个构件的测区数,对于批量检测的构件则取被抽检构件测区数之和;

　　　$S_{f_{cu}^c}$—— 结构或构件测区混凝土强度换算值的标准差,精确至 0.01 MPa。

(1)结构或构件的混凝土强度推定值

结构或构件的混凝土强度推定值是指相应于强度换算值总体分布中保证率不低于 95% 的结构或构件中的混凝土抗压强度值。结构或构件的混凝土强度推定值 $f_{cu,e}$ 应按下列方法确定。

① 当按单个构件检测时,单个构件的混凝土强度推定值 $f_{cu,e}$ 取该构件各测区中最小的 $f_{cu,min}^c$。

② 当测区强度值中出现小于 10.0 MPa 的数据时,$f_{cu,e} < 10.0$ MPa。

③ 当按批抽样检测时,保证率要达到 95%,$f_{cu,e} = m_{f_{cu}^c} - 1.645\ S_{f_{cu}^c}$。

(2)当出现下列情况时,应全部按单个构件检测

① 换算强度平均值小于等于 25 MPa 时,$S_{f_{cu}^c} \geqslant 4.5$ MPa。

② 换算强度平均值大于 25 MPa 且小于 60 MPa 时,$S_{f_{cu}^c} \geqslant 5.5$ MPa。

5.3　超声脉冲法

5.3.1　基本原理

超声脉冲法是一种使用较广泛的非破损检测方法,其主要优点是超声波能穿入实心物体内部深处进行检测。在多数情况下,对于体内缺陷,超声波探伤比射线照相的灵敏度高,另外,超声波在测量时对人体无害。

超声波是一种人耳听不到的频率超过 20 kHz 的机械波,即采用高频电振荡激励压电晶体,由压电晶体的压电效应产生机械振动而发出的声波。高频电振荡的频率决定了超声波的频率,因此改变高频振荡的频率就可以改变超声波的频率。超声脉冲在混凝土中的穿透能力很强。

超声波检测的基本原理是:超声波在不同的介质中传播时,将产生反射、折射、散射、绕射和衰减等现象,使接收换能器上接收的声时、振幅、波形或频率发生相应的变化,测定这些变化就可以判定建筑材料某些方面的性质和结构内部构造的情况,达到测试的目的。

超声波仪可分为金属超声波仪和非金属超声波仪。金属超声波仪频率高、功率不必太大;非金属超声波仪频率低、功率大。

现代的非金属超声波检测仪采用模块化数字式的测量电路,测量电路框图如图 5.5 所示。键盘输入测量指令后,计时电路和脉冲信号发生器同时启动,脉冲信号发生器产生的脉冲信号经辐射换能器变换成超声波在被测结构或构件的混凝土中传播,而计时电路产生的时标信号经调制显示在显示器的横轴上。接收换能器没有接收到超声波信号时,显示器在横轴上显示的是一条匀速向前移动的横亮线。接收换能器接收到由混凝土中传出的超声信号后将其变换成电信号,再输入放大器放大并经模数转换后成为数字信号,输入中央处理器,最后将测量信号存储和显示,或由键盘输入指令后打印测试结果,或输入微机进行处理。此时,由显示器可观测到测量信号的曲线波形。

超声波仪由发射探头、接收探头和数据处理系统 3 部分组成,如图 5.6 所示为 ZBL—U520 超声波检测探伤仪。

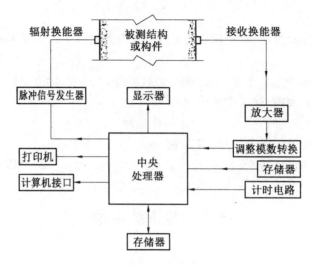

图 5.5　非金属超声波检测仪器的测量电路框图

图 5.6　ZBL－U520 超声波检测探伤仪

5.3.2　实际应用

1.测混凝土抗压强度

事先建立混凝土抗压强度换算值 $f^c_{cu,i}$ 与超声波在混凝土体内传播速度 v 的相关关系。

抛物线方程：
$$f^c_{cu,i} = a + bv + cv^2 \tag{5.13}$$

指数函数方程：
$$f^c_{cu,i} = a\,\mathrm{e}^{bv} \tag{5.14}$$

幂函数方程：
$$f^c_{cu,i} = av^b \tag{5.15}$$

式中　　$f^c_{cu,i}$——混凝土抗压强度换算值；

v——超声波在混凝土中的传播速度，又称测区平均声速值；

a、b、c——常数项。

在现场进行结构混凝土抗压强度检测时，选择试件浇筑混凝土的模板侧面为测试面，一般以 200 mm×200 mm 的面积为一个测区。每个试件上相邻测区的间距不大于 2 m。测试面应清洁平整、干燥，无缺陷和饰面层。每个测区内应在相对测试面上对应布置 3 个测点，相对面上对应的辐射和接收换能器应在同一轴线上。测试时必须用黄油或凡士林等耦合剂对换能器与被测混凝土表面进行耦合,以减少声能的反射损失。

测区平均声速值:

$$v = l/t_m \qquad (5.16)$$

式中　　l——超声测距;

　　　　t_m——测区平均声时值,按下式计算:

$$t_m = \frac{t_1 + t_2 + t_3}{3} \qquad (5.17)$$

式(5.16)要求在混凝土浇筑的侧面进行超声测试,否则要进行修正。当在混凝土试件的浇筑顶面或浇筑底面测试时,声速值应按式(5.18)进行修正:

$$v = \beta v_a \qquad (5.18)$$

式中　　v_a——在混凝土试件的浇筑顶面或底面测试时的实测平均声速值;

　　　　β——超声测试面修正系数,在混凝土浇筑顶面及浇筑底面测试时 $\beta = 1.034$,在混凝土浇筑侧面测试时 $\beta = 1$。

由试验测量的声速,按 $f_{cu}^c - v$ 曲线求得混凝土的抗压强度换算值。混凝土的抗压强度和超声波传播速度间的定量关系受混凝土的原材料性质及配比的影响,此外混凝土强度与超声波传播速度的相应关系还随各种技术条件的不同而变化,对于各种类型的混凝土没有统一的测强曲线。

2.检测结构混凝土缺陷

用超声脉冲法检测混凝土缺陷时,应采用低频超声仪测量超声脉冲中纵波在结构混凝土中的传播速度、首波幅度和接收信号频率等声学参数。当混凝土结构中存在缺陷或损伤时,超声脉冲通过缺陷时将产生绕射,传播的声速比相同材质无缺陷混凝土的声速小,声时偏长。由于超声波在缺陷界面上产生反射,能量显著衰减,波幅和频率明显降低,接收信号的波形平缓甚至发生畸变。综合声速、波幅和频率等参数的相对变化,与同条件下的混凝土进行比较,判断和评定所测试结构混凝土的缺陷和损伤情况。

(1)混凝土裂缝的检测

① 浅裂缝检测。结构混凝土开裂深度小于等于 50 mm 的裂缝可用平测法或斜测法进行检测。结构的裂缝部位只有一个可测表面时采用平测法检测,即将仪器的发射换能器和接收换能器对称布置在裂缝两侧,如图 5.7 所示,其距离为 L,超声波传播所需时间为 t_d;再将换能器以相同距离 L 平置在完好的混凝土的表面,测得传播时间为 t_c,则垂直裂缝深度 d_c 为

$$d_c = \frac{L}{2} \sqrt{\left(\frac{t_d}{t_c}\right)^2 - 1} \qquad (5.19)$$

式中　　t_d、t_c——测距为 L 时,跨缝平测的声时值、不跨缝测得声时值,μs;

　　　　L——平测时的超声传播距离,mm。

当进行斜裂缝检测时,应至少进行两次测量,如图 5.8 所示,并按照下式确定相应参数:

$$\begin{cases} a + b = t_1 v_c \\ a + d = t_2 v_c \\ b^2 = a^2 + x_1^2 - 2ax_1\cos\alpha \\ d^2 = a^2 + x_2^2 - 2ax_2\cos\alpha \end{cases} \qquad (5.20)$$

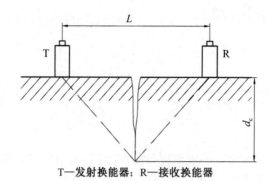

T—发射换能器；R—接收换能器

图 5.7　平测法检测裂缝深度

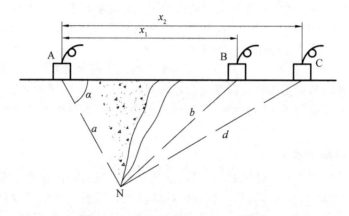

图 5.8　混凝土内部空洞尺寸估算

　　② 深裂缝检测。混凝土结构中开裂深度在 50 mm 以上者称为深裂缝，当采用平测法或斜测法检测不便时，可采用钻孔探测，如图 5.9 所示。检测时在裂缝两侧钻两孔，孔距宜为 2 m，测试前向测孔中灌注清水作为耦合介质，将发射换能器和接收换能器分别置入裂缝两侧的对应孔中，以相同高程等距自上至下同步移动，在不同的深度上进行对测，逐点读取声时和波幅数据。绘制换能器的深度和对应波幅值的 $d-A$ 坐标图，如图 5.10 所示。波幅值随换能器下降的深度增加而逐渐增大，当波幅达到最大并基本稳定时的对应深度，便是裂缝

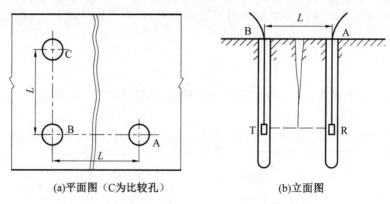

(a)平面图（C为比较孔）　　　　　(b)立面图

图 5.9　钻孔探测检测裂缝深度

深度 d_c。测试时,可在混凝土裂缝测孔的一侧另钻一个深度较浅的比较孔(图 5.9(a)),对比同样测距下无缝混凝土的声学参数与裂缝部位混凝土的声学参数,进行判别。钻孔探测鉴别混凝土质量的方法还被用于混凝土钻孔灌注桩的质量检测,采用换能器沿预埋的桩内管道做对穿式检测,检测桩内混凝土的孔洞、蜂窝、疏松、不密实和桩内泥沙或砾石夹层,以及可能出现的断桩部位。

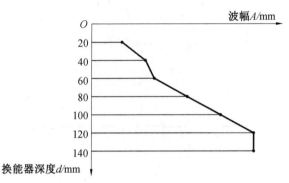

图 5.10　换能器深度和对应波幅值的 $d-A$ 坐标图

(2)混凝土内部空洞缺陷的检测

超声检测混凝土内部的空洞是根据各测点的声时、声速、波幅或频率值的相对变化,确定异常测点的坐标位置,从而判定缺陷的范围。对具有两对互相平行测试面的结构可采用对测法。在测区的两对相互平行的测试面上,分别画出间距为 $200 \sim 300$ mm 的网格,确定测点的位置,如图 5.11 所示。对只有一对相互平行测试面的结构可采用斜测法,即在测区的两个相互平行的测试面上,分别画出交叉测试的两组测点位置,如图 5.12 所示。

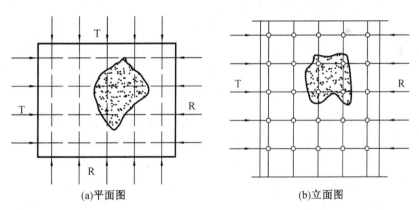

(a)平面图　　　　　　　　　　　(b)立面图

图 5.11　对测法测点布置

当结构测试距离较大时,可采用钻孔法,即在测区的适当部位钻出平行于结构侧面的测试孔,直径为 $45 \sim 50$ mm,其深度由测试具体情况而定。测点布置如图 5.13 所示。

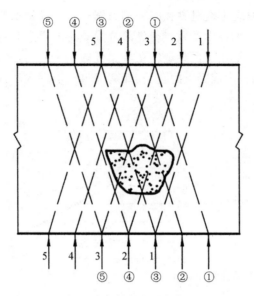

图 5.12　斜测法测点布置

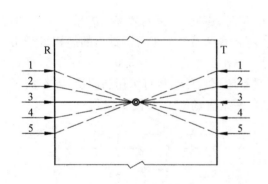

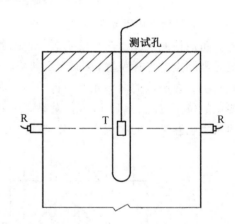

图 5.13　钻孔法测点布置

通过对比同条件混凝土的声学参量,可确定混凝土内部存在的不密实区域和空洞的范围。当被测部位混凝土只有一对可供测试的表面时,参考图 5.14 估算混凝土内部空洞尺寸。

$$d = D + 2h = D + 2\sqrt{a^2 - (L/2)^2} = D + L\sqrt{(t_d/t_c)^2 - 1} \tag{5.21}$$

式中　d——空洞半径,mm;

　　　L——超声传播距离,mm;

　　　D——换能器探头的直径,mm;

　　　t_d——缺陷处的最大声时值,μs;

　　　t_c——无缺陷区域的平均声时值,μs。

（3）混凝土表面损伤的检测

火灾、冻害或化学侵蚀能引起混凝土结构的表面损伤,损伤厚度可采用表面平测法检

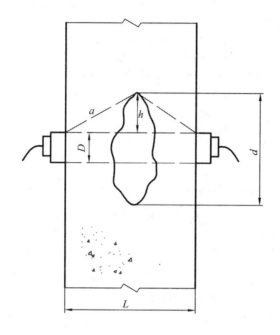

图 5.14　混凝土内部空洞尺寸估算

测。按图 5.15 布置换能器,将发射换能器在测试表面 A 点耦合后固定,接收换能器依次耦合安置在 B_1、B_2、B_3,… 点等处,每次移动距离不大于 100 mm,并测读相应的声时值 t_1、t_2、t_3,… 及两个换能器之间的距离 l_1、l_2、l_3,…,每一测区内不少于 5 个测点。按各点声时值及测距绘制混凝土表层损伤检测"时—距"坐标图,如图 5.16 所示。混凝土损伤后声速传播速度变化,"时—距"坐标图上将出现转折点,由此分别求得声波在损伤混凝土与密实混凝土中的传播速度。

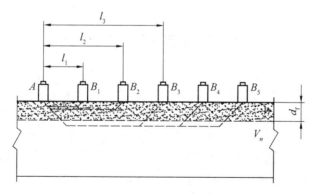

图 5.15　平测法检测混凝土表层损伤厚度

损伤混凝土中的声速:

$$v_f = \cot \alpha = \frac{l_2 - l_1}{t_2 - t_1} \tag{5.22}$$

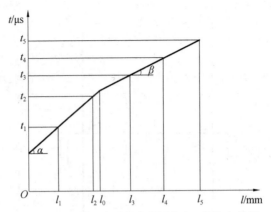

图 5.16　混凝土表层损伤检测"时－距"坐标图

未损伤混凝土中的声速：

$$v_a = \cot \beta = \frac{l_5 - l_3}{t_5 - t_3} \tag{5.23}$$

式中　　l_1、l_2、l_3、l_5——转折点前后各测点的测距，mm；

　　　　t_1、t_2、t_3、t_5——相对于测距 l_1、l_2、l_3、l_5 的声时，μs。

混凝土表面损伤的厚度：

$$d_f = \frac{l_0}{2} \sqrt{\frac{v_a - v_f}{v_a + v_f}} \tag{5.24}$$

式中　　d_f——表层损伤厚度，mm；

　　　　l_0——声速产生突变时的测距，mm；

　　　　v_a——未损伤混凝土中的声速，km/s；

　　　　v_f——损伤混凝土中的声速，km/s。

5.4　超声回弹综合法

超声回弹综合法是指采用超声波仪和回弹仪，在结构或构件混凝土的同一测区分别测量声速值和回弹值，根据实测声速值和回弹值综合推定混凝土强度的方法。

本方法采用带波形显示器的低频超声波检测仪，并配置频率为 50 ～ 100 kHz 的换能器，测量混凝土中的超声波声速值，以及采用重锤冲击能量为 2.207 J 的混凝土回弹仪，测量回弹值。混凝土强度换算值 f_{cu}^c 同超声仪声速 v_a 和回弹仪回弹值 R_a 之间存在正相关关系，见式(5.25)。混凝土的强度越高，相应的超声波声速也越高，回弹值也越高。

$$f_{cu,i}^c = \alpha_1 (v_a)^{\alpha 2} (R_a)^{\alpha 3} \tag{5.25}$$

式中　　$f_{cu,i}^c$——混凝土强度换算值；

　　　　v_a——超声仪声速；

　　　　R_a——回弹仪回弹值；

　　　　α_1、α_2、α_3——试验测定系数。

5.4.1　基本原则

（1）检测数量的规定

① 构件检测时，应在构件检测面上均匀布置测区，每个构件上的测区数不应少于 10 个。对于检测面一个方向尺寸不大于 4.5 m，且另一个方向尺寸不大于 0.3 m 的构件，测区数可适当减少，但不应少于 5 个。

② 当同批构件按批进行一次或二次随机抽样检测时，随机抽样的最小样本容量宜符合表 5.4 的规定。

表 5.4　随机抽样的最小样本容量

检测批的容量	检测类别和样本最小容量		
	A	B	C
3 ～ 8	2	2	3
9 ～ 15	2	3	5
16 ～ 25	3	5	8
26 ～ 50	5	8	13
51 ～ 90	5	13	20
91 ～ 150	8	20	32
151 ～ 280	13	32	50
281 ～ 500	20	50	80
501 ～ 1 200	32	80	125
1 201 ～ 3 200	50	125	200
3 201 ～ 10 000	80	200	315
10 001 ～ 35 000	125	315	500
35 001 ～ 150 000	200	500	800
150 001 ～ 500 000	315	800	1 250

注：① 检测类别 A 适用于施工或监理单位一般性抽样检测，也可用于既有结构的一般性抽样检测。② 检测类别 B 适用于混凝土施工质量的抽样检测，可用于既有结构的混凝土强度鉴定。③ 检测类别 C 适用于混凝土结构性能的检测或混凝土强度复检，可用于存在问题较多的既有结构混凝土强度的检测。

（2）按批抽样检测时可作为同批构件的条件

① 混凝土设计强度等级相同。

② 混凝土原材料、配合比、成型工艺、养护条件和龄期基本相同。

③ 构件种类相同。

④ 施工阶段所处状态基本相同。

（3）构件的测区布置规定

① 在条件允许时，测区宜布置在构件混凝土浇筑方向的侧面。

② 测区可在构件的两个相对面、相邻面或同一面上布置。

③ 测区宜均匀布置，相邻两测区的间距不宜大于 2 m。

④ 测区应避开钢筋密集区和预埋件。

⑤ 测区尺寸宜为 200 mm×200 mm,采用平测法时宜为 400 mm×400 mm。

⑥ 测试面应为清洁、平整、干燥的混凝土原浆面,不应有接缝、施工缝、饰面层、浮浆和油垢,并应避开蜂窝、麻面部位。

⑦ 测试时应对可能产生颤动的薄壁、小型构件进行固定。

(4)其他原则

① 测区应进行编号,并应记录测区位置和外观质量情况。

② 每一测区,应先进行回弹测试,后进行超声测试。

③ 计算混凝土抗压强度换算值时,非同一测区内的回弹值和声速值不得混用。

5.4.2 回弹测试及回弹值计算

回弹测试时,回弹仪的轴线应始终保持垂直于混凝土检测面,测试时应缓慢施压、准确读数、快速复位。宜首先选择混凝土浇筑方向的侧面进行水平方向测试。若不具备浇筑方向侧面水平测试的条件,可采用非水平状态测试,或测试混凝土浇筑的表面或底面。

测点宜在测区范围内均匀布置,不得布置在气孔或外露石子上。相邻两个测点的间距不宜小于 20 mm;测点与构件边缘、外露钢筋或预埋件的距离不宜小于 30 mm。

超声对测或角测时,回弹测试应在测区内超声波的发射面和接收面各测读 5 个回弹值。超声平测时,回弹测试应在测区内超声波的发射测点和接收测点之间测读 10 个回弹值。每一测点的回弹值,测读应精确至 1,且同一测点应只允许弹击 1 次。

测区回弹代表值应从测区的 10 个回弹值中剔除 1 个最大值和 1 个最小值,并应用剩余8 个有效回弹值按下式计算:

$$R_m = \frac{1}{8}\sum_{i=1}^{8}R_i \tag{5.26}$$

式中　　R_m——测区回弹代表值,精确至 0.1;

　　　　R_i——第 i 个测点有效回弹值。

若测试时回弹仪处于非水平状态,同时测试面又是非混凝土浇筑方向的侧面,则测得的回弹值应先进行角度修正,然后对角度修正后的值再进行表面或底面修正。

非水平方向检测混凝土浇筑侧面时,测区平均回弹值按下式进行角度修正:

$$R_m = R_{m\alpha} + R_{a\alpha} \tag{5.27}$$

式中　　$R_{m\alpha}$——非水平方向检测,测试角度为 α 时的测区平均回弹值;

　　　　$R_{a\alpha}$——非水平方向检测,测试角度为 α 时的测区回弹修正值。

水平方向检测混凝土的浇筑顶面、浇筑底面时,对测区平均回弹值做如下浇筑面修正:

$$R_m = R_m^t + R_a^t \tag{5.28}$$

$$R_m = R_m^b + R_a^b \tag{5.29}$$

式中　　R_m^t、R_m^b——水平方向检测混凝土的浇筑顶面、浇筑底面时的测区平均回弹值;

　　　　R_a^t、R_a^b——混凝土的浇筑顶面、浇筑底面回弹值的修正值。

5.4.3 超声测试及声速值计算

超声测点应布置在回弹测试的同一测区内,每一测区应布置 3 个测点。超声测试宜采用对测,当被测构件不具备对测条件时,可采用角测或平测。

超声测试应符合下列规定:

① 应在混凝土超声波检测仪上配置满足要求的换能器和高频电缆。

② 换能器辐射面应与混凝土测试面耦合。

③ 应先测定声时初读数(t_0),再进行声时测量,读数应精确至 0.1 μs。

④ 超声测距(l)测量应精确至 1 mm,且测量允许误差应为 $\pm 1\%$。

⑤ 检测过程中若更换换能器或高频电缆,应重新测定声时初读数(t_0)。

⑥ 声速计算值应精确至 0.01 km/s。

当在混凝土浇筑方向的侧面对测时,测区混凝土中声速代表值应按下式计算:

$$v_d = \frac{1}{3} \sum_{i=1}^{3} \frac{l_i}{t_i - t_0} \tag{5.30}$$

式中　v_d——对测测区混凝土中声速代表值,km/s;

　　　l_i——第 i 测点超声测距,mm;

　　　t_i——第 i 测点声时读数,μs;

　　　t_0——声时初读数,μs。

当在混凝土浇筑的表面或底面对测时,测区声速代表值应按下式修正:

$$v_a = \beta v_d \tag{5.31}$$

式中　v_a——修正后的测区混凝土中声速代表值,km/s;

　　　β——超声测试面的声速修正系数,$\beta = 1.034$。

5.4.4　强度推定

本节强度换算方法适用于符合下列条件的普通混凝土:

① 混凝土采用的水泥、砂石、外加剂、掺合料、拌合用水符合国家现行标准的有关规定。

② 自然养护或蒸汽养护后经自然养护 7 天以上,且混凝土表层为干燥状态。

③ 龄期为 7 ~ 2 000 天。

④ 混凝土抗压强度为 10 ~ 70 MPa。

混凝土抗压强度换算值可采用专用测强曲线、地区测强曲线或统一测强曲线计算。使用超声回弹综合法检测混凝土抗压强度的地区和部门,宜制定专用测强曲线或地区测强曲线,经审定和批准后实施。各检测单位应按专用测强曲线、地区测强曲线、统一测强曲线的次序选用测强曲线。

全国统一测区混凝土抗压强度可按下式换算:

$$f_{cu,i}^c = 0.028\,6 v_{a,i}^{1.999} R_{a,i}^{1.155} \tag{5.32}$$

式中　$f_{cu,i}^c$——第 i 测区混凝土抗压强度换算值,MPa,精确至 0.1 MPa;

　　　$R_{a,i}$——第 i 个测区修正后的测区回弹代表值;

　　　$v_{a,i}$——第 i 个测区修正后的测区声速代表值。

当无专用测强曲线或地区测强曲线时,可按相关规定对测区混凝土抗压强度进行换算,也可按公式(5.32)进行计算。构件第 i 个测区的混凝土抗压强度换算值($f_{cu,i}^c$),可按本章

5.4.2 节和 5.4.3 节的有关规定求得修正后的第 i 测区回弹代表值(R_{ai})和声速代表值(v_{ai})后,采用专用测强曲线、地区测强曲线或统一测强曲线换算得到。

当构件所采用的材料及龄期与制定测强曲线所采用的材料及龄期有较大差异时,可采用在构件上钻取混凝土芯样或同条件立方体试件的方法,对测区混凝土抗压强度换算值进行修正。修正混凝土芯样时,芯样数量不应少于 4 个,公称直径宜为 100 mm,高径比应为 1。芯样应在测区内钻取,每个芯样应只加工 1 个试件,并应符合现行行业标准《钻芯法检测混凝土强度技术规程》(JGJ/T 384—2016)的有关规定。同条件立方体试件修正时,试件数量不应少于 4 个,试件边长应为 150 mm,并应符合现行国家标准《混凝土物理力学性能试验方法标准》(GB/T 50081—2019)的有关规定。

计算时,测区混凝土抗压强度修正量及测区混凝土抗压强度换算值的修正应符合下列要求。

(1)修正量公式

$$\Delta_{tot} = f_{cor,m} - f_{cu,m0}^{c} \tag{5.33}$$

采用混凝土芯样试件修正时,修正量为

$$\eta = \frac{1}{n} \sum_{i=1}^{n} f_{cur,i}^{0} / f_{cu,i}^{c} \tag{5.34}$$

式中　　Δ_{tot}——测区混凝土抗压强度修正量,MPa,精确至 0.1 MPa;

$f_{cor,m}$——芯样试件混凝土抗压强度平均值,MPa,精确至 0.1 MPa;

$f_{cu,m}$——同条件试件混凝土抗压强度平均值,MPa,精确至 0.1 MPa;

$f_{cu,m0}^{c}$——对应于芯样部位或同条件立方体试件测区混凝土抗压强度换算值的平均值,MPa,精确至 0.1 MPa;

$f_{cor,i}$——第 i 个混凝土芯样试件的抗压强度;

$f_{cu,i}$——第 i 个混凝土立方体试件的抗压强度;

$f_{cu,i}^{c}$——对应于第 i 个芯样部位或同条件立方体试件测区回弹值和声速值的混凝土抗压强度换算值;

n——芯样或试件数量。

(2)测区混凝土抗压强度换算值的修正公式

$$f_{cu,i1}^{c} = f_{cu,i0}^{c} + \Delta_{tot} \tag{5.35}$$

式中　　$f_{cu,i0}^{c}$——第 i 个测区修正前的混凝土强度换算值,MPa,精确至 0.1 MPa;

$f_{cu,i1}^{c}$——第 i 个测区修正后的混凝土强度换算值,MPa,精确至 0.1 MPa。

(3)结构或试件混凝土抗压强度推定值 $f_{cu,e}$ 的确定

① 当结构或构件的测区抗压强度换算值中出现小于 10.0 MPa 的值时,该构件的混凝土抗压强度推定值 $f_{cu,e}$ 取小于 10 MPa。

② 当结构或构件中测区数小于 10 个时,有

$$f_{cu,e} = f_{cu,min}^{c} \tag{5.36}$$

式中　　$f_{cu,min}^{c}$——结构或构件最小的测区混凝土抗压强度换算值,MPa,精确至 0.1 MPa。

③ 当结构或构件中测区数不少于 10 个或采用批量检测时,保证率要达到 95%:

$$f_{cu,e} = m_{f_{cu}^{c}} - 1.645 S_{f_{cu}^{c}} \tag{5.37}$$

$$m_{f_{cu}^c} = \frac{\sum_{i=1}^{n} f_{cu,i}^c}{n} \tag{5.38}$$

$$S_{f_{cu}^c} = \sqrt{\frac{\sum_{i=1}^{n} (f_{cu,i}^c)^2 - n(m_{f_{cu}^c})^2}{n-1}} \tag{5.39}$$

式中　$f_{cu,e}$——结构或构件混凝土强度推定值,MPa,精确至 0.1 MPa;

$m_{f_{cu}^c}$——结构或构件测区混凝土强度换算值的平均值,MPa,精确至 0.1 MPa;

n——对于单个检测的构件则取一个构件的测区数,对于批量检测的构件则取被抽检构件测区数之和;

$S_{f_{cu}^c}$——结构或构件测区混凝土强度换算值的标准差,MPa,精确至 0.01 MPa。

对按批量检测的构件,当一批构件的测区混凝土抗压强度标准差出现下列情况之一时,该批构件应全部重新按单个构件进行检测:

① 混凝土抗压强度平均值 $m_{f_{cu}^c} < 25.0$ MPa、标准差 $s_{f_{cu}^c} > 4.50$ MPa。

② 混凝土抗压强度平均值 $m_{f_{cu}^c} = 25.0 \sim 50.0$ MPa、标准差 $s_{f_{cu}^c} > 5.50$ MPa。

③ 混凝土抗压强度平均值 $m_{f_{cu}^c} > 50.0$ MPa、标准差 $s_{f_{cu}^c} > 6.50$ MPa。

5.5　钻芯法

5.5.1　基本原理

钻芯法是利用钻芯机及配套机具(图 5.17),在混凝土结构或构件上钻取芯样,通过芯样抗压强度直接推定结构的混凝土强度的方法。钻芯法无需混凝土立方体试块或测强曲线,具有直观、准确、代表性强、可同时检测混凝土内部缺陷等优点,广泛应用于建筑、水利、大坝、桥梁、公路、机场跑道等工程中。

(a)钻芯机　　　　　　　　　　(b)钻头

图 5.17　钻芯机 HZ－20 及高硬度金刚石全钻钻头

钻芯法对既有混凝土结构或构件存在一定程度的损伤,无损的回弹法理应得到更大重视。但是回弹法用于既有建筑物的混凝土构件的混凝土强度检测时,需要凿除混凝土构件表面 5 个或 10 个测区的装修层,露出混凝土结构面;此外,根据回弹法规范要求,需进行回弹检测的构件一般多于钻芯法的取芯数量,即回弹法对既有建筑物的装饰装修造成的破损远大于钻芯法。因此,在实际的既有建筑物安全性鉴定项目中,委托方更愿意选择装修恢复量较小的钻芯法而非回弹法进行检测。

同时由于回弹法评定混凝土强度时依赖的测强曲线极具区域性,受检构件的龄期也有较大限制,再加上老旧建筑混凝土浇筑水平较低,在对老旧既有建筑进行检测时,回弹法评定的混凝土强度与构件混凝土实际强度存在不小偏差。因此相比回弹法,钻芯法结果直观、明确、可信度高、争议小。该特点也使得钻芯法相对更受肯定。

钻芯法要满足如下要求:

① 从结构中钻取的混凝土芯样应加工成符合规定的芯样试件。混凝土芯样加工后的平整度、垂直度、端面处理情况等均会对芯样强度造成影响。

② 芯样试件混凝土的强度应通过对芯样试件施加作用力的试验方法确定。钻芯检测混凝土强度是一种直接测定混凝土强度的检测技术,即直接对芯样试件施加作用力得到混凝土强度的检测方法。

③ 抗压试验的芯样试验宜使用标准芯样试件,其公称直径不宜小于骨料最大粒径的 3 倍;也可采用小直径芯样试件,但其公称直径不应小于 70 mm 且不得小于骨料最大粒径的 2 倍。根据大量试验研究数据,在抗压试验中,使用标准芯样试件的标准差相对较小,使用小直径芯样试件可能会造成样本的标准差增大,因此宜使用标准芯样试件确定混凝土抗压强度值。在一定条件下,公称直径为 70～75 mm 的芯样试件抗压强度值的平均值与标准芯样试件抗压强度值的平均值基本相当。因此,允许有条件地使用小直径芯样试件。

④ 钻芯法可用于确定检测批或单个构件的混凝土强度推定值;也可用于修正间接强度检测方法得到的混凝土强度换算值。检测结果的不确定性(偏差)源于系统、随机和检测操作三个方面,钻芯法检测混凝土强度的系统偏差较小,而强度样本的标准差相对较大(随机性偏差与样本的容量少有关)。间接检测方法可以获得较多检测数据,样本的标准差可能与检测批混凝土强度的实际情况比较接近。钻芯法与间接检测方法结合使用,可扬长避短,降低检测工作的不确定性。

⑤ 结构工程检测有时需要确定混凝土的抗拉强度,通过对芯样试件施加劈裂力和轴向拉力的方法可以测定混凝土的抗拉强度。

5.5.2 芯样的钻取与处理

1.主要设备

钻取芯样及芯样加工、测量的主要设备与仪器均应有产品质量合格证,计量器具应有鉴定证书并在有效使用期内。

钻芯机应具有足够的刚度、操作灵活、可固定但移动方便,并应有水冷却系统。钻取芯样时宜采用金刚石或人造金刚石薄壁钻头。钻头胎体不得有肉眼可见得裂缝、缺边、少角、倾斜及喇叭口变形。钻头胎体对钢体的同心偏差不得大于 0.3 mm,钻头的径向跳动不大于 1.5 mm。锯切芯样时使用的锯切机和磨芯样,应具有冷却系统和牢固夹紧芯样的装置;配套使用的人造金刚石圆锯片应有足够的刚度。

芯样宜采用补平装置(或研磨机)进行芯样端面加工。补平装置除应保证芯样的端面平整外,尚应保证芯样端面与芯样轴线垂直。钻芯机、锯切机等主要设备的技术性能直接影响芯样的质量,并进一步影响芯样试件抗压强度样本的标准差。因此,每台设备均应有产品质量合格证并满足相应的要求。

探测钢筋位置的磁感仪适用于现场操作,其最大探测深度不应小于 60 mm,探测位置偏差不宜大于 ±5 mm。

2.芯样的钻取

① 采用钻芯法检测结构混凝土强度前,宜具备下列资料:

a.工程名称(或代号)及设计、施工、监理、建设单位名称。

b.结构或构件种类、外形尺寸及数量。

c.设计采用的混凝土强度等级。

d.检测龄期,原材料(水泥品种、粗骨料粒径等)和抗压强度试验报告。

e.结构或构件质量状况和施工中存在问题的记录。

f.有关的结构设计图和施工图等。

② 芯样应从结构或构件的下列部位钻取:

a.结构或构件受力较小的部位。

b.混凝土强度质量具有代表性的部位。

c.便于钻芯机安放与操作的部位。

d.避开主筋、预埋件和管线的部位。

合理选择钻芯位置可减少测试误差、避免出现意外事故。

③ 钻芯机就位并安放平稳后,应将钻芯机固定。固定的方法应根据钻芯机构造和施工现场的具体情况确定。在钻芯过程中,如固定不稳,钻芯机容易发生晃动和位移,不仅影响钻芯机和钻头的使用寿命,而且很容易发生卡钻或芯样折断事故。

④ 在安装钻头之前,应先通电检查主轴旋转方向(三相电动机)是否正确。如果先安钻头后通电试验,一旦方向相反则主轴与连接头变成退扣旋转,容易把钻头甩掉而造成事故。

⑤ 钻芯时用于冷却钻头和排除混凝土碎屑的冷却水的流量,宜为3 ～ 5 L/min。钻芯机必须通冷却水才能达到冷却钻头和排出混凝土碎屑的目的。高温条件会使金刚石钻头烧毁;混凝土碎屑不能及时排出不仅加速钻头的磨损,还会影响进钻速度和芯样表面质量。

⑥ 钻取芯样时应控制进钻速度。采用较高的进钻速度会加大芯样的损伤。因此,应控制进钻速度。

⑦ 芯样应进行标记,防止芯样位置出现混乱,对结构或构件混凝土强度的评定造成影响。当所取芯样高度和质量不能满足要求时,应重新钻取芯样。

⑧ 芯样应采取保护措施,避免在运输和贮存中损坏。

⑨ 钻芯后留下的孔洞应及时进行修补,以保证结构的工作性能。

⑩ 在钻芯工作完毕后,应对钻芯机和芯样加工设备进行维修保养。

3.芯样的加工及技术要求

① 抗压芯样试件的高度与直径之比(H/d)宜为1.00。

由于目前芯样锯切机使用比较普遍,因此只给定高径比为1.00的芯样试件。

② 芯样试件内不宜含有钢筋。如不能满足此项要求,则抗压试件应符合下列要求:

a.标准芯样试件,每个试件内最多只允许有两根直径小于10 mm的钢筋。

b.公称直径小于100 mm的芯样试件,每个试件内最多只允许有一根直径小于10 mm的钢筋。

c.芯样内的钢筋应与芯样试件的轴线基本垂直并离开端面10 mm以上。

③ 锯切后的芯样应进行端面处理,宜采取在磨平机上磨平端面的处理方法。承受轴向压力的芯样试件端面,也可采取下列处理方法:

a.用环氧胶泥或聚合物水泥砂浆补平。

b.抗压强度低于40 MPa的芯样试件,可采用水泥砂浆、水泥净浆或聚合物水泥砂浆补平,补平层厚度不宜大于5 mm;也可采用硫黄胶泥补平,补平层厚度不宜大于1.5 mm。

对芯样试件端面加工提出要求是因为:锯切后芯样的端面感观上比较平整,但一般不能符合抗压试件的要求。山东省建筑科学研究院的试验研究表明,锯切芯样的抗压强度比端面加工后芯样试件的抗压强度低10%～30%。

④ 在试验前应按下列规定测量芯样试件尺寸:

a.平均直径用游标卡尺在芯样试件中部相互垂直的两个位置上测量,取测量的算术平均值作为芯样试件的直径,精确至0.5 mm。

b.芯样试件高度用钢卷尺或钢板尺进行测量,精确至1 mm。

c.垂直度用游标量角器测量芯样试件两个端面与母线的夹角,精确至0.1°。

d.平整度用钢板尺或角尺紧靠在芯样试件端面上,一面转动钢板尺,一面用塞尺测量钢板尺与芯样试件端面之间的缝隙;也可采用其他专用设备测量。

⑤ 芯样试件尺寸偏差及外观质量超过下列数值时,相应的测试数据无效:

a.芯样试件的实际高径比(H/d)小于要求高径比的95%或大于其1.05倍。

b.沿芯样试件高度的任一直径与平均直径相差大于2 mm。

c.抗压芯样试件端面的不平整度在100 mm长度内大于0.1 mm。

d.芯样试件端面与轴线的不垂直度大于1°。

e.芯样有裂缝或有其他较大缺陷。

对芯样试件提出相应要求的目的是减小测试偏差和样本的标准差。

5.5.3 芯样试验

(1) 芯样试件应在自然干燥状态下进行抗压试验

当结构工作条件比较潮湿,需要确定潮湿状态下混凝土的强度时,芯样试件宜在20 ℃±5 ℃的清水中浸泡40～48 h,从水中取出后立即进行试验。

芯样试件的含水量对强度有一定影响,含水越多则强度越低。一般来说,受含水量的影响,强度等级高的混凝土强度降低较少,强度等级低的混凝土强度降低较多。因此建议将芯样试验分为自然干燥状态与潮湿状态两种试验情况。芯样试件的抗压试验的操作应符合现行国家标准《混凝土物理力学性能试验方法标准》(GB/T 50081—2019)中对立方体试块抗压试验的规定。

对芯样试件进行抗压试验时,对于压力机及压板的精度和试验精度要求,与立方体试块是一样的,应按现行国家标准《混凝土物理力学性能试验方法标准》(GB/T 50081—2019)中立方体试块的抗压试验方法进行。

(2)混凝土的抗压强度值应根据混凝土原材料和施工工艺通过试验确定

我国地域辽阔,混凝土品种较多,各检测单位芯样试件的加工水平不同,因此按照同一规律从芯样试件抗压强度值得出结构混凝土强度必然会出现系统不确定性较大的问题。故要求对检测单位进行相应的试验研究,得出适合本地区材料特性且反映检验机构芯样试件加工水平的抗压强度关系。

(3)芯样试件的混凝土抗压强度计算公式

$$f_{cu,cor} = \beta_c F_c / A_c \tag{5.40}$$

式中　$f_{cu,cor}$ —— 芯样试件的混凝土抗压强度值,MPa,精确至 0.1 MPa;

　　　F_c —— 芯样试件的抗压试验测得的最大压力,N;

　　　A_c —— 芯样试件抗压截面面积,mm²;

　　　β_c —— 芯样试件强度换算系数,取 1.0。

标准芯样试件的抗压强度与同条件养护同龄期 150 mm 立方体试块的抗压强度基本相当。而有时立方体试块的抗压强度略高,有时芯样试件的抗压强度略高。关于小直径芯样试件,高径比为 1∶1 时,公称直径为 70～75 mm 芯样试件的抗压强度与标准芯样试件的抗压强度基本相当。由于近几年芯样加工水平大幅提高,已完全能够满足高径比 1∶1 的要求,因此由式(5.40)所示的强度计算公式确定混凝土抗压强度时,芯样试件强度换算系数为 1。

另外,有的小直径芯样的抗压强度高,有的小直径芯样的抗压强度低。芯样试件的抗压强度与芯样钻取时混凝土龄期和强度、混凝土的种类、原材料种类、进钻速度、试件加工的质量等多种因素有关。

5.5.4　强度推定

① 用钻芯法确定检验批的混凝土强度推定值时,取样应遵守下列要求:

a.芯样试件的数量应根据检验批的容量确定。直径为 100 mm 的标准芯样试件的最小样本量为 15 个,小直径芯样试件的最小样本量为 20 个。

b.芯样应从检验批的结构或构件中随机抽取,每个芯样应取自一个结构或构件的局部部位,且取芯位置应符合要求。

② 检验批混凝土强度的推定值应按下列方法确定:

a.检验批的混凝土强度推定值应计算推定区间,推定区间的上限值、下限值、平均值和标准差按下列公式计算。

上限值:　　　　　　　　$f_{cu,e1} = f_{cu,cor,m} - k_1 S_{cor}$ 　　　　　　　(5.41)

下限值:　　　　　　　　$f_{cu,e2} = f_{cu,cor,m} - k_2 S_{cor}$ 　　　　　　　(5.42)

平均值:　　　　　　　　$f_{cu,cor,m} = \dfrac{1}{n} \sum_{i=1}^{n} f_{cu,cor,i}$ 　　　　　　　(5.43)

标准差:　　　　$S_{cor} = \sqrt{\dfrac{\sum_{i=1}^{n}(f_{cu,cor,i} - f_{cu,cor,m})^2}{n-1}}$ 　　　　　　　(5.44)

式中　　$f_{cu,cor,m}$——芯样试件的混凝土抗压强度平均值,MPa,精确至 0.1 MPa;

　　　　$f_{cu,cor,i}$——单个芯样试件的混凝土抗压强度值,MPa,精确至 0.1 MPa;

　　　　$f_{cu,e1}$——混凝土抗压强度上限值,MPa,精确至 0.1 MPa;

　　　　$f_{cu,e2}$——混凝土抗压强度下限值,MPa,精确至 0.1 MPa;

　　　　k_1、k_2——推定区间上限值系数和下限值系数,按表 5.5 查得;

　　　　S_{cor}——芯样试件强度样本的标准差,MPa,精确至 0.01 MPa。

表 5.5　推定区间上限值系数和下限值系数

试件数 n	$k_1(0.10)$	$k_2(0.05)$	试件数 n	$k_1(0.10)$	$k_2(0.05)$
15	1.222	2.566	37	1.360	2.149
16	1.234	2.524	38	1.363	2.141
17	1.244	2.486	39	1.366	2.133
18	1.254	2.453	40	1.369	2.125
19	1.263	2.423	41	1.372	2.118
20	1.271	2.396	42	1.375	2.111
21	1.279	2.371	43	1.378	2.105
22	1.286	2.349	44	1.381	2.098
23	1.293	2.328	45	1.383	2.092
24	1.300	2.309	46	1.386	2.086
25	1.306	2.292	47	1.389	2.081
26	1.311	2.275	48	1.391	2.075
27	1.317	2.260	49	1.393	2.070
28	1.322	2.246	50	1.396	2.065
29	1.327	2.232	60	1.415	2.022
30	1.332	2.220	70	1.431	1.990
31	1.336	2.208	80	1.444	1.964
32	1.341	2.197	90	1.454	1.944
33	1.345	2.186	100	1.463	1.927
34	1.349	2.176	110	1.471	1.912
35	1.352	2.167	120	1.478	1.899
36	1.356	2.158	—	—	—

　　b.$f_{cu,e1}$ 和 $f_{cu,e2}$ 所构成推定区间的置信度宜为 0.9;当采用小直径芯样试件时,推定区间的置信度宜为 0.85。$f_{cu,e1}$ 和 $f_{cu,e2}$ 之间的差值不宜大于 5.0 MPa 和 $0.10f_{cu,cor,m}$ 两者中的较

大值。

c.宜以 $f_{cu,e1}$ 作为检验批混凝土强度的推定值。

以下对检测批混凝土强度推定值的确定进行了规定：

a.检测批混凝土强度推定区间的确定方法。由于抽样检测必然存在着抽样不确定性，给出确定的推定值必然与检测批混凝土强度值的真值存在偏差，因此给出一个推定区间更为合理。推定区间是对检测批混凝土强度真值的估计区间。因此按此规定给出的推定区间符合国家标准《建筑工程施工质量验收统一标准》(GB 50300—2013)的相关规定，错判概率小于 0.05，漏判概率小于 0.10。

例如：芯样试件的混凝土抗压强度平均值 $f_{cu,cor,m}=30.4$ MPa，芯样试件强度样本的标准差 $S_{cor}=3.64$ MPa，样本容量 $n=20$；由表 5.5 得到 $k_1=1.271$，$k_2=2.396$；推定区间上限：$f_{cu,e1}=30.4-1.271\times3.64\approx25.8$ (MPa)；推定区间下限：$f_{cu,e2}\approx30.4-2.396\times3.64=21.7$ (MPa)。

b.对推定区间进行控制，包括推定区间的置信度、上限值与下限值之差 ΔK，其中 $\Delta K=(k_2-k_1)S_{cor}$。减小样本的标准差，合理确定芯样试件的数量是满足推定区间要求的两个因素。表 5.6 给出样本容量 n 与 S_{cor} 和 ΔK 之间的关系，推定区间的置信度为 0.85。

表 5.6　样本容量 n 与 S_{cor} 和 ΔK 之间关系

样本容量 n	15	20	25	30	35
样本标准差 /MPa	3.7	4.4	5.0	5.6	6.1
区间控制 /MPa	4.97	4.95	4.93	4.97	4.97

从表 5.6 中可以看出：当样本容量 $n=15$，样本标准差 $S_{cor}=3.7$ MPa 时，可以满足推定区间置信度为 0.85，$\Delta K\leqslant5.0$ MPa 的要求。

表 5.7 为 $f_{cu,cor,m}$、S_{cor} 和 ΔK 与样本容量 n 之间的关系，推定区间的置信度为 0.85。从表 5.7 中可以看出，当 $\Delta K=7.0$ MPa、$S_{cor}=6.0$ MPa 时，样本容量不应少于 19 个。

表 5.7　$f_{cu,cor,m}$、S_{cor} 和 ΔK 与 n 之间关系

$f_{cu,cor,m}$ /MPa	ΔK /MPa	S_{cor}/MPa				
		5.0	6.0	7.0	8.0	9.0
		样本容量 n				
60	6.0	18	25	32	41	大于 50
70	7.0	—	19	25	31	38
80	8.0	—	16	20	25	30

注：表中样本容量 n 对应值为下限值。

以检测批混凝土强度推定区间的上限值作为混凝土工程施工质量的评定界限，符合现行国家标准《建筑工程施工质量验收统一标准》(GB 50300—2013)中关于错判概率不大于 0.05 的规定；芯样试件抗压强度值一般不会高出结构混凝土的实际强度，一般略低于实际强度。

③ 钻芯确定检测批混凝土强度推定值时，可剔除芯样试件抗压强度样本中的异常值。剔除规则应按现行国家标准《数据的统计处理和解释正态样本异常值的判断和处

理》(GB/T 4883—2008)的规定执行。当确有试验依据时,可对芯样试件抗压强度样本的标准差 S_{cor} 进行符合实际情况的修正或调整。

④ 钻芯确定单个构件的混凝土强度推定值时,有效芯样试件的数量不应少于 3 个;对于较小构件,有效芯样试件的数量不得少于 2 个。

⑤ 单个构件的混凝土强度推定值不再进行数据的舍弃,而应按有效芯样试件混凝土抗压强度值中的最小值确定。

5.5.5 修正方法

① 对间接测强方法进行钻芯修正时,宜采用修正量的方法,也可采用其他形式的修正方法。

建议钻芯修正采用修正量的方法。修正实际上是对成对观测的两个均值进行比较。修正量的概念与现行国家标准《数据的统计处理和解释在成对观测值情形下两个均值的比较》(GB/T 3361—1982)的概念相符。修正量方法只对间接方法测得的混凝土强度的平均值进行修正,不修正标准差。因此,可能更适合钻芯法的特点。

② 当采用修正量的方法时,芯样试件的数量和取芯位置应符合下列要求:

a.100 mm 标准芯样的试件数量不应少于 6 个,小直径芯样的试件数量不应少于 9 个。

b.当采用的间接检测方法为非破损检测方法时,钻芯位置应与检测方法相应的测区重合。

c.当采用的间接检测方法对结构或构件有损伤时,钻芯位置应布置在相应的测区附近。

③ 钻芯修正后的换算强度可按下列公式计算:

$$f_{cu,i0}^{c} = f_{cu,i}^{c} + \Delta_f \tag{5.45}$$

$$\Delta_f = f_{cu,cor,m} - f_{cu,mj}^{c} \tag{5.46}$$

式中　　$f_{cu,i0}^{c}$ ——修正后的换算强度,MPa,精确至 0.1 MPa;

$f_{cu,i}^{c}$ ——修正前的换算强度,MPa,精确至 0.1 MPa;

Δ_f ——修正量,MPa,精确至 0.1 MPa;

$f_{cu,cor,m}$ ——芯样试件的混凝土抗压强度平均值,MPa,精确至 0.1 MPa;

$f_{cu,mj}^{c}$ ——所用间接检测方法对应芯样测区的换算强度的算术平均值,MPa,精确至 0.1 MPa。

④ 由钻芯修正方法确定检验批的混凝土强度推定值时,应采用修正后的样本算术平均值和标准差。

5.6　拔出法

5.6.1　基本原理

通过拉拔安装在混凝土中的锚固件,测定极限拔出力,并根据预先建立的极限拔出力与混凝土抗压强度之间的相关关系推定混凝土抗压强度的检测方法即拔出法。拔出法分为两类,一类是预埋拔出法,即对预先埋置在混凝土中的锚盘进行拉拔,测定极限拔出力,并根据预先建立的极限拔出力与混凝土抗压强度之间的相关关系推定混凝土抗压强度的检测方法。另一类是后装拔出法,即在已硬化的混凝土表面钻孔、磨槽、嵌入锚固件并安装拔出仪进行拔出法检测,测定极限拔出力,并根据预先建立的极限拔出力与混凝土抗压强度之间的相关关系推定混凝土抗压强度的检测方法。实际工程中,后装拔出法应用较多。后装拔出法的拔出设备是张拉千斤顶等,测量设备是应变仪等,其试验示意图如图 5.18 所示。

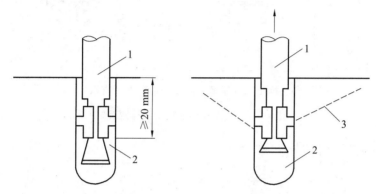

1—胀锚螺栓；2—钻孔；3—破裂面

图 5.18　后装拔出法试验示意图

后装拔出法检测的装置要求如下:

① 圆环式后装拔出法检测装置的反力支承内径 d_3 宜为 55 mm,锚固件的锚固深度 h 宜为 25 mm,钻孔直径 d_1 宜为 18 mm(图 5.19)。

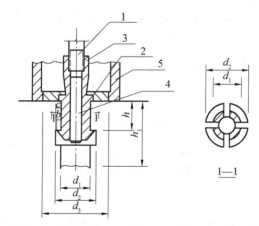

1—拉杆；2—对中圆盘；3—胀簧；4—胀杆；5—反力支承

图 5.19　圆环式后装拔出法检测装置

② 三点式后装拔出法检测装置的反力支承内径 d_3 宜为 120 mm,锚固件的锚固深度 h 宜为 35 mm,钻孔直径 d_1 宜为 22 mm(图 5.20)。

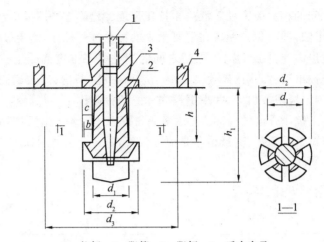

1—拉杆；2—胀簧；3—胀杆；4—反力支承

图 5.20　三点式后装拔出法检测装置

5.6.2　后装拔出法检测技术

1.测点要求

① 按单个构件检测时,应在构件上均匀布置 3 个测点。当 3 个拔出力中的最大拔出力或最小拔出力与中间值之差的绝对值均小于中间值的 15% 时,可布置 3 个测点;当最大拔出力或最小拔出力与中间值之差的绝对值大于中间值的 15%(包括两者均大于中间值的 15%) 时,应在最小拔出力测点附近再加测 2 个测点。

② 当同批构件按批抽样检测时,抽检数量应符合现行国家标准《建筑结构检测技术标准》(GB/T 50344—2019) 的有关规定,每个构件宜布置 1 个测点,且样本容量不宜少于 15 个。

③ 测点宜布置在构件混凝土成型的侧面,当不能满足这一要求时,可布置在混凝土浇筑面。

④ 在构件的受力较大及薄弱部位应布置测点,相邻两测点的间距不应小于 250 mm;当采用圆环式后装拔出法时,测点距构件边缘不应小于 100 mm;当采用三点式后装拔出法时,测点距构件边缘不应小于 150 mm;测试部位的混凝土厚度不宜小于 80 mm。

⑤ 测点应避开接缝、蜂窝、麻面部位以及钢筋和预埋件。

2.钻孔与磨槽

① 在钻孔过程中,钻头应始终与混凝土测试面保持垂直,垂直度偏差不应大于 3°。

② 在混凝土孔壁磨环形槽时,磨槽机的定位圆盘应始终紧靠混凝土测试面回转,磨出的环形槽形状应规整。

3.拔出试验

① 试验时,应使胀簧锚固台阶完全嵌入环形槽内。

② 拔出仪应与锚固件用拉杆连接对中,并与混凝土测试面垂直。

③ 施加拔出力应连续均匀,其速度应控制在 0.5 ~ 1.0 kN/s。

④ 拔出力应施加至混凝土破坏、测力显示器读数不再增加为止。记录的极限拔出力值应精确至 0.1 kN。

⑤ 对结构或构件进行检测时,应采取有效措施防止拔出仪及机具脱落摔坏或伤人。

5.6.3　强度推定

1.混凝土强度换算值

采用后装拔出法的混凝土强度换算值计算公式如下。

① 后装拔出法(圆环式)。

$$f_{cu}^c = 1.55F + 2.35 \tag{5.47}$$

② 后装拔出法(三点式)。

$$f_{cu}^c = 2.76F - 11.54 \tag{5.48}$$

式中　　f_{cu}^c—— 混凝土强度换算值,MPa,精确至 0.1 MPa;

　　　　F—— 拔出力代表值,kN,精确至 0.1 kN。

当有地区测强曲线或专用测强曲线时,应按地区测强曲线或专用测强曲线计算。制定的测强曲线所用材料与被测结构混凝土的材料有较大差异时,可采用钻芯法修正。芯样数量不少于 3 个,每个芯样附近做 3 个测点拔出试验,修正系数按下式计算:

$$\eta = \frac{1}{n} \sum_{i=1}^{n} (f_{cor,i} / f_{cu,i}^c) \tag{5.49}$$

式中　　η—— 修正系数;

　　　　$f_{cor,i}$—— 第 i 个混凝土芯样试件抗压强度值;

　　　　$f_{cu,i}^c$—— 对应于第 i 个混凝土芯样 3 个拔出力平均值的混凝土强度换算值;

　　　　n—— 芯样数量。

2.单个构件的混凝土强度推定

当构件的 3 个拔出力中最大和最小拔出力与中间值之差均小于中间值的 15% 时,取最小值作为构件拔出力代表值。将单个构件的拔出力代表值根据不同的检测方法对应代入公式(5.50)中,计算强度换算值并将其作为单个构件混凝土强度推定值:

$$f_{cu,e} = f_{cu,min}^c \tag{5.50}$$

式中　　$f_{cu,e}$—— 混凝土强度推定值;

　　　　$f_{cu,min}^c$—— 混凝土强度换算值的最小值。

3. 同批构件的混凝土强度推定

将同批构件抽样检测的每个拔出力作为拔出力代表值,根据不同的检测方法对应代入公式(5.51)中计算强度换算值。同批构件的混凝土强度推定值按下列公式计算:

$$f_{cu,e} = m_{f_{cu}^c} - 1.645 S_{f_{cu}^c} \tag{5.51}$$

$$m_{f_{cu}^c} = \frac{1}{n} \sum_{i=1}^{n} f_{cu,i}^c \tag{5.52}$$

$$S_{f_{cu}^c} = \sqrt{\frac{\sum_{i=1}^{n} (f_{cu,i}^c - m_{f_{cu}^c})^2}{n-1}} \qquad (5.53)$$

式中　$f_{cu,e}$——同批构件混凝土强度推定值,MPa;

　　　$f_{cu,i}^c$——第 i 个测点混凝土强度换算值,MPa;

　　　$m_{f_{cu}^c}$——检验批中构件混凝土强度换算值的平均值,MPa,精确至 0.1 MPa;

　　　n——检验批中所抽检构件的测点数;

　　　$S_{f_{cu}^c}$——检验批中构件混凝土强度换算值的标准差,MPa,精确至 0.01 MPa。

对于按批抽样检测的构件,当全部测点的强度标准差或变异系数出现下列情况时,该批构件应全部按单个构件进行检测:

① 当混凝土强度换算值的平均值不大于 25 MPa 时,$S_{f_{cu}^c} > 4.5$ MPa;

② 当混凝土强度换算值的平均值大于 25 MPa 且不大于 50 MPa 时,$S_{f_{cu}^c} > 5.5$ MPa;

③ 当混凝土强度换算值的平均值大于 50 MPa 时,δ 大于 0.10,变异系数可按下式计算:

$$\delta = \frac{S_{f_{cu}^c}}{m_{f_{cu}^c}} \qquad (5.54)$$

5.7　砌体抗压强度检测方法

除了上述混凝土强度检测外,在实际工程中,经常需要进行砌体抗压强度的检测,例如:新建工程中由于砂浆试块缺乏代表性或试件数量不足;对砂浆试块试验结果有怀疑或争议,需要确定实际的砌体抗压、抗剪强度;发生工程事故,或是对施工质量有怀疑或争议,需要进一步分析砖、砂浆、砌体的强度等。

砌体工程的现场检测方法,按测试内容可分为下列几类:

① 检测砌体抗压强度:原位轴压法、扁顶法等。

② 检测砌体工作应力、弹性模量:扁顶法等。

③ 检测砌体抗剪强度:原位单剪法、原位单砖双剪法等。

④ 检测砌筑砂浆强度:推出法等。

本节主要对原位轴压法、扁顶法、原位单剪法、原位单砖双剪法和推出法这几种砌体强度检测方法做介绍。

5.7.1　基本原则

检测单元、测区和测点设置原则:

① 当检测对象为整栋建筑物或建筑物的一部分时,应将其划分为一个或若干个可以独立进行分析的结构单元,每一结构单元划分为若干个检测单元。

② 每一检测单元内,不宜少于 6 个测区,应将单个构件(单片墙体、柱)作为一个测区。当一个检测单元中不足 6 个构件时,应将每个构件作为一个测区。采用原位轴压法、扁顶法

检测,当选择 6 个测区确有困难时,可选取不少于 3 个测区测试,但宜结合其他非破损检测方法综合进行强度推定。

③ 每一测区应随机布置若干测点。各种检测方法的测点数,应符合下列要求:原位轴压法、扁顶法、原位单剪法,测点数不应少于 1 个;原位单砖双剪法、推出法,测点数不应少于 5 个。

④ 对既有建筑物或应委托方要求仅对建筑物的部分或个别部位检测时,测区和测点数可减少,但一个检测单元的测区数不宜少于 3 个。

⑤ 测点布置应能使测试结果全面、合理反映检测单元的施工质量或受力性能。

砌体工程的现场检测方法,可按对砌体结构的损伤程度,分为下列几类:

① 非破损检测方法。在检测过程中,对砌体结构的既有力学性能没有影响。

② 局部破损检测方法。在检测过程中,对砌体结构的既有力学性能有局部的、暂时的影响,但可修复。

砌体结构检测方法对比见表 5.8。

表 5.8　**砌体结构检测方法对比**

序号	检测方法	特点	用途	限制条件
1	原位轴压法	① 属原位检测,直接在墙体上测试,测试结果综合反映了材料质量和施工质量。 ② 直观性、可比性强。 ③ 设备较重。 ④ 检测部位局部破损	① 检测普通砖和多孔砖砌体的抗压强度。 ② 检测火灾、环境侵蚀后的砌体剩余抗压强度	① 槽间砌体每侧的墙体宽度应不小于 1.5 m。 ② 同一墙体测点数不宜多于 1 个,测点宜选在墙体长度方向的中部。 ③ 限用于 240 mm 厚砖墙
2	扁顶法	① 属原位检测,直接在墙体上测试,测试结果综合反映了材料质量和施工质量。 ② 直观性、可比性较强。 ③ 扁顶重复使用率较低。 ④ 砌体强度较高或轴向变形较大时,难以测出抗压强度。 ⑤ 设备较轻。 ⑥ 检测部位有较大局部破损	① 检测普通砖和多孔砖砌体的抗压强度。 ② 测试古建筑和重要建筑的实际应力。 ③ 测试具体工程的砌体弹性模量。 ④ 检测火灾、环境侵蚀后的砌体剩余抗压强度	① 槽间砌体每侧的墙体宽度不应小于 1.5 m。 ② 同一墙体测点数不宜多于 1 个,测量点宜选在墙体长度方向的中部。 ③ 不适用于测试墙体破坏荷载大于 400 kN 的墙体

续表5.8

序号	检测方法	特点	用途	限制条件
3	原位单剪法	① 属原位检测,直接在墙体上测试,测试结果综合反映了施工质量和砂浆质量。 ② 直观性强。 ③ 检测部位有较大局部破损	检测各种砖砌体的抗剪强度	① 测点选在窗下墙部位,且承受反作用力的墙体应有足够长度。 ② 测点数量不宜太多
4	原位单砖双剪法	① 属原位检测,直接在墙体上测试,测试结果综合反映了施工质量和砂浆质量。 ② 直观性较强。 ③ 设备较轻便。 ④ 检测部位局部破损	检测烧结普通砖和烧结多孔砖砌体的抗剪强度	当砂浆强度低于 5 MPa 时,误差较大
5	推出法	① 属原位检测,直接在墙体上测试,测试结果综合反映了施工质量和砂浆质量。 ② 设备较轻便。 ③ 检测部位局部破损	检测烧结普通砖、烧结多孔砖、蒸压灰砂砖或蒸压粉煤灰砖墙体的砂浆强度	当水平灰缝的砂浆饱满度低于 65% 时,不宜选用

用检测方法和在墙体上选定测点时,尚应符合下列要求:

① 除原位单剪法外,测点不应位于门窗洞口处。

② 所有方法的测点不应位于补砌的临时施工洞口附近。

③ 应力集中部位的墙体以及墙梁的墙体计算高度范围内,不应选用有较大局部破损的检测方法。

④ 砖柱和宽度小于 3.6 m 的承重墙,不应选用有较大局部破损的检测方法。

现场检测或取样检测时,砌筑砂浆的龄期不应低于 28 天。检测砌筑砂浆强度时,取样砂浆试件或原位检测的水平灰缝应处于干燥状态。各类砖的取样检测,每一检测单元不应少于一组;应按相应的产品标准,进行砖的抗压强度试验和强度等级评定。

5.7.2 原位轴压法

原位轴压法适用于推定 240 mm 厚普通砖砌体或多孔砖砌体的抗压强度。原位压力机测试工作状态如图 5.21 所示。

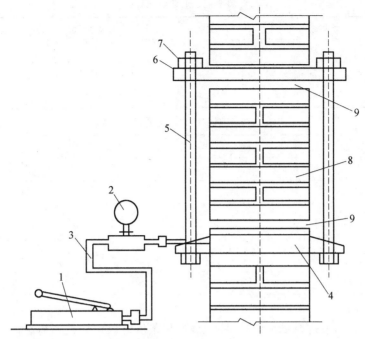

1—手动液压泵；2—压力表；3—高压液压油管；4—扁式千斤顶；5—拉杆；
6—反力板；7—螺母；8—槽间砌体；9—砂垫层

图 5.21　原位压力机测试工作状态

（1）测试部位要求

① 测试部位应具有代表性，宜选择墙体中部距离楼层地面 1 m 左右高度处，槽间砌体每侧的墙体宽度不应小于 1.5 m。

② 同一墙体，测点不宜多于 1 个，且优先选择中间部位；测点多于 1 个时，水平净距不得小于 2.0 m。

③ 测试部位不得选在挑梁下、应力集中部位以及墙梁的墙体计算高度范围内。

（2）开槽和压力机

① 上、下水平槽的尺寸应符合表 5.9 的要求。

② 上、下水平槽孔应对齐，两槽之间应为 7 皮砖。

③ 开槽时避免扰动四周砌体，槽间砌体承压面应修平整。

④ 在槽孔间安放原位压力机，在槽间砌体上下表面和扁式千斤顶的顶面，应分别均匀铺设湿细砂或石膏等材料的垫层，垫层厚度可取 10 mm。

⑤ 将反力板置于上槽孔，安放 4 根钢拉杆，使 2 个承压板上下对齐后，拧紧螺母并调整其平行度；4 根钢拉杆的上下螺母间的净距误差不应大于 2 mm。

⑥ 原位压力机主要技术指标应符合表 5.10 的要求。

⑦ 原位压力机的力值，每半年应校验一次。

表 5.9   水平槽尺寸

名称	长度 /mm	厚度 /mm	高度 /mm	适用机型
上水平槽	250	240	70	—
下水平槽	250	240	70	450 型
	250	240	140	600 型

表 5.10   原位压力机主要技术指标

项目	指标	
	450 型	600 型
额定压力 /kN	400	500
极限压力 /kN	450	600
额定行程 /mm	15	15
极限行程 /mm	20	20
示值相对误差 /%	±3	±3

(3)试验方法

① 正式测试前,应进行试加荷载试验,试加荷载值可取预估破坏荷载的 10%。检查测试系统的灵活性和可靠性,以及上下压板和砌体受压面接触是否均匀密实。经试加荷载,确认测试系统正常后卸荷,开始正式测试。

② 正式测试时,应分级加载。每级荷载可取预估破坏荷载的 10%,并应在 1 ~ 1.5 min 内均匀加完,然后恒载 2 min。加载至预估破坏荷载的 80% 后,应按原定加载速度连续加载,直至槽间砌体破坏。当槽间砌体裂缝急剧扩展和增多、油压表的指针明显回退时,槽间砌体达到极限状态。

③ 试验过程中,如发现上下压板与砌体承压面因接触不良,致使槽间砌体呈局部受压或偏心受压状态时,应停止试验。此时应调整试验装置,重新试验,无法调整时应更换测点。

④ 试验过程中应仔细观察槽间砌体初裂裂缝与裂缝开展情况,记录逐级荷载下的油压表读数、测点位置、裂缝随荷载变化情况简图等。

(4)数据整理

根据槽间砌体初裂和破坏时的油压表读数,分别减去油压表的初始读数,按原位压力机的校验结果,计算槽间砌体的初裂荷载值和破坏荷载值。

槽间砌体的抗压强度,应按下式计算:

$$f_{uij} = N_{uij}/A_{ij} \tag{5.55}$$

式中 f_{uij}——第 i 个测区第 j 个测点槽间砌体的抗压强度,MPa;

N_{uij}——第 i 个测区第 j 个测点槽间砌体的受压破坏荷载值,N;

A_{ij}——第 i 个测区第 j 个测点槽间砌体的受压面积,mm²。

按下列公式将槽间砌体抗压强度换算为标准砌体的抗压强度:

$$f_{mij} = \frac{f_{uij}}{\xi_{1ij}} \tag{5.56}$$

$$\xi_{1ij} = 1.36 + 0.54\sigma_{0ij} \tag{5.57}$$

式中　f_{mij}——第 i 个测区第 j 个测点的标准砌体抗压强度换算值,MPa;

　　　ξ_{1ij}——原位轴压法的无量纲的强度换算系数;

　　　σ_{0ij}——该测点上部墙体的压应力,MPa,其值可按墙体实际所承受的荷载标准值
计算。

测区的砌体抗压强度平均值,应按下式计算:

$$f_{mi} = \frac{1}{n_i}\sum_{j=1}^{n_i} f_{mij} \tag{5.58}$$

式中　f_{mi}——第 i 个测区的砌体抗压强度平均值,MPa;

　　　n_i——第 i 个测区的测点数。

5.7.3　扁顶法

1.一般规定

扁顶法适用于推定普通砖砌体的受压工作应力、弹性模量和抗压强度。检测时,在墙体的水平灰缝处开凿两条槽孔,安放扁顶。加载设备由手动油泵、扁顶等组成,其工作状况如图 5.22 所示。测试部位的标准与原位轴压法相同。

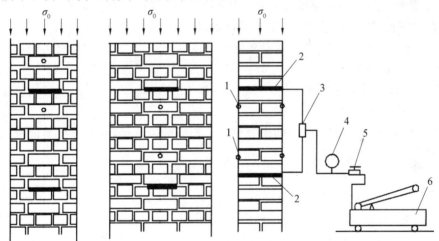

(a)测试受压工作应力　　　　　　(b)测试弹性模量、抗压强度

1—变形测量脚标(两对);　2—扁式液压千斤顶;　3—三通接头;
4—压力表;　5—溢流阀;　6—手动油泵

图 5.22　扁顶法试验装置与变形测点布置

2.测试设备的技术指标

扁顶由 1 mm 厚合金钢板焊接而成,总厚度为 5 ~ 7 mm,大面尺寸分别为 250 mm × 250 mm、250 mm × 380 mm、380 mm × 380 mm 和 380 mm × 500 mm。250 mm × 250 mm 和 250 mm × 380 mm 的扁顶可用于 240 mm 厚墙体,380 × 380 mm 和 380 mm × 500 mm 扁顶可用于 370 mm 厚墙体。

扁顶的主要技术指标应符合表 5.11 的要求。

表 5.11　扁顶主要技术指标

项目	指标	项目	指标
额定压力 /kN	400	极限行程 /mm	15
极限压力 /kN	480	示值相对误差 /%	±3
额定行程 /mm	10		

每次使用前,应校验扁顶的力值。

手持式应变仪和千分表的主要技术指标应符合表 5.12 的要求。

表 5.12　手持式应变仪和千分表的主要技术指标

项目	指标
行程 /mm	1～3
分辨率 /mm	0.001

3.试验步骤

① 在选定的墙体上,标出水平槽的位置并应牢固粘贴两对变形测量的脚标。脚标应位于水平槽正中并跨越该槽;普通砖砌体脚标之间的标距应相隔 4 条水平灰缝,宜取250 mm;多孔砖砌体脚标之间的距离应相隔 3 条水平灰缝,宜取 270～300 mm。

② 使用手持应变仪或千分表在脚标上测量砌体变形的初读数,应测量 3 次,并取其平均值。

③ 在标出水平槽位置处,剔除水平灰缝内的砂浆。水平槽的尺寸应略大于扁顶尺寸。开凿时不应损伤测点部位的墙体及变形测量脚标。应清理平整槽的四周,除去灰渣。

④ 使用手持式应变仪或千分表在脚标上测量开槽后的砌体变形值,待读数稳定后方可进行下一步试验工作。

⑤ 在槽内安装扁顶,扁顶上下两面宜垫尺寸相同的钢垫板,并应连接测试设备的油路(图 5.22)。

⑥ 正式测试前,应进行试加荷载试验,试加荷载值可取预估破坏荷载的 10%。检查测试系统的灵活性和可靠性,以及上下压板和砌体受压面接触是否均匀密实。经试加荷载,测试系统正常后卸荷,开始正式测试。

⑦ 正式测试时,应分级加载。每级荷载应为预估破坏荷载值的 5%,并应在 1.5～2 min内均匀加完,恒载 2 min 后测读变形值。当变形值接近开槽前的读数时,应适当减小加荷级差,直至实测变形值达到开槽前的读数,然后卸荷。

⑧ 实测墙内砌体抗压强度或弹性模量时,应符合下列要求:

a.在完成墙体的受压工作应力测试后,开凿第二条水平槽,上下槽应互相平行、对齐。当选用250 mm×250 mm 扁顶时,普通砖砌体两槽之间相隔 7 皮砖;多孔砖砌体两槽之间相隔 5 皮砖。当选用250 mm×380 mm 扁顶时,普通砖砌体两槽之间相隔 8 皮砖;多孔砖砌体两槽之间相隔 6 皮砖。遇有灰缝不规则或砂浆强度较高而难以凿槽的情况,可以在槽孔处取出 1 皮砖,安装扁顶时应采用钢制楔形垫块调整其间隙。

b.当槽间砌体上部压力小于 0.2 MPa 时,加设反力平衡架后方可进行试验。反力平衡架可由 2 块反力板和 4 根钢拉杆组成。

c.试验记录内容应包括描绘测点布置图、墙体砌筑方式、扁顶位置、脚标位置、轴向变形值、逐级荷载下的油压表读数、裂缝随荷载变化情况简图等。

⑨ 当测试砌体受压弹性模量时，尚应符合下列要求：

a.应在槽间砌体两侧各粘贴一对变形测量脚标，脚标应位于槽间砌体的中部。普通砖砌体脚标之间的距离应为相隔 4 条水平灰缝，宜取 250 mm；多孔砖砌体脚标之间的距离应为相隔 3 条水平灰缝，宜取 270 ～ 300 mm。测试前应记录标距值，并应精确至 0.1 mm。

b.正式测试前，应反复施加 10% 的预估破坏荷载，施加次数不宜少于 3 次。

c.正式测试时，应分级加载。每级荷载可取预估破坏荷载的 10%，并应在 1 ～ 1.5 min 内均匀加完，然后恒加 2 min。加载至预估破坏荷载的 80% 后，应按原定加载速度连续加荷，直至槽间砌体破坏。当槽间砌体裂缝急剧扩展和增多、油压表的指针明显回退时，槽间砌体达到极限状态。

d.累计加载的应力上限不宜大于槽间砌体极限抗压强度的 50%。

4.数据分析

根据扁顶的校验结果，将油压表读数换算为试验荷载值。根据试验结果，按现行国家标准《砌体基本力学性能试验方法标准》(GB/T 50129—2011) 中的方法，计算砌体在有侧向约束情况下的弹性模量；当换算为标准砌体的弹性模量时，计算结果应乘以换算系数 0.85。墙体的受压工作应力，等于实测变形值达到开凿前的读数时所对应的实测应力值。槽间砌体的抗压强度，应按式 (5.59) 计算。槽间砌体抗压强度换算为标准砌体的抗压强度，应按式 (5.59) 和式 (5.60) 计算：试验荷载除以槽间砌体受压面积。

$$f_{mij} = f_{uij} / \xi_{2ij} \tag{5.59}$$

$$\xi_{2ij} = 1.18 + 4\frac{\sigma_{oij}}{f_{uij}} - 4.18\left(\frac{\sigma_{oij}}{f_{uij}}\right)^2 \tag{5.60}$$

式中　ξ_{2ij} —— 扁顶法的强度换算系数。

5.7.4　原位单剪法

原位单剪法适用于推定砖砌体沿通缝截面的抗剪强度。检测时，测试部位宜选在窗洞口或其他洞口下 3 皮砖范围内，试件具体尺寸应符合图 5.23 的规定。试件的加工过程中，应避免扰动被测灰缝。

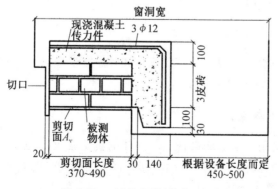

图 5.23　试件大样（单位：mm）

1.测试设备的技术指标

测试设备包括螺旋千斤顶或卧式液压千斤顶、荷载传感器及数字荷载表等。试件的预估破坏荷载值应在千斤顶、荷载传感器最大测量值的 20% ～ 80% 之间。检测前,应标定荷载传感器及数字荷载表,其示值相对误差不应大于 2%。

2.试验步骤

如图 5.24 所示,在选定的墙体上,应采用振动较小的工具加工切口。现浇钢筋混凝土传力件的混凝土强度等级不应低于 C15。测量被测灰缝的受剪面尺寸,精确至 1 mm。安装千斤顶及测试仪表,千斤顶的加力轴线与被测灰缝顶面应对齐。加载时应匀速施加水平荷载,并控制试件在 2 ～ 5 min 内破坏。当试件沿受剪面滑动、千斤顶开始卸荷时,即判定试件达到破坏状态;记录破坏荷载值并结束试验;若在预定剪切面(灰缝)破坏,则此次试验有效。加载试验结束后,翻转已破坏的试件,检查剪切面破坏特征及砌体砌筑质量,并详细记录。

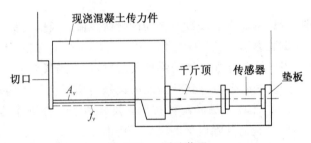

图 5.24　测试装置

3.数据分析

根据测试仪表的校验结果,进行荷载换算,精确至 10 N。根据试件的破坏荷载和受剪面积,应按下式计算砌体的沿通缝截面抗剪强度:

$$f_{vij} = N_{vij}/A_{vij} \tag{5.61}$$

式中　f_{vij}——第 i 个测区第 j 个测点的砌体沿通缝截面抗剪强度,MPa;

　　　N_{vij}——第 i 个测区第 j 个测点的抗剪破坏荷载,N;

　　　A_{vij}——第 i 个测区第 j 个测点的受剪面积,mm²。

测区的砌体沿通缝截面抗剪强度平均值,应按下列计算:

$$f_{vi} = \frac{1}{n_i} \sum_{j=1}^{n_i} f_{vij} \tag{5.62}$$

式中　f_{vi}——第 i 个测区的砌体沿通缝截面抗剪强度平均值,MPa;

　　　n_i——第 i 个测区的测点数。

5.7.5　原位单砖双剪法

原位单砖双剪法适用于推定烧结普通砖砌体的抗剪强度。检测时,将原位剪切仪的主机安放在墙体的槽孔内,如图 5.25 所示。本方法宜选用释放受剪面上部压应力 σ_0 作用下的试验方案;当能准确计算上部压应力 σ_0 时,也可选用在上部压应力 σ_0 作用下的试验方案。

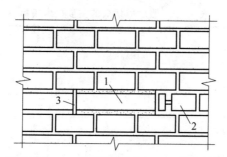

1—剪切试件；2—原位剪切仪主机；3—掏空的竖缝

图 5.25　原位单砖双剪法试验示意

在测区内选择测点时,应符合下列规定:

① 每个测区随机布置的 n_1 个测点,在墙体两面的数量宜接近或相等。以一块完整的顺砖及其上下两条水平灰缝作为一个测点(试件)。

② 试件两个受剪面的水平灰缝厚度应为 8 ～ 12 mm。

③ 下列部位不应布设测点:门、窗洞口侧边 120 mm 范围内;后补的施工洞口和经修补的砌体;独立砖柱和窗间墙。

④ 同一墙体的各测点之间,水平方向净距不应小于 1.5 m,垂直方向净距不应小于 0.5 m,且不应在同一水平位置或纵向位置。

1.测试设备的技术指标

原位剪切仪的主机为一个附有活动承压钢板的小型千斤顶。其成套设备如图 5.26 所示。

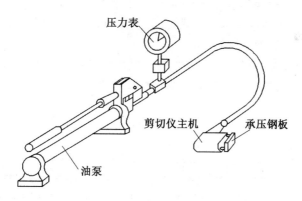

图 5.26　原位剪切仪成套设备示意图

原位剪切仪的主要技术指标应符合表 5.13 的规定。原位剪切仪的力值应每半年校验一次。

表 5.13　原位剪切仪的主要技术指标

项目	指标	
	75 型	150 型
额定推力 /kN	75	150
相对测量范围 /%	20 ～ 80	
额定行程 /mm	＞ 20	
示值相对误差 /%	± 3	

2.试验步骤

安放原位剪切仪主机的孔洞,应开在墙体边缘的远端或中部。当采用带有上部压应力 σ_0 作用的测试方案时,应按图 5.25 制备安放主机的孔洞,并应清除四周的灰缝。原位单砖双剪试件的孔洞截面尺寸,普通砖砌体不得小于 115 mm × 65 mm;多孔砖砌体不得小于 115 mm × 110 mm。

当采用带有上部压应力 σ_0 作用的试验方案时,应按图 5.27 的要求,掏空试件顶部 2 皮砖之上的一条水平灰缝,掏空范围应由剪切试件的两端向上按 45° 角扩散至灰缝,掏空长度应大于 620 mm,掏空深度应大于 240 mm。

试件两端的灰缝应清理干净。开凿清理过程中,严禁扰动试件;如发现被推砖块有明显缺棱掉角或上、下灰缝有明显松动现象,则应舍去该试件。被推砖的承压面应平整,当不平时应用扁砂轮等工具磨平。

将原位剪切仪主机放入开凿好的孔洞中,使仪器的承压板与试件的砖块顶面重合,仪器轴线与砖块轴线吻合。若开凿孔洞过长,则在仪器尾部应另加垫块。

操作原位剪切仪,匀速施加水平荷载,直至试件和砌体之间产生相对位移,试件达到破坏状态。加载的全过程宜为 1 ～ 3 min。

记录试件破坏时原位剪切仪测力计的最大读数,精确至 0.1 个分度值。采用无量纲指示仪表的剪切仪时,应按原位剪切仪的校验结果换算成以 N 为单位的破坏荷载。

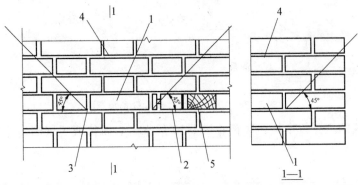

1—试件；2—原位剪切仪主机；3—掏空竖缝；4—掏空水平灰缝；5—垫块

图 5.27　释放 σ_0 方案示意

3.数据分析

烧结普通砖砌体单砖双剪法试件沿通缝截面的抗剪强度,应按下式计算:

$$f_{vij} = \frac{0.32 N_{vij}}{A_{vij}} - 0.7\sigma_{oij} \tag{5.63}$$

式中　　N_{vij}——第 i 个测区第 j 个测点试件破坏时原位剪切仪测力计的最大读数,N;

　　　　A_{vij}——第 i 个测区第 j 个测点单个受剪截面的面积,mm^2;

　　　　σ_{oij}——第 i 个测区第 j 个测点上部墙体的压应力,MPa,当忽略上部压应力作用或释放上部压应力时,取 0。

烧结多孔砖砌体单砖双剪法试件沿通缝截面的抗剪强度,应按下式计算:

$$f_{vij} = \frac{0.29 N_{vij}}{A_{vij}} - 0.70\sigma_{oij} \tag{5.64}$$

测区的砌体沿通缝截面抗剪强度平均值,也按式(5.64)计算。

5.7.6　推出法

推出法适用于推定 240 mm 厚普通砖墙中的砌筑砂浆强度,所测砂浆的强度等级宜为 M1 ～ M15。检测时,将推出仪安放在墙体的孔洞内。推出仪由钢制部件、传感器、推出力峰值测定仪等组成,其平剖面和纵剖面如图 5.28 所示。

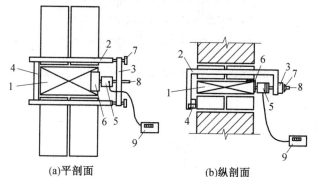

　　(a)平剖面　　　　　　　　　　(b)纵剖面

1—被推出丁砖;2—支架;3—前梁;4—后梁;5—传感器;6—垫片;7—调平螺丝;
8—传力螺杆;9—推出力峰值测定仪

图 5.28　推出仪平剖面和纵剖面

选择测点应符合下列要求:

① 测点宜均匀布置在墙上,并应避开施工中的预留洞口。

② 被推丁砖的承压面可采用砂轮磨平,并应清理干净。

③ 被推丁砖下的水平灰缝厚度应为 8 ～ 12 mm。

④ 测试前,被推丁砖应编号,并详细记录墙体的外观情况。

1.测试设备的技术指标

推出仪的主要技术指标应符合表 5.14 的要求。

表 5.14　推出仪的主要技术指标

项目	指标	项目	指标
额定推力 /kN	30	额定行程 /mm	80
相对测量范围 /%	20 ～ 80	示值相对误差 /%	± 3

力值显示仪器(或仪表)应符合下列要求:

① 最小分辨值为 0.05 kN,力值范围为 0 ～ 30 kN。

② 具有测力峰值保持功能。

③ 仪器读数显示稳定,在 4 h 内的读数漂移应小于 0.05 kN。

推出仪的力值应每年校验一次。

2.试验步骤

取出被推丁砖上部的两块顺砖,应遵守下列规定:

① 使用冲击钻在图 5.29 所示 A 点打出约 40 mm 的孔洞。

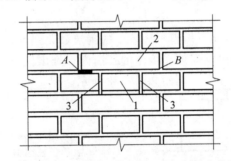

1—被推丁砖; 2—被取出的两块顺砖; 3—掏空的竖缝

图 5.29　试件加工步骤示意

② 用锯条自 A 点至 B 点锯开灰缝。

③ 将扁铲打入上一层灰缝,取出两块顺砖。

④ 用锯条锯切被推丁砖两侧的竖向灰缝,直至下皮砖顶面。

⑤ 开洞及清缝时,不得扰动被推丁砖。

安装推出仪时,用尺测量前梁两端与墙面距离,使其误差小于 3 mm。传感器的作用点,在水平方向应位于被推丁砖中间,在铅垂方向应位于距被推丁砖下表面之上 15 mm 处。旋转加载螺杆对试件施加荷载的加载速度宜控制在 5 kN/min。当被推丁砖和砌体之间发生相对位移时,试件达到破坏状态。记录推出力 N_{ij}。

取下被推丁砖,用百格网测试砂浆饱满度 B_{ij}。

3.数据分析

单个测区的推出力平均值,应按下式计算:

$$N_i = \xi_{2i} \frac{1}{n_1} \sum_{j=1}^{n1} N_{ij} \tag{5.65}$$

式中　N_i —— 第 i 个测区的推出力平均值,kN,精确至 0.01 kN;

　　　N_{ij} —— 第 i 个测区第 j 块测试砖的推出力峰值,kN;

ξ_{2i}—— 砖品种的修正系数,烧结普通砖和烧结多孔砖取 1.00,蒸压灰砂砖或蒸压粉煤灰砖取 1.14。

测区的砂浆饱满度平均值,应按下式计算:

$$B_i = \frac{1}{n_1} \sum_{j=1}^{n_1} B_{ij} \tag{5.66}$$

式中 B_i—— 第 i 个测区的砂浆饱满度平均值,以小数计;

      B_{ij}—— 第 i 个测区第 j 块测试砖下的砂浆饱满度实测值,以小数计。

测区的砂浆强度平均值,应按下列公式计算:

$$f_{2i} = 0.30 (N_i / \xi_{3i})^{1.19} \tag{5.67}$$

$$\xi_{3i} = 0.45 B_i^2 + 0.90 B_i \tag{5.68}$$

式中 f_{2i}—— 第 i 个测区的砂浆强度平均值,MPa;

      ξ_{3i}—— 第 i 个测区的砂浆强度饱满度修正系数,以小数计。

当测区的砂浆饱满度平均值小于 0.65 时,不宜按上述公式计算砂浆强度;宜选用其他方法推定砂浆强度。

注:对蒸压(养)灰砂砖墙体,f_{2i} 相当于以蒸压(养)灰砂砖为底模的砂浆试块强度。

第6章　模型相似

结构中的构件研究大多数采用足尺的结构试验模型,而对整体结构的研究则考虑到试验设备能力和经济条件等因素,通常做按比例缩尺的结构模型试验。结构模型试验所采用的试件模型,是仿照实际结构按一定相似关系复制而成的代表物,它具有实际结构的全部或部分特征。只要设计的模型满足相似的条件,则通过模型试验所获得的结果,可以直接推算到相似的原型结构上去。

模型试验具有以下特点:

① 经济性好。由于结构模型的几何尺寸一般比原型的几何尺寸小很多,模型尺寸与原型尺寸的比值多为 $1/6 \sim 1/2$,有时也取 $1/20 \sim 1/10$,因此模型容易制作、方便安装拆除、节省材料和用工,并且采用同一模型可以进行多个不同目的的试验。

② 针对性强。结构模型试验可根据试验目的,突出主要因素,简略次要因素。

③ 数据准确。由于试验模型小,一般可在试验环境条件较好的室内进行试验,因此可以严格控制其主要参数,避免许多外界因素的干扰,容易保证试验结果的准确度。

6.1　相似理论

相似理论是模型试验的基础。进行结构模型试验的目的是依据模型试验的结果分析、预测原型结构的性能,相似性要求将模型结构和原型结构联系起来。

一个物理现象与另一个物理现象的区别在于两个方面,即质的区别和量的区别。通常采用基本物理量实现对物理现象的量的描述。物理学中包括机械量、热力学量和电量等物理量,常用的基本物理量为长度、力(或质量)、时间、温度和电荷。这些基本物理量称为量纲(Dimension)。大多数结构模型试验只涉及机械量,因此针对模型试验,较为重要的基本物理量为长度、力和时间。量的特征由数量和比较标准构成。这里的比较标准是指标准单位,例如,国际单位制就建立了一种比较标准。在结构模型设计和试验中,一般通过量纲分析确定模型结构和原型结构的相似关系。

6.1.1　相似要求

相似是指模型与原型相对应的物理量或者物理过程相似。物理量相似比几何相似的概念更广泛些。所谓物理过程相似,是指除了几何相似之外,在进行物理过程的整个系统中,在相应的位置和对应的时刻,模型与原型的各相应物理量之间的比例应保持常数。在相似系统中,各相同物理量之比称为相似常数、相似系数或相似比。模型与原型保持相似才能由模型试验的数据和结果推算出原型结构的数据和结果。

第 6 章　模型相似

（1）几何相似

结构的模型与原型满足几何相似，就要求模型与原型结构之间所有方向的线性尺寸都成比例，该比例即为几何相似常数。以矩形截面简支梁为例，原型结构的截面尺寸为 $b_p \times h_p$，跨度为 l_p；模型结构的截面尺寸为 $b_m \times h_m$，跨度为 l_m。几何相似可以表达为

$$\frac{h_m}{h_p} = \frac{b_m}{b_p} = \frac{l_m}{l_p} = S_l \tag{6.1}$$

式中　　S_l——几何相似常数（相似比）；

下标 m——取自英文 Model 的第一个字母，表示模型；

下标 p——取自英文 Prototype 的第一个字母，表示原型；

h、b、l——高、宽、跨度。

对于几何相似的矩形截面简支梁，可以导出下列关系：

$$S_A = \frac{A_m}{A_p} = \frac{b_m h_m}{b_p h_p} = S_l^2 \tag{6.2}$$

$$S_V = \frac{V_m}{V_p} = \frac{b_m h_m l_m}{b_p h_p l_p} = S_l^3 \tag{6.3}$$

$$S_W = \frac{W_m}{W_p} = \frac{b_m h_m^2/6}{b_p h_p^2/6} = S_l^3 \tag{6.4}$$

$$S_I = \frac{I_m}{I_p} = \frac{b_m h_m^3/12}{b_p h_p^3/12} = S_l^4 \tag{6.5}$$

$$S_x = \frac{x_m}{x_p} = \frac{\varepsilon_m l_m}{\varepsilon_p l_p} = S_\varepsilon S_l \tag{6.6}$$

式中　　S_A——面积相似常数（相似比），其中下标 A 表示面积；

S_V——体积相似常数（相似比），其中下标 V 表示体积；

S_W——截面抵抗矩相似常数（相似比），其中下标 W 表示截面抵抗矩；

S_I——截面惯性矩相似常数（相似比），其中下标 I 表示截面惯性矩；

S_x——变形相似常数（相似比），其中下标 x 表示变形；

S_ε——应变相似常数（相似比），其中下标 ε 表示应变。

（2）质量相似

在动力学问题中，结构的质量是影响结构动力性能的主要因素之一。结构动力模型要求模型的质量分布（包括集中质量）与原型的质量分布相似，即模型与原型对应部位的质量成比例：

$$S_m = \frac{m_m}{m_p} \tag{6.7}$$

式中　　S_m——质量相似常数（相似比），其中下标 m 表示质量。

因为质量等于密度与体积的乘积，所以有

$$S_\rho = \frac{\rho_m}{\rho_p} = \frac{m_m}{m_p} \cdot \frac{V_p}{V_m} = \frac{S_m}{S_l^3} \tag{6.8}$$

式中　　S_ρ——密度相似常数（相似比），其中下标 ρ 表示密度。

由此可见，给定几何相似常数后，密度相似常数可由质量相似常数和几何相似常数导

· 227 ·

出。

（3）荷载相似

荷载或力相似要求模型和原型在对应部位所受的荷载大小成比例、方向相同。集中荷载与力的量纲相同，而力又可用应力与面积的乘积表示，因此集中荷载相似常数可以表示为

$$S_P = \frac{P_\mathrm{m}}{P_\mathrm{p}} = \frac{A_\mathrm{m} \sigma_\mathrm{m}}{A_\mathrm{p} \sigma_\mathrm{p}} = S_l^2 S_\sigma \tag{6.9}$$

式中　　S_P——力相似常数（相似比），其中下标 P 表示力；

　　　　S_σ——应力相似常数（相似比），其中下标 σ 表示应力。

如果模型结构的应力与原型结构的应力相同，即 $S_\sigma = 1$，则由上式（6.9）可得 $S_P = S_l^2$。

（4）应力和应变相似

如果模型和原型采用相同的材料，弹性模量相似常数 $S_E = 1$，则模型的正应力相似常数和正应变相似常数相等。如果模型和原型采用不同的材料，则正应力相似常数为

$$S_\sigma = S_E S_\varepsilon \tag{6.10}$$

式中　　S_E——弹性模量相似常数（相似比），其中下标 E 表示弹性模量。

除正应力和正应变相似常数外，有些模型试验涉及剪应力和剪应变相似常数，其关系与式（6.10）基本相同。与材料特性相关的还有泊松比相似常数 S_ν。应力或应变相似是模型设计中的一个重要条件，如前所述，可以采用应力相似常数表示荷载相似常数。

（5）时间相似

时间相似常数 S_t，是结构模型设计中的一个独立常数。在描述结构的动力性能时，虽然有时不直接采用时间这个基本物理量，但速度、加速度等物理量都与时间有关。按相似性要求，模型结构和原型结构的速度或加速度应成比例。时间相似常数为

$$S_t = \frac{t_\mathrm{m}}{t_\mathrm{p}} \tag{6.11}$$

式中　　S_t——时间相似常数（相似比），其中下标 t 表示时间。

（6）边界条件和初始条件相似

在材料力学和弹性力学中，常用微分方程描述结构的变形和内力，边界条件和初始条件是求解微分方程的必要条件。按照相似性要求，原型结构和模型结构的内力－变形应采用同一组微分方程、相同边界条件以及初始条件描述。

边界条件相似是模型试验中一个非常重要的相似性要求。在结构试验中，边界条件分为位移边界条件和力边界条件。边界条件相似要求模型结构在边界上受到的位移约束以及支座反力与原型结构相似。有些结构的性能对边界条件十分敏感，例如，拱桥模型试验要求支座水平位移为零，因为支座的微小水平位移可能会使拱的内力发生显著变化。

对于结构动力问题，初始条件包括在初始状态下，结构的几何位置（初始位移）、初始速度和初始加速度。一般情况下，结构模型动力试验的初始条件相似要求较容易满足，因为绝大多数的试验都采用初始位移和初始速度为零的初始条件。

在国际单位制中，规定了若干物理量单位为基本单位，即长度用 m、时间用 s、力用 N（质量用 kg）、温度用 K、电流用 A。在相似模型中，以上 5 个物理量的相似常数称为基本相似常数。除这 5 个基本相似常数外，其他相似常数称为导出相似常数。例如，速度的相似常数可

用长度相似常数和时间相似常数之比表示。结构静力模型涉及长度和力 2 个基本物理量，结构动力模型涉及长度、力和时间 3 个基本物理量。

6.1.2　相似定理

1. 相似基本概念

（1）相似指标

两个系统中的相似常数之间的关系式称为相似指标。若两系统相似，则相似指标为 1。下面以牛顿第二定律为例加以说明。

原型：

$$F_p = m_p \cdot \frac{dv_p}{dt_p} \tag{6.12}$$

模型：

$$F_m = m_m \cdot \frac{dv_m}{dt_m} \tag{6.13}$$

引入相似常数后，可得

$$F_m = S_F F_p, m_m = S_m m_p, v_m = S_v v_p, t_m = S_t t_p \tag{6.14}$$

式中　　S_F——力相似常数（相似比），其中下标 F 表示力；

　　　　S_v——速度相似常数（相似比），其中下标 v 表示速度。

将表示相似的式（6.14）代入式（6.12），得到：

$$\frac{S_m S_v}{S_F S_t} F_m = m_m \frac{dv_m}{dt_m} \tag{6.15}$$

因模型与原型相似，由式（6.13）和式（6.15）得到相似指标：

$$\frac{S_m S_v}{S_F S_t} = 1 \tag{6.16}$$

（2）相似准数

相似准数又称为相似准则或相似判据，是由物理量组成的无量纲量。例如，将式（6.16）代入式（6.15），得到：

$$\pi = \frac{F_p t_p}{m_p v_p} = \frac{F_m t_m}{m_m v_m} = 不变量 \tag{6.17}$$

上式（6.17）就表示了一个相似准数。当模型和原型各物理量满足上式时，两个系统相似。在相似定理中，习惯上用希腊字母 π 表示相似准数。

（3）单值条件

单值条件是指决定一个物理现象基本特性的条件。单值条件使该物理现象从其他众多物理现象中区分出来。属于单值条件的因素有：系统的几何特性、材料特性、对系统性能有重大影响的物理参数、系统的初始状态及边界条件等。

（4）相似误差

在结构模型试验中，由于相似条件不能得到完全满足，由模型试验的结果推演原型结构性能时产生的误差称为相似误差。应当指出，在结构试验中，相似误差是很难完全避免的，但应减少相似误差对主要研究的物理现象的影响。

2.相似定理

（1）相似第一定理

相似第一定理：彼此相似的现象，其单值条件相同，相似准数的数值相同。

这个定理揭示了相似现象的本质，说明两个相似现象在数量上和空间中的相互关系。相似第一定理所确定的相似现象的性质，最早是由牛顿发现的。以下仍用牛顿第二定律说明。式(6.17)给出两个系统的相似准数，如果去掉式中各物理量的下标，则可写出一般表达式：

$$\frac{Ft}{mv} = \pi = 不变量 \tag{6.18}$$

此式表示各物理量之间的比例为一常数。相似第一定理中的"相似准数的数值相同"，就是指原型系统的 π 和模型系统的 π 相同，两个系统相似。

在结构模型试验中，要判断模型和原型是否相似，几何相似虽然是十分重要的条件，但并不是决定模型性能与原型性能相似的唯一条件。相似第一定理中，除要求相似准数的数值相同外，还要求单值条件相同。单值条件构成相似性要求的独立条件。例如，对于上述牛顿第二定律系统，如果模型和原型的初始条件不同，即使两个系统的 π 数值相同，两个系统也不会相似。

按照相似第一定理，利用相似准数把相似现象中对应的物理量联系起来，并说明它们之间的关系，这样就便于在结构模型试验中，应用相似理论从描述系统性能的基本方程中寻求所研究现象的相似准数及其具体形式，以便将模型试验的结果正确地转换到原型结构。

（2）相似第二定理

相似第二定理：某一现象各物理量之间的关系方程式，都可表示为相似准数之间的函数关系。

写成相似准数方程式的形式：

$$f(x_1, x_2, x_3, \cdots) = \varphi(\pi_1, \pi_2, \pi_3, \cdots) = 0 \tag{6.19}$$

式中　　$f(x_1, x_2, x_3, \cdots)$ —— 物理量 $x_1, x_2, x_3, \cdots$ 的函数；

$\varphi(\pi_1, \pi_2, \pi_3, \cdots)$ —— 物理量 $\pi_1, \pi_2, \pi_3, \cdots$ 的函数。

因为相似准数用 π 表示，所以第二相似定理也称 π 定理。π 定理是量纲分析的普遍定理。相似第二定理为模型设计提供了可靠的理论基础，也就是说相似第二定理表明，两个系统若彼此相似，则不论采用何种方式得到相似判据，描述物理现象的基本方程均可转化为无量纲的相似判据方程。

（3）相似第三定理

相似第三定理：凡具有同一特性的物理现象，当单值条件彼此相似，且由单值条件的物理量所组成的相似准数在数值上相等时，这些现象彼此相似。

按照相似第三定理，两个系统相似的充分必要条件是决定系统物理现象的单值条件相似。相似第一、第二定理以现象相似为前提，确定了相似现象的性质，给出了相似现象的必要条件；相似第三定理补充了前面两个定理，明确了只要满足现象单值条件相似和由此导出的相似准数相等这两个条件，则现象必然相似。

上述三个相似定理构成相似理论的基础,相似第一定理又称为相似正定理,相似第二定理又称为相似 π 定理,相似第三定理又称为相似逆定理。

在结构模型试验中,完全满足相似定理有时是很困难的,只要能够抓住主要矛盾,正确地运用相似定理,就可以保证模型试验的精度。

6.1.3　物理过程相似

结构模型试验的过程客观地反映参与该模型工作的各有关物理量之间的相互关系。由于模型与原型的相似关系,因此它必须反映模型与原型结构相似常数之间的关系。这样相似常数之间所应满足的一定关系就是模型与原型结构之间的相似条件,也就是模型设计需要遵循的原则。人们可以由模型试验的结果,按照相似条件得到原型结构需要的数据和结果,这样,求得模型结构的相似关系就成为模型设计的关键。

下面举例说明两个相似物理过程中各相似常数间应满足的关系。一悬臂梁结构,在梁端作用一静力集中荷载 P(图 6.1)。

对于原型结构,在任意截面 a_p 处的弯矩 M_p 为

$$M_p = P_p(l_p - a_p) \tag{6.20}$$

截面上的正应力 σ_p 为

$$\sigma_p = \frac{M_p}{W_p} = \frac{P_p}{W_p}(l_p - a_p) \tag{6.21}$$

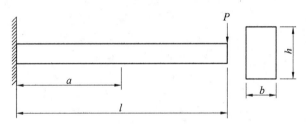

图 6.1　梁端受静力集中荷载作用的悬臂梁

截面处的挠度 f_p 为

$$f_p = \frac{P_p a_p^2}{6E_p I_p}(3l_p - a_p) \tag{6.22}$$

当要求模型与原型相似时,应同时满足如下相似关系:

① 结构几何尺寸相似,即

$$\frac{l_m}{l_p} = \frac{a_m}{a_p} = \frac{h_m}{h_p} = \frac{b_m}{b_p} = S_l; \quad \frac{W_m}{W_p} = S_l^3; \quad \frac{I_m}{I_p} = S_l^4 \tag{6.23}$$

② 材料的弹性模量 E 相似,即

$$S_E = \frac{E_m}{E_p} \tag{6.24}$$

③ 作用于结构上的荷载相似,即

$$S_P = \frac{P_m}{P_p} \tag{6.25}$$

当要求模型梁上 a_m 处的弯矩、应力和挠度与原型结构相似时,则弯矩、应力和挠度的相似常数分别为

$$S_M = \frac{M_m}{M_p}; \ S_\sigma = \frac{\sigma_m}{\sigma_p}; \ S_f = \frac{f_m}{f_p} \tag{6.26}$$

式中　　S_f——挠度相似常数(相似比),其中下标 f 表示挠度;

　　　　S_M——弯矩相似常数(相似比),其中下标 M 表示弯矩。

将以上各物理量的相似关系代入式(6.20)～(6.22),可得

$$M_m = \frac{S_M}{S_P S_l} P_m (l_m - a_m) \tag{6.27}$$

$$\sigma_m = \frac{S_\sigma S_l^2}{S_P} \cdot \frac{P_m}{W_m} (l_m - a_m) \tag{6.28}$$

$$f_m = \frac{S_f S_E S_l}{S_P} \cdot \frac{P_m a_m^2}{6 E_m I_m} (3l_m - a_m) \tag{6.29}$$

由公式(6.27)～(6.29)可知,仅当以下条件满足时:

$$\frac{S_M}{S_P S_l} = 1 \tag{6.30}$$

$$\frac{S_\sigma S_l^2}{S_P} = 1 \tag{6.31}$$

$$\frac{S_f S_E S_l}{S_P} = 1 \tag{6.32}$$

才能得到:

$$M_m = P_m (l_m - a_m) \tag{6.33}$$

$$\sigma_m = \frac{P_m}{W_m} (l_m - a_m) \tag{6.34}$$

$$f_m = \frac{P_m a_m^2}{6 E_m I_m} (3l_m - a_m) \tag{6.35}$$

这说明只有当式(6.33)～(6.35)同时成立时,模型结构才能与原型结构相似。因此式(6.30)～(6.32)是模型与原型应该满足的相似条件。

这时可以由模型试验获得的数据,按其各自的相似关系推算得到原型结构的相应数据,即

$$M_p = \frac{M_m}{S_M} = \frac{M_m}{S_P S_l} \tag{6.36}$$

$$\sigma_p = \frac{\sigma_m}{S_\sigma} = \sigma_m \frac{S_l^2}{S_P} \tag{6.37}$$

$$f_p = \frac{f_m}{S_f} = f_m \frac{S_E S_l}{S_P} \tag{6.38}$$

如果需要考虑结构自重对梁的影响,则对于原型结构,由材料密度 γ 产生的弯矩、应力和挠度分别如下。

① 在任意截面 a_p 处的弯矩：

$$M_p = \frac{\gamma_p A_p}{2}(l_p - a_p)^2 \tag{6.39}$$

② 截面上的正应力：

$$\sigma_p = \frac{M_p}{W_p} = \frac{\gamma_p P_p}{2W_p}(l_p - a_p)^2 \tag{6.40}$$

③ 截面处的挠度：

$$f_p = \frac{\gamma_p A_p a_p^2}{24 E_p I_p}(6l_p^2 - 4l_p a_p + a_p^2) \tag{6.41}$$

同样可以得到相似条件下：

$$\frac{S_M}{S_\gamma S_l^4} = 1 \tag{6.42}$$

$$\frac{S_\sigma}{S_\gamma S_l} = 1 \tag{6.43}$$

$$\frac{S_f S_E}{S_\gamma S_l^2} = 1 \tag{6.44}$$

式中　S_γ——材料比重的相似常数，$S_\gamma = S_g S_\rho$（其中，S_g 为重力加速度相似常数，通常 $S_g = 1$），因此 $S_\gamma = S_\rho$。

综上所述，模型与原型相似必须满足：

① 几何相似。

② 对应的物理量相似。

③ 物理过程相似，各相似常数之间满足一定的组合条件。

6.2　相似条件

确定相似条件的方法有方程式分析法和量纲分析法。方程式分析法方便、明确，前提是要知道所研究的物理过程中各物理量之间的函数关系。量纲分析法则仅仅需要明确影响所研究物理现象的那些物理量以及测量那些物理量的单位系统的量纲。

6.2.1　方程式分析法

方程式分析法是指当研究现象中的各种物理量之间的关系可以用方程式表达时，用表达这一物理现象的方程式导出相似的判据。

如图 6.2 所示，设简支梁受集中荷载作用。由材料力学可知跨中截面上的正应力为

$$\sigma = \frac{Pl}{3W} \tag{6.45}$$

跨中截面处的挠度为

$$f = \frac{23Pl^3}{648EI} \tag{6.46}$$

将式(6.45)两边同时除以 σ,式(6.46)两边同时除以 f,得到

$$\frac{Pl}{3W\sigma} = 1, \quad \frac{23Pl^3}{648EIf} = 1 \tag{6.47}$$

故原型与模型的两个相似准数为

$$\pi_1 = \frac{Pl}{W\sigma}, \quad \pi_2 = \frac{Pl^3}{EIf} \tag{6.48}$$

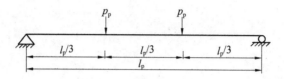

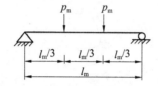

图 6.2 简支梁受静力集中荷载的相似

根据相似第三定理,模型和原型的相似准数相等,从而有

$$\pi_1 = \frac{P_p l_p}{W_p \sigma_p} = \frac{P_m l_m}{W_m \sigma_m} \tag{6.49}$$

$$\pi_2 = \frac{P_p l_p^3}{E_p I_p f_p} = \frac{P_m l_m^3}{E_m I_m f_m} \tag{6.50}$$

故由式(6.49)和式(6.50)可得

$$\frac{S_P S_l}{S_W S_\sigma} = 1, \quad \frac{S_P S_l^3}{S_E S_I S_f} = 1 \tag{6.51}$$

因为 $S_W = S_l^3$、$S_I = S_l^4$,代入式(6.51)得到相似指标:

$$\frac{S_P}{S_l^2 S_\sigma} = 1, \quad \frac{S_P}{S_E S_l S_f} = 1 \tag{6.52}$$

式(6.52)就是模型和原型相似应该满足的相似条件。当试验要求模型的应力相等,即 $S_\sigma = 1$ 时,选定的模型几何比例尺 $S_l = 1/10$,模型材料与原型材料相同,即 $S_E = 1$。根据式(6.52)得 $S_P = S_l^2 S_\sigma = 1/100$,$S_f = S_P/S_E S_l = 1/10$。这说明当制作的模型几何比为 $1/10$ 时,试验要求模型的应力与原型的应力相等,模型上应加的集中力为原型的 $1/100$,模型梁跨中测得的挠度为原型的 $1/10$。

6.2.2 量纲分析法

量纲的概念是在研究物理量的数量关系时产生的,它用于区别量的种类,而不用于区别量的度和值。如测量距离用米、厘米、英尺(1 ft ≈ 0.304 8 m)等不同的单位,但它们都属于长度这一种类,因此把长度称为一种量纲,以[L]表示。时间用时、分、秒、微秒等单位表示,它是有别于其他种类的另一种量纲,以[T]表示。通常每一种物理量都对应有一种量纲。

例如表示重量的物理量 W,它对应的量纲属力的范畴,用[F]量纲表示。有些物理量是无量纲的,用[1]等表示。有些物理量是由测量与它有关的量后间接求出的,其量纲由与它有关的物理量的量纲导出,成为导出量纲。

在一切自然现象中,各物理量之间存在着一定的联系。在分析一个现象时,可用参与该现象的各物理量之间的关系方程来描述,因此各物理量和量纲之间也存在着一定的联系。

在量纲分析中有两种基本量纲系统:绝对系统和质量系统。绝对系统的基本量纲为长度、时间和力,而质量系统的基本量纲是长度、时间和质量。常用物理量的量纲表示法见表 6.1。

表 6.1　常用物理量的量纲表示法

物理量	质量系统	绝对系统	物理量	质量系统	绝对系统
长度	$[L]$	$[L]$	面积二次矩	$[L^4]$	$[L^4]$
时间	$[T]$	$[T]$	质量惯性矩	$[ML^2]$	$[FLT^2]$
质量	$[M]$	$[FL^{-1}T^2]$	表面张力	$[MT^{-2}]$	$[FL^{-1}]$
力	$[MLT^{-2}]$	$[F]$	应变	$[1]$	$[1]$
温度	$[\theta]$	$[\theta]$	比重	$[ML^{-2}T^{-2}]$	$[FL^{-3}]$
速度	$[LT^{-1}]$	$[LT^{-1}]$	密度	$[ML^{-3}]$	$[FL^{-4}T^2]$
加速度	$[LT^{-2}]$	$[LT^{-2}]$	弹性模量	$[ML^{-1}T^{-2}]$	$[FL^{-2}]$
角度	$[1]$	$[1]$	泊松比	$[1]$	$[1]$
角速度	$[T^{-1}]$	$[T^{-1}]$	动力黏度	$[ML^{-1}T^{-1}]$	$[FL^{-2}T]$
角加速度	$[T^{-2}]$	$[T^{-2}]$	运动黏度	$[L^2T^{-1}]$	$[L^2T^{-1}]$
压强和应力	$[MT^{-1}T^{-2}]$	$[FL^{-2}]$	线膨胀系数	$[\theta^{-1}]$	$[\theta^{-1}]$
力矩	$[MT^2T^{-2}]$	$[FL]$	导热率	$[MLT^{-2}\theta^{-1}]$	$[FT^{-1}\theta^{-1}]$
能量、热	$[ML^2T^{-2}]$	$[FL]$	比热	$[L^2T^{-2}\theta^{-1}]$	$[L^2T^{-2}\theta^{-1}]$
冲力	$[MLT^{-1}]$	$[FL]$	热容量	$[ML^{-1}T^{-2}\theta^{-1}]$	$[FL^{-2}\theta^{-1}]$
功率	$[ML^2T^{-3}]$	$[FLT^{-1}]$	导热系数	$[MT^{-2}\theta^{-1}]$	$[FL^{-1}T^{-1}\theta^{-1}]$

量纲具有以下的性质:

① 两个物理量相等,是指不仅数值相等,而且量纲也相同。

② 两个同量纲参数的比值是无量纲参数,其值不随所取单位的大小而变。

③ 一个完整的物理方程式中,各项的量纲也必须相同,因此方程才能用加、减和等号联系起来,这一性质称为量纲和谐原理。

④ 导出量纲可和基本量纲组成无量纲组合,但基本量纲之间不能组成无量纲组合。

⑤ 若一个物理方程中共有几个物理参数 $x_1, x_2, x_3, \cdots, x_n$ 和 k 个基本量纲,则可组成 $(n-k)$ 个独立的无量纲组合。无量纲参数组合简称"π 数"。用公式表示为

$$f(x_1, x_2, x_3, \cdots, x_n) = 0 \tag{6.53}$$

其中有 k 个基本量纲,其他物理量由 k 个基本量纲表示,因此式(6.53)改写为

$$\varphi(\pi_1, \pi_2, \pi_3, \cdots, \pi_{n-k}) = 0 \tag{6.54}$$

这一性质称为 π 定理。

若两个物理过程相似,其 π 函数相同,相应各物理量之间仅是数值大小不同。根据上述量纲的基本性质,可证明这两个物理过程的相应 π 数必然相等。这就是用量纲分析法求相似条件的依据:相似物理现象的相应 π 数相等。这一结论与前面介绍的相似第二定理一致。

下面以单自由度体系受地震作用强迫振动的动力学问题为例,说明如何运用量纲分析法求相似条件。该体系包括质量 m、阻尼 c、刚度 k,受到地面运动位移 x_g 的作用。该体系振动的微分方程为

$$m\frac{\mathrm{d}^2 x}{\mathrm{d}t^2} + c\frac{\mathrm{d}x}{\mathrm{d}t} + kx = -m\frac{\mathrm{d}^2 x_g}{\mathrm{d}t^2} \tag{6.55}$$

改写成函数的形式为

$$f(m,c,k,x,t,x_g) = 0 \tag{6.56}$$

方程中物理量个数 $n=6$,采用绝对系统,基本量纲 3 个,则 π 函数为

$$\varphi(\pi_1,\pi_2,\pi_3) = 0 \tag{6.57}$$

所有物理量参数组成无量纲形式 π 数的一般形式为

$$\pi = m^{\alpha_1} c^{\alpha_2} k^{\alpha_3} x^{\alpha_4} t^{\alpha_5} x_g^{\alpha_6} \tag{6.58}$$

式中　　$\alpha_1,\alpha_2,\cdots,\alpha_6$ —— 待定的指数。

从表 6.1 查得各物理量的量纲为

$$[m] = [\mathrm{FL}^{-1}\mathrm{T}^2] \qquad\qquad [c] = [\mathrm{FL}^{-1}\mathrm{T}]$$

$$[k] = [\mathrm{FL}^{-1}] \qquad\qquad [x] = [\mathrm{L}]$$

$$[t] = [\mathrm{T}] \qquad\qquad [x_g] = [\mathrm{L}]$$

代入上式(6.58)得

$$[l] = [\mathrm{FL}^{-1}\mathrm{T}^2]^{\alpha_1} [\mathrm{FL}^{-1}\mathrm{T}]^{\alpha_2} [\mathrm{FL}^{-1}]^{\alpha_3} [\mathrm{L}]^{\alpha_4} [\mathrm{T}]^{\alpha_5} [\mathrm{L}]^{\alpha_6} \tag{6.59}$$

根据量纲和谐要求:

① 对量纲[F],有

$$\alpha_1 + \alpha_2 + \alpha_3 = 0 \tag{6.60}$$

② 对量纲[L],有

$$-\alpha_1 - \alpha_2 - \alpha_3 + \alpha_4 + \alpha_6 = 0 \tag{6.61}$$

③ 对量纲[T],有

$$2\alpha_1 + \alpha_2 + \alpha_5 = 0 \tag{6.62}$$

式(6.60)~(6.62)包含 6 个未知量,是一组不定方程式组。求解时需先确定其中 3 个未知量,才能用这 3 个方程式求出另 3 个未知量。若先确定了 α_2、α_3 和 α_6,则

$$\begin{cases} \alpha_1 = -\alpha_2 - \alpha_3 \\ \alpha_4 = -\alpha_6 \\ \alpha_5 = \alpha_2 + 2\alpha_3 \end{cases} \tag{6.63}$$

所以无量纲 π 数又可改写为

$$\pi = m^{-\alpha_2\alpha_3} c^{\alpha_2} k^{\alpha_3} x^{-\alpha_6} t^{\alpha_2+2\alpha_3} x_g^{\alpha_6} = \left(\frac{ct}{m}\right)^{\alpha_2} \left(\frac{kt^2}{m}\right)^{\alpha_3} \left(\frac{x_g}{x}\right)^{\alpha_6} \tag{6.64}$$

若分别取

$$
\begin{aligned}
&\alpha_2 = 1 \ , \alpha_3 = 0 \ , \alpha_6 = 0 \\
&\alpha_2 = 0 \ , \alpha_3 = 1 \ , \alpha_6 = 0 \\
&\alpha_2 = 0 \ , \alpha_3 = 0 \ , \alpha_6 = 1
\end{aligned}
\tag{6.65}
$$

可得到三个独立的 π 数：

$$
\begin{cases}
\pi_1 = \dfrac{ct}{m} \\[2mm]
\pi_2 = \dfrac{kt^2}{m} \\[2mm]
\pi_3 = \dfrac{x_g}{x}
\end{cases}
\tag{6.66}
$$

若 a_1、a_4、a_5 取其他值,可得到另外的 π 数,但互相独立的 π 数只有这 3 个。

由于 π 数对于相似的物理现象具有不变的性质,即模型与原型相似时其相应的 π 数相等,故设计模型时只需模型的物理量与原型的物理量满足式(6.66),则测得的模型试验的结果可按式(6.67)换算到原型结构上去。

$$
\begin{cases}
\dfrac{c_m t_m}{m_m} = \dfrac{c_p t_p}{m_p} \\[3mm]
\dfrac{k_m t_m^2}{m_m} = \dfrac{k_p t_p^2}{m_p} \\[3mm]
\dfrac{x_{gm}}{x_m} = \dfrac{x_{gp}}{x_p}
\end{cases}
\tag{6.67}
$$

将各相似常数代入式(6.67),即得相似条件如下：

$$
\begin{cases}
\dfrac{S_c S_t}{S_m} = 1 \\[3mm]
\dfrac{S_k S_t^2}{m_m} = 1 \\[3mm]
\dfrac{S_{x_g}}{S_x} = 1
\end{cases}
\tag{6.68}
$$

式中　　S_c——阻尼相似常数(相似比),其中下标 c 表示阻尼;

　　　　S_k——刚度相似常数(相似比),其中下标 k 表示刚度;

　　　　S_{x_g}、S_x——位移相似常数(相似比),其中下标 x_g、x 表示地面运动位移、体系位移反应。

下面再来研究简支梁受静力集中荷载作用(图 6.2)的例子,以介绍用量纲矩阵寻求无量纲 π 函数的方法。

根据材料力学知识,受横向荷载作用的梁正截面的应力 σ 是梁的跨度 l、截面抗弯模量 W、梁上作用的荷载 P 和弯矩 M 的函数。将这些物理量之间的关系写成一般形式：

$$
f(\sigma, P, M, l, W) = 0
\tag{6.69}
$$

物理量个数 $n = 5$,基本量纲个数 $k = 2$,所以有独立的 π 数个数 $n - k = 3$。π 函数可表示为

$$\varphi(\pi_1, \pi_2) = 0 \qquad (6.70)$$

所有物理量参数组成 π 函数的一般形式为

$$\pi = \sigma^{\alpha_1} P^{\alpha_2} M^{\alpha_3} l^{\alpha_4} W^{\alpha_5} \qquad (6.71)$$

用绝对系统基本量纲来表示这些量纲：

$$[\sigma] = [FL^{-2}], \quad [P] = [F]$$

$$[M] = [FL], \quad [l] = [L], \quad [W] = [L^3]$$

按照它们的量纲排列成为"量纲矩阵"：

	α_1	α_2	α_3	α_4	α_5
	σ	P	M	l	W
$[L]$	-2	0	1	1	3
$[F]$	1	1	1	0	0

矩阵中的列是各个物理量具有的基本量纲的幂次，行是对应于某一基本量纲各个物理量具有的幂次。根据量纲和谐原理，可以写出基本量纲指数关系的联立方程，即量纲矩阵中各个物理量对应于每个基本量纲的幂次数之和等于零。

对量纲 $[L]$：

$$-2\alpha_1 + \alpha_3 + \alpha_4 + 3\alpha_5 = 0 \qquad (6.72)$$

对量纲 $[F]$：

$$\alpha_1 + \alpha_2 + \alpha_3 = 0 \qquad (6.73)$$

若先确定 α_1、α_2、α_4，则

$$\begin{cases} \alpha_3 = -\alpha_1 - \alpha_2 \\ \alpha_5 = \alpha_1 + \dfrac{1}{3}\alpha_2 - \dfrac{1}{3}\alpha_4 \end{cases} \qquad (6.74)$$

这时各物理量指数可用如下矩阵表示：

	σ	P	l	M	W
	α_1	α_2	α_4	α_3	α_5
α_1	1	0	0	-1	1
α_2	0	1	0	-1	$1/3$
α_4	0	0	1	0	$-1/3$

而 π 函数的一般形式则可写为

$$\pi = \sigma_1^{\alpha_1} P^{\alpha_2} M^{-\alpha_1 - \alpha_2} l^{\alpha_4} W^{\alpha_1 + \frac{1}{3}\alpha_2 - \frac{1}{3}\alpha_4} = \left(\frac{\sigma W}{M}\right)^{\alpha_1} \left(\frac{PW^{\frac{1}{3}}}{M}\right)^{\alpha_2} \left[\frac{l}{W^{\frac{1}{3}}}\right]^{\alpha_4} \qquad (6.75)$$

若分别取

$$\begin{aligned} \alpha_1 &= 1, \ \alpha_2 = 0, \ \alpha_4 = 0 \\ \alpha_1 &= 0, \ \alpha_2 = 1, \ \alpha_4 = 0 \\ \alpha_1 &= 0, \ \alpha_2 = 0, \ \alpha_4 = 1 \end{aligned} \qquad (6.76)$$

可得到 3 个独立的数：

$$\begin{cases} \pi_1 = \dfrac{\sigma W}{M} \\[2mm] \pi_2 = \dfrac{PW^{\frac{1}{3}}}{M} \\[2mm] \pi_3 = \dfrac{l}{W^{\frac{1}{3}}} \end{cases} \tag{6.77}$$

模型梁与原型梁相似的条件是相应的 π 数相等,即

$$\begin{cases} \dfrac{\sigma_m W_m}{M_m} = \dfrac{\sigma_p W_p}{M_p} \\[2mm] \dfrac{P_m W_m^{\frac{1}{3}}}{M_m} = \dfrac{P_p W_p^{\frac{1}{3}}}{M_p} \\[2mm] \dfrac{l_m}{W_m^{\frac{1}{3}}} = \dfrac{l_p}{W_p^{\frac{1}{3}}} \end{cases} \tag{6.78}$$

将各相似常数代入式(6.78),即得相似条件如下:

$$\begin{cases} \dfrac{S_\sigma S_W}{S_M} = 1 \\[2mm] \dfrac{S_P S_W^{\frac{1}{3}}}{S_M} = 1 \\[2mm] \dfrac{S_l}{S_W^{\frac{1}{3}}} = 1 \end{cases} \tag{6.79}$$

显然,在量纲矩阵中,只要将第一行的各物理量幂次数代入 π 函数的一般形式中,就可得到 π_1 数。同理由第二行、第三行的幂次数可组成为 π_2 数和 π_3 数。因此上一矩阵又称 π 矩阵。从上例可以看到,在量纲分析法中引入量纲矩阵分析,推导过程会更简便明了。

至此,可将量纲分析法归纳为:列出与所研究的物理过程有关的物理参数,根据 π 定律和量纲和谐的概念找出 π 数,并使模型和原型的 π 数相等,从而得出模型设计的相似条件。

需要注意的是 π 数的取法有着一定的任意性,当参与物理过程的物理量较多时,可组成的 π 数很多。若要全部满足与这些 π 数相应的相似条件,条件将十分苛刻,有些是不可能达到也不必要达到的。此外,若在列物理参数时遗漏了那些对问题有主要影响的物理参数,就会使试验研究得出错误的结论或得不到解答。因此,需要恰当地选择有关的物理参数。量纲分析法本身不能解决物理参数选择得是否正确的问题,物理参数的正确选择取决于模型试验者的专业知识以及对所研究的问题初步分析的正确程度。甚至可以认为,如果不能正确选择有关的参数,量纲分析法就无助于模型设计。在进行模型试验时,研究人员在结构方面的知识十分重要。

在实际应用时,由于技术和经济等方面的原因,一般很难完全满足相似条件做到模型与实物完全相似。常常简化和减少一些次要的相似要求,采用不完全相似的模型。只要能够抓住主要影响因素,略去某些次要因素并利用结构的某些特性来简化相似条件,不完全相似的模型试验仍可保证结果的准确性。例如在一般梁的模拟中,对材料的刚度相似要求常常

略去 G 而只要求 E 相似。此时,模型与原型材料的泊松比 ν 不相等,是不完全刚度相似,但并不影响梁的试验结果。对于钢筋(或型钢)与混凝土结构的模型,由于很难使模型结构中钢筋(或型钢)与混凝土两者之间的黏结情况与原型结构中的黏结情况完全相似;当进入塑性阶段产生大变形后,力的平衡关系须按变形后的几何位置得出,模型结构与原型结构材料的应变相等、刚度相似这些要求很难满足。因此对钢筋(或型钢)混凝土结构,很难做到模型结构与原型结构的完全相似。已有的钢筋(或型钢)混凝土模型试验结果表明,只要在模型设计时正确抓住主要的相似要求,小比例的钢筋(或型钢)混凝土模型试验可以成功。即不完全相似模型试验的成功与否,也在很大程度上取决于模型设计者的结构知识和经验。

6.3 模型材料

制作模型的材料很多,但没有绝对理想的材料,因此,正确了解材料的物理性能及其对试验结果的影响、合理地选用模型材料,对顺利完成模型试验具有决定性的意义。

模型材料一般分为三类:与原型结构所用材料完全相同的材料,如制作钢结构模型时采用的钢材;与原型结构所用材料不同,但性能接近的材料,如制作钢筋混凝土强度模型时采用的微粒混凝土;与原型结构所用材料完全不同的材料,主要用于结构弹性反应的模型试验,如制作弹性结构模型的有机玻璃。

6.3.1 模型材料的选择

模型材料的选择至关重要,通常应考虑以下几方面的要求。

(1) 模型结构材料应保证相似要求

模型结构材料应保证相似要求,主要指模型材料的性能指标,例如材料弹性模量、泊松比、密度以及应力-应变曲线等满足相似要求,使模型试验结果可按相似准数及相似条件推算到原型结构上去。

(2) 模型材料须保证测量精度的要求

要求模型材料在试验时能产生较大的变形,以便测量仪表能够精确地读数,所以应选择弹性模量较低的模型材料,但也不宜过低,以免影响试验结果。

(3) 模型材料须性能稳定

应保证模型不随外界温度、湿度等因素的变化而变化,因此须保证材料性能稳定,即保证材料的徐变小。

(4) 模型材料应便于加工和制作

对于研究弹性阶段应力状态的模型试验,模型材料应尽可能与一般弹性理论的基本假定一致,即材料是均质、各向同性的,应力与应变呈线性变化,且泊松比不变。对于研究结构全部特性(即弹性和非弹性以及破坏时的特性)的模型试验,通常要求模型材料与原型材料的特性较相似,最好是模型材料与原型材料一致。选用的模型材料应易于加工和制作,例如,研究结构的弹性反应时,虽然钢材具有可靠的线弹性性能,但加工制作难度较大,有机玻璃在一定范围内也具有线弹性性能,而且加工方便,因此线弹性模型采用有机玻璃模型,可以降低模型试验费用。

6.3.2　常用的模型材料

模型设计中常用的材料有金属、塑料、石膏、水泥砂浆、细石混凝土及模型用钢筋等材料。

(1) 金属

在金属中常用的模型材料有铝合金和钢材。铝合金允许有较大的应变量,并有良好的导热性和较低的弹性模量,因此是金属模型中用得较多的一种材料。在钢结构工程的模型试验中多采用钢材或铝合金制作相似模型。但金属结构模型加工困难,构件连接部位不易满足相似要求。

(2) 塑料

可用来制作模型的塑料有很多,如有机玻璃、聚氯乙烯、聚乙烯等热塑性材料,还有环氧树脂、聚酯树脂等热固性塑料。塑料又称为无机高分子材料,在结构模型试验中,该类材料的主要优点是在一定应力范围内具有较好的线弹性性能,弹性模量低,容易加工。其主要缺点是导热性能差,徐变大,弹性模量随温度而变化。

有机玻璃是该分类中最常用的结构模型材料,具有均匀、各向同性等基本性能。其弹性模量为 $(2.3 \sim 2.6) \times 10^3$ MPa,泊松比为 $0.3 \sim 0.35$,抗拉强度大于 30 MPa。为避免试验中产生徐变,一般控制最大应力不超过 7 MPa,因为此时应变已达到 2 000 $\mu\varepsilon$ 左右,对于一般应变测量已能保证足够的精度。有机玻璃在市场上有各种规格的板材、管材和棒材,为模型加工制作提供了方便。有机玻璃一般用木工工具就可以进行加工,用胶黏剂或热气焊接组合成型。通常采用的黏结剂是氯仿溶剂,将氯仿和有机玻璃粉屑拌和形成黏结剂。由于材料是透明的,所以连接处的任何缺陷都能容易地检查出来。对于具有曲面的模型,可将有机玻璃板材加热到 110 ℃ 软化,然后在模子上热压成曲面。

塑料主要用于制作力学性能试验的结构模型和光弹性模型,环氧树脂类是常用的光弹性模型材料之一。

(3) 石膏

石膏的泊松比和混凝土的泊松比接近(约为 0.17)。石膏的主要优点是性能稳定、成型方便、易于加工、成本低廉,适用于制作线弹性模型;主要缺点是抗拉强度低,要获得均匀和准确的弹性特性比较困难。纯石膏弹性模量较高,而且很脆,制作时凝结很快。采用石膏制作结构模型时,常掺入外加料来改善材料的力学性能,如加入硅藻土粉末、岩粉、水泥或粉煤灰等粉末材料,也可以加入砂、浮石等颗粒类材料。制作时,先将石膏按模子浇注成整体,然后再进行机械加工,形成模型。

(4) 水泥砂浆

水泥砂浆与混凝土性能接近,但基本性能与含有大骨料的混凝土也存在差别,所以水泥砂浆常用来制作钢筋混凝土板和薄壳等结构模型,其中采用的钢筋是细直径的各种钢丝及铅丝等。

（5）细石混凝土

结构模型试验中，细石混凝土是研究钢筋混凝土结构的弹塑性工作或极限承载能力较理想的材料。细石混凝土由细（石）骨料、砂、水泥和水组成。骨料粒径根据模型的几何尺寸而定，不易过大。

（6）模型用钢筋

缩尺比例很大的钢筋混凝土强度模型，应仔细选择模型用钢筋。选用钢筋时应充分注意模型钢筋力学性能的相似要求，主要包括弹性模量、屈服强度和极限强度的相似。必要时，可制作简单的机械装置在模型钢筋表面形成压痕，以改善钢筋和混凝土的黏结性能。总之，模型用钢筋的特性在一定程度上对结构非弹性性能的模拟起决定性作用。

非弹性工作时的相似条件一般不容易满足，而小尺寸混凝土结构的力学性能的离散性也较大，因此混凝土结构模型的比例不宜做得太小，最好其缩尺比例在 $1/25 \sim 1/2$ 之间取值。目前模型的最小尺寸（如板厚）可做到 $3 \sim 5$ mm，骨料最大粒径不应超过该尺寸的 $1/3$。

6.3.3 模型试验应注意的问题

模型试验和一般结构试验的方法原则上相同，但模型试验也有自己的特点，针对其特点在模型试验中应注意以下问题。

（1）模型的尺寸精度

由于结构模型均为缩尺比例模型，尺寸的误差直接影响试验的测试结果，因此在制作模型时要求精确控制模板的尺寸。对于缩尺比例不大的结构强度模型材料应尽量选择与原结构同类的材料，若选用其他材料如塑料，则材料本身不稳定或制作时不可避免的加工工艺误差都将对试验结果产生影响。因此，在模型试验前，须对所设应变测点和重要部分的断面尺寸进行仔细测量，以该尺寸作为分析试验结果的依据。

（2）模型材料性能的测定

模型材料的各种性能，如应力－应变曲线、泊松比、极限强度等都必须在模型试验之前准确完成测定。通常测定塑料的性能可用抗拉及抗弯试件；测定石膏、砂浆、细石混凝土和微粒混凝土的性能可用各种小试件，形状可参照混凝土试件；考虑到尺寸效应的影响，模型的测定用小试件的尺寸应和模型的最小截面或临界截面的大小基本相应；试验时要注意模型材料也受龄期的影响；对石膏试件还应注意含水量对强度的影响；对于塑料试件应测定徐变的影响范围和程度。

（3）试验环境

模型试验对周围环境的要求比一般结构试验严格。例如，有机玻璃模型试验的环境，一般要求温度变化不超过 $\pm 1\ ℃$。在试验时只布置温度补偿仪无法解决环境变化对试验模型的影响，所以一般还应在试验过程中控制温度、湿度及周围其他环境的变化。

（4）荷载的确定

必须在试验之前仔细计算模型试验的荷载。若试验时完全模拟实际的荷载有困难，则可改用明确的集中荷载，以使在整理和推算试验结果时不会引入较大的误差。

（5）测量

模型试验的位移测量仪表的安装位置应特别准确,否则将模型试验结果推算到原型结构上会引起较大误差。如果模型的刚度很小,则应注意测量仪表的质量和约束等的影响。

综上所述,模型试验比一般结构试验要求更严格,因为将在模型试验结果中的较小误差推算到原型结构时,会形成不可忽略的较大误差。因此,在模型试验的过程中应严格操作,采取各种相应的措施来减小误差,从而使试验结果更真实可靠。

6.4　模型设计

模型设计好坏是决定模型试验是否成功的关键,因此在模型设计中不仅仅要确定模型的相似条件,而且应综合考虑各种因素,如模型类型、模型材料、试验条件以及模型制作条件等,以确定适当物理量的相似常数。

6.4.1　模型的类型

结构模型通常分为弹性模型、强度模型和间接模型。弹性模型试验的目的是从中获得原型结构在弹性阶段的资料,其研究范围仅局限于结构的弹性阶段。它常用在钢筋（或型钢）混凝土结构、砌体结构的设计过程中,用以验证新型结构的设计计算方法是否正确或为设计计算提供某些参数。目前来说,结构动力试验模型一般都是弹性模型。弹性模型的制作材料不必与原型结构的材料完全相似,只需模型材料在试验过程中具有完全的弹性性质。如高层或超高层结构常用有机玻璃制作弹性模型。强度模型试验的目的是探讨原型结构的极限强度、极限变形以及在各级荷载作用下结构的性能,它常用于钢筋（或型钢）混凝土结构、钢结构的弹塑性性能研究。这种模型试验的成功与否很大程度上取决于模型与原型的材料（混凝土和钢材）性能的相似程度。目前来说,钢筋（或型钢）混凝土结构的小比例强度模型还只能做到不完全相似的程度,主要的困难是材料的完全相似难以满足。间接模型试验的目的是得到关于结构支座、反力、弯矩、剪力、轴力等内力的资料,因此间接模型并不要求与原型结构直接相似。如框架的内力分布主要取决于梁、柱等构件之间的刚度比,梁、柱的截面形状不必直接与原型结构相似。间接模型现在已很少使用而被计算机分析所取代。

6.4.2　模型设计的程序

一般情况下,结构模型设计按下列程序进行。

① 明确分析试验的目的和要求,选择适当的模型基本类型及模型制作材料。

② 对研究对象进行理论分析,用方程式分析法或量纲分析法确定相似条件。

③ 根据现有试验设备的条件,确定模型的几何尺寸,即几何相似常数。

④ 根据相似条件确定各相似常数。

⑤ 设计模型并绘制施工图。

在设计结构模型过程中,模型尺寸的变动范围较大,缩尺比例的设计对试验结果的影响很大,表 6.2 给出常用结构模型的缩尺比例。

表 6.2　常用结构模型的缩尺比例

结构类型	壳体结构	高层建筑	大跨桥梁	砌体结构	结构节段	风洞模型
弹性模型	$1:200 \sim 1:50$	$1:60 \sim 1:20$	$1:50 \sim 1:10$	$1:8 \sim 1:4$	$1:10 \sim 1:4$	$1:300 \sim 1:50$
强度模型	$1:30 \sim 1:10$	$1:10 \sim 1:5$	$1:10 \sim 1:4$	$1:4 \sim 1:2$	$1:6 \sim 1:2$	无强度模型

6.4.3　常用相似关系

一般情况下,相似常数的个数多于相似条件的个数,除长度相似常数 S_l 为首先确定的条件外,还可先确定几个量的相似常数,再根据相似条件推出对其余量的相似常数要求。由于目前模型材料的力学性能还不能任意控制,所以在确定各相似常数时,一般根据可能条件先选定模型材料,亦即先确定 S_E 及 S_σ 再确定其他量的相似常数。

下面采用方程式分析法或量纲分析法给出几个常见相似现象的相似关系。

1.静力弹性相似

对一般的静力弹性模型,当以长度及弹性模量的相似常数 S_l、S_E 为设计过程中首先确定的条件时,所有其他量的相似常数都是 S_l、S_E 的函数或等于 1。表 6.3 列出了结构静力弹性模型的相似常数和相似关系。

表 6.3　结构静力弹性模型的相似常数和相似关系

类型	物理量	绝对系统量纲	相似关系
材料特性	应力 σ	$[FL^{-2}]$	$S_\sigma = S_E$
	应变 ε	—	1
	弹性模量 E	$[FL^{-2}]$	S_E
	泊松比 ν	—	1
	质量密度 ρ	$[FT^2L^{-4}]$	$S_\rho = S_E/S_l$
几何特性	长度 l	$[L]$	S_l
	线位移 x	$[L]$	$S_x = S_l$
	角位移 θ	—	1
	面积 A	$[L^2]$	$S_A = S_l^2$
	惯性矩 I	$[L^4]$	$S_I = S_l^4$
荷载	集中荷载 P	$[F]$	$S_P = S_E S_l^2$
	线荷载 ω	$[FL^{-1}]$	$S_\omega = S_E S_l$
	面荷载 q	$[FL^{-2}]$	$S_q = S_E$
	力矩 M	$[FL]$	$S_M = S_E S_l^3$

2.动力相似

在进行动力模型尤其结构抗震模型设计时,除了将长度[L]和力[F]作为基本量纲外,还要考虑时间[T]这一基本量纲。而且结构的惯性力常常是作用在结构上的主要荷载,必须考虑模型与原型的结构材料质量密度的相似。在材料力学性能的相似要求方面还应考虑应变速率对材料性能的影响。表 6.4 为结构动力模型的相似常数和相似关系。从表 6.4 中可看出，由于动力问题中要模拟惯性力、恢复力和重力 3 种力，对模型材料的弹性模量、密度的要求很严格，为 $\left(\dfrac{g\rho l}{E}\right)_{\mathrm{m}}=\left(\dfrac{g\rho l}{E}\right)_{\mathrm{p}}$，即 $\dfrac{S_E}{S_g S_\rho}=S_l$。通常 $S_g=1$，则 $\dfrac{S_E}{S_\rho}=S_l$，在 $S_l<1$ 的情况下，要求材料的弹性模量 $E_{\mathrm{m}}<E_{\mathrm{p}}$ 或密度 $\rho_{\mathrm{m}}>\rho_{\mathrm{p}}$，这在选择模型材料时很难满足。如模型采用与原型同样的结构材料，即 $S_E=S_\rho=1$，这时要满足 $S_g=\dfrac{1}{S_l}$，则要求 $g_{\mathrm{m}}>g_{\mathrm{p}}$，即需对模型施加非常大的重力加速度，这在结构动力试验中存在困难。为满足是 $\dfrac{S_E}{S_\rho}=S_l$ 的相似关系，与静力模型试验一样，在模型上附加适当的分布质量，即采用高密度材料来增加结构上有效的模型材料的密度，但该方法仅适用于对质量在结构空间分布的准确模拟要求不高的情况。可以把振动台装在离心机上，通过增加模型重力加速度来调节对材料相似的要求。当重力对结构的影响比地震等动力引起的影响小得多时，可忽略重力影响，则在选择模型材料及材料相似时的限制就放松得多。忽略重力影响的模型见表 6.4。

表 6.4　结构动力模型的相似常数和相似关系

类型	物理量	量纲（绝对系统）	相似关系	
			一般模型	忽略重力影响模型
材料特性	应力 σ	$[FL^{-2}]$	$S_\sigma=S_E$	$S_\sigma=S_E$
	应变 ε	—	$S_\varepsilon=1$	$S_\varepsilon=1$
	弹性模量 E	$[FL^{-2}]$	S_E	S_E
	泊松比 ν	—	$S_\nu=1$	$S_\nu=1$
	质量密度 ρ	$[FT^2L^{-4}]$	$S_\rho=\dfrac{S_E}{S_l}$	S_ρ
几何特性	长度 l	$[L]$	S_l	S_l
	线位移 x	$[L]$	$S_x=S_l$	$S_x=S_l$
	角位移 θ	—	$S_\theta=1$	$S_\theta=1$
	面积 A	$[L^2]$	$S_A=S_l^2$	$S_A=S_l^2$
荷载	集中荷载 P	$[F]$	$S_P=S_E S_l^2$	$S_P=S_E S_l^2$
	线荷载 ω	$[FL^{-1}]$	$S_\omega=S_E S_l$	$S_\omega=S_E S_l$
	面荷载 q	$[FL^{-2}]$	$S_q=S_E$	$S_q=S_E$
	力矩 M	$[FL]$	$S_M=S_E S_l^3$	$S_M=S_E S_l^3$

续表6.4

类型	物理量	量纲 （绝对系统）	相似关系	
			一般模型	忽略重力影响模型
动力性能	质量 m	$[FL^{-1}T^2]$	$S_m = S_P S_l^3 = S_E S_l^2$	$S_m = S_\rho S_l^3$
	刚度 k	$[FL^{-1}]$	$S_k = S_E S_l$	$S_k = S_E S_l$
	阻尼 c	$[FL^{-1}T]$	$S_c = \dfrac{S_m}{S_l} = S_E S_l^{\frac{3}{2}}$	$S_c = \dfrac{S_m}{S_t} = S_l^2 (S_\rho S_E)^{\frac{1}{2}}$
	时间 t、 固有周期 T	$[T]$	$S_t = S_T = \left(\dfrac{S_m}{S_k}\right)^{\frac{1}{2}} = S_l^{\frac{1}{2}}$	$S_t = S_T = \left(\dfrac{S_m}{S_k}\right)^{\frac{1}{2}} = S_l \left(\dfrac{S_\rho}{S_E}\right)^{\frac{1}{2}}$
	频率 f	$[T^{-1}]$	$S_f = \dfrac{1}{S_T} = S_l^{-\frac{1}{2}}$	$S_f = \dfrac{1}{S_T} = S_l^{-1} \left(\dfrac{S_E}{S_\rho}\right)^{\frac{1}{2}}$
	速度 $\dot{x}$	$[LT^{-1}]$	$S_{\dot{x}} = \dfrac{S_x}{S_t} = S_l^{\frac{1}{2}}$	$S_{\dot{x}} = \dfrac{S_x}{S_t} = \left(\dfrac{S_E}{S_\rho}\right)^{\frac{1}{2}}$
	加速度 $\ddot{x}$	$[LT^{-2}]$	$S_{\ddot{x}} = \dfrac{S_x}{S_t^2} = 1$	$S_{\ddot{x}} = \dfrac{S_x}{S_t^2} = \dfrac{S_E}{S_l S_\rho}$
	重力加 速度 g	$[LT^{-1}]$	$S_g = 1$	忽略

3.静力弹塑性相似

上述结构模型设计中所表示的各物理量之间的关系式均是无量纲的,它们均是在假定采用理想弹性材料的情况下推导求得的,实际上在结构试验研究中应用较多的是钢筋(或型钢)混凝土或砌体结构的强度模型,强度模型试验除了应获得弹性阶段应力分析的数据资料外,还要求能正确反映原型结构的弹塑性性能,要求能给出与原型结构相似的破坏形态、极限变形能力和极限承载能力,这对于结构抗震试验更为重要。为此,对于钢筋(或型钢)混凝土和砌体这类由复合材料组成的结构,模型材料的相似就更为严格。

在钢筋(或型钢)混凝土结构中,一般模型的混凝土和钢筋(或型钢)应与原型结构的混凝土和钢筋(或型钢)具有相似的 $\sigma - \varepsilon$,并且在极限强度下的变形 ε_c 和 ε_s 应相等(图6.3),亦即 $S_{\varepsilon s} = S_{\varepsilon c} = S_\varepsilon = 1$。当模型材料满足这些要求时,由量纲分析得出的钢筋(或型钢)混凝土结构静力强度模型的相似条件见表6.5中(a)列所示的一般模型。注意这时 $S_{E s} = S_{E c} = S_{\sigma c} = S_\sigma$,亦即要求模型钢筋(或型钢)的弹性模量相似常数等于模型混凝土的弹性模量相似常数和应力相似常数。由于钢材是目前能找到的唯一适用于模型的加筋材料,因此 $S_{E s} = S_{E c} = S_{\sigma c}$ 这一条件很难满足,除非 $S_{E s} = S_{E c} = S_{\sigma c} = 1$,也就是模型结构采用与原型结构相同的混凝土和钢筋(或型钢)。此条件下对其余各量的相似常数要求列于表6.5中(b)列的实用模型。其中模型混凝土密度相似常数均 $1/S_l$,要求模型混凝土的密度为原型结构混凝土密度的 S_l 倍。当需考虑结构本身的质量和重量对结构性能的影响时,为满足密度相似的要求,常需在模型结构上附加质量。但附加质量的大小必须以不改变结构的强度和刚度特性为原则。

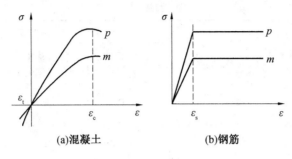

(a)混凝土　　　　　　　(b)钢筋

图 6.3　一般相似材料的 $\sigma - \varepsilon$ 曲线

表 6.5　钢筋(或型钢)混凝土结构静力强度模型的相似常数和相似关系

类型	物理量	量纲 (绝对系统)	相似关系		
			一般模型 (a)	实用模型 (b)	不完全相似模型 (c)
材料 特性	混凝土应力 σ_c	$[FL^{-2}]$	$S_{\sigma c} = S_\sigma$	$S_{\sigma c} = 1$	$S_{\sigma c} = S_\sigma$
	混凝土应变 ε_c	—	$S_{\varepsilon c} = 1$	$S_{\varepsilon c} = 1$	$S_{\varepsilon c} = S_\varepsilon$
	混凝土弹性 模量 E_c	$[FL^{-2}]$	$S_{Ec} = S_\sigma$	$S_{Ec} = 1$	$S_{Ec} = \dfrac{S_\sigma}{S_\varepsilon}$
	混凝土泊松比 ν_c	—	$S_{\nu c} = 1$	$S_{\nu c} = 1$	$S_{\nu c} = 1$
	混凝土密度 ρ_c	$[FT^2 L^{-4}]$	$S_{\rho c} = \dfrac{S_\sigma}{S_l}$	$S_{\rho c} = \dfrac{1}{S_l}$	$S_{\rho c} = \dfrac{S_\sigma}{S_l}$
	钢筋(或型钢) 应力 σ_s	$[FL^{-2}]$	$S_{\sigma s} = S_\sigma$	$S_{\sigma s} = 1$	$S_{\sigma s} = S_E$
	钢筋(或型钢) 应变 ε_s	—	$S_{\varepsilon s} = 1$	$S_{\varepsilon s} = 1$	$S_{\varepsilon s} = S_E$
	钢筋(或型钢) 弹模 E_s	$[FL^{-2}]$	$S_{Es} = S_\sigma$	$S_{Es} = 1$	$S_{Es} = 1$
	黏结应力 u	$[FL^{-2}]$	$S_u = S_\sigma$	$S_u = 1$	$S_u = \dfrac{S_\sigma}{S_l}$
几何特性	长度 l	$[L]$	S_l	S_l	S_l
	线位移 x	$[L]$	$S_x = S_l$	$S_x = S_l$	$S_x = S_\varepsilon S_l$
	角位移 θ	—	$S_\theta = 1$	$S_\theta = 1$	$S_\theta = S_\varepsilon$
	钢筋(或型钢) 面积 A_s	$[L^2]$	$S_{As} = S_l^2$	$S_{As} = S_l^2$	$S_{As} = \dfrac{S_\sigma S_l^2}{S_\varepsilon}$

续表6.5

类型	物理量	量纲 （绝对系统）	相似关系		
			一般模型 （a）	实用模型 （b）	不完全相似模型 （c）
荷载	集中荷载 P	$[F]$	$S_P = S_\sigma S_l^2$	$S_P = S_l^2$	$S_P = S_\sigma S_l^2$
	线荷载 ω	$[FL^{-1}]$	$S_\omega = S_\sigma S_l$	$S_\omega = S_l$	$S_\omega = S_\sigma S_l$
	面荷载 q	$[FL^{-2}]$	$S_q = S_\sigma$	$S_q = 1$	$S_q = S_\sigma$
	力矩 M	$[FL]$	$S_M = S_\sigma S_l^3$	$S_M = S_l^3$	$S_M = S_\sigma S_l^3$

混凝土的弹性模量和 $\sigma-\varepsilon$ 曲线直接受骨料及其级配情况的影响，模型混凝土的骨料多为中、粗砂，其级配情况亦与原型结构的不同，因此实际情况下 $S_{E_c} \neq 1$，S_{σ_c} 和 S_{ε_c} 亦不等于 1（图 6.4）。在 $S_{E_s}=1$ 的情况下，为满足 $S_{\sigma_s}=S_{\sigma_c}=S_\sigma$，$S_{\varepsilon_s}=S_{\varepsilon_c}=S_\varepsilon$，须调整模型钢筋（或型钢）的面积，见表 6.5 中（c）列所示的不完全相似模型。严格地讲，由于这是不完全相似的，因此对于非线性阶段的试验结果会有一定的影响。

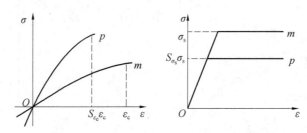

图 6.4　不完全相似材料的 $\sigma-\varepsilon$ 曲线

对于砌体结构，由于它也是由块材（砖、砌块）和砂浆两种材料复合组成，除了在几何比例上缩小、要对块材做专门加工并给砌筑带来一定困难外，同样要求模型与原型有相似的 $\sigma-\varepsilon$ 曲线，实际应用中采用与原型结构相同的材料。砖石结构静力强度模型的相似常数见表 6.6。以上要求在结构动力弹塑性模型设计中也必须同时满足。

表 6.6　砖石结构静力强度模型的相似常数

类型	物理量	量纲 （绝对系统）	相似关系	
			一般模型	实用模型
材料性能	砌体应力 σ	$[FL^{-2}]$	S_σ	$S_\sigma = 1$
	砌体应变 ε	—	$S_\varepsilon = 1$	$S_\varepsilon = 1$
	砌体弹性模量 E	$[FL^{-2}]$	$S_E = S_\sigma$	$S_E = 1$
	砌体泊松比 ν	—	$S_\nu = 1$	$S_\nu = 1$
	砌体质量密度 ρ	$[FL^3]$	$S_\rho = \dfrac{S_\sigma}{S_l}$	$S_\rho = \dfrac{1}{S_l}$

续表6.6

类型	物理量	量纲（绝对系统）	相似关系	
			一般模型	实用模型
几何特性	长度 l	[L]	S_l	S_l
	线位移 x	[L]	$S_x = S_l$	$S_x = S_l$
	角位移 θ	—	$S_\theta = 1$	$S_\theta = 1$
	面积 A	[L²]	$S_A = S_l^2$	$S_A = S_l^2$
荷载	集中荷载 P	[F]	$S_P = S_\sigma S_l^2$	$S_P = S_l^2$
	线荷载 ω	[FL⁻¹]	$S_\omega = S_\sigma S_l$	$S_\omega = S_l$
	面荷载 q	[FL⁻²]	$S_q = S_\sigma$	$S_q = 1$
	力矩 M	[FL]	$S_M = S_\sigma S_l^3$	$S_M = S_l^3$

6.4.4　模型设计示例

【例 6.1】设简支梁受静力集中荷载 P 作用（图 6.5），并假定梁都在弹性范围内工作，且时间因素对材料性能的影响（如时效、疲劳、徐变等）可忽略，同时也不考虑残余应力或温度应力的影响。下面按缩尺比例 λ_l 设计模型。

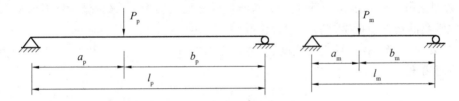

图 6.5　简支梁受静力集中荷载作用

【解】根据材料力学，梁在集中荷载作用下的作用点处的边缘纤维应力、弯矩、挠度可以分别用下列公式表示：

$$\begin{cases} \sigma = \dfrac{Pab}{lW} \\ M = \dfrac{Pab}{l} \\ f = \dfrac{Pa^2b^2}{3EIl} \end{cases} \tag{6.80}$$

由于该物理过程中各物理量之间的函数表达关系式已明确给出，因此用方程式分析法建立相似条件比较方便。考虑到原型与模型的静力现象相似，则对应的物理量纲应保持为常数，可得到下列关系式：

$$\begin{cases} l_m = S_l l_p;\ a_m = S_l a_p;\ b_m = S_l b_p \\ W_m = S_l^3 W_p;\ I_m = S_l^4 I_p;\ \sigma_m = S_\sigma \sigma_p \\ M_m = S_M M_p;\ f_m = S_l f_p;\ P_m = S_P P_p;\ E_m = S_E E_p \end{cases} \tag{6.81}$$

式中　S_l、S_σ、S_M、S_f、S_P、S_E——长度、应力、弯矩、挠度、荷载和弹性模量的相似常数。

把式(6.80)改写为

$$\begin{cases} \dfrac{Pab}{lW\sigma}=1 \\[2mm] \dfrac{Pab}{lM}=1 \\[2mm] \dfrac{Pa^2b^2}{EIlf}=1 \end{cases} \qquad (6.82)$$

则它们均是无量纲比例常数,由此可知模型与原型有如下关系式成立:

$$\begin{cases} \dfrac{P_m a_m b_m}{l_m W_m \sigma_m}=\dfrac{P_p a_p b_p}{l_p W_p \sigma_p} \\[2mm] \dfrac{P_m a_m b_m}{l_m M_m}=\dfrac{P_p a_p b_p}{l_p M_p} \\[2mm] \dfrac{P_m a_m^2 b_m^2}{E_m I_m l_m f_m}=\dfrac{P_p a_p^2 b_p^2}{E_p I_p l_p f_p} \end{cases} \qquad (6.83)$$

将式(6.81)代入式(6.83),则得到 3 个相似条件:

$$\frac{S_P}{S_l^2 S_\sigma}=1; \quad \frac{S_P S_l}{S_M}=1; \quad \frac{S_P}{S_E S_l S_f}=1 \qquad (6.84)$$

这 3 个相似条件包含 6 个相似常数,即意味着有 3 个相似常数可任意选择,而另外 3 个相似常数则须由条件式推出。现在已知模型是以缩尺比例为 λ_l 来设计,故 $S_l=\lambda_l$。剩余 2 个相似常数的选择须根据试验的目的和条件来确定。

① 若要使模型上各点反应的挠度、应力与原型中一致,即 $S_\sigma=1$ 和 $S_f=1$,则模型设计需满足下列条件:

$$S_P=S_l^2; \quad S_M=S_l^3; \quad S_E=S_l \qquad (6.85)$$

即试验的荷载是原型结构荷载按缩尺比例的平方缩小,模型材料也要求其弹性模量按缩尺比例减小。而 $S_M=S_l^3$ 只要 $S_P=S_l^2$、$S_M=S_l^3$、$S_E=S_l$ 中的两个条件满足,即可自然成立。

② 若模型材料与原型一致,而又要求模型的应力也一致,即 $S_\sigma=1$ 和 $S_E=1$,则有

$$S_P=S_l^2; \quad S_M=S_l^3; \quad S_f=S_l \qquad (6.86)$$

该条件式与式(6.85)的前两个条件式相同,只是这时所测的挠度是原型挠度按缩尺比例缩小后的。考虑到测量精度,此时要求模型比例不宜缩小过大。

在上面的讨论中,忽略了结构自重对于应力和挠度的影响。对于大跨度结构,结构的自重是不能忽略的。

【例6.2】高层建筑在地震作用下的结构性能研究,通常是采用与原型材料相同的缩尺比例模型在振动台上进行试验研究。试讨论模型设计的问题。

【解】根据对问题的分析,认为该物理过程中包含下列特性物理量:结构尺寸(长度 l)、结构的水平变位 x、应力 σ、应变 ε、结构材料的弹性模量 E、结构材料的平均质量密度 ρ,结构的自重(比重 γ)、结构的振动频率 f 和结构阻尼比 ξ,此外还有地震运动的振幅 a 和运动的最大频率 f_g。

若采用量纲分析方法来求解系统的相似条件,则可写出在质量系统下的量纲矩阵(表 6.7):

表 6.7　在质量系统下的量纲矩阵

量纲	l	x	σ	ε	E	ρ	γ	f	ξ	a	f_g
[M]	0	0	1	0	1	1	1	0	0	0	0
[L]	1	1	-1	0	-1	-3	-2	0	0	1	0
[T]	0	0	-2	0	-2	0	-2	-1	0	0	-1

由此解得一组 8 个无量纲 π 数：

$$\begin{cases} \pi_1 = \dfrac{x}{l};\ \pi_2 = \dfrac{\sigma}{\rho f^2 l^2};\ \pi_3 = \varepsilon; \\[2mm] \pi_4 = \dfrac{E}{\rho f^2 l^2};\ \pi_5 = \dfrac{\gamma}{\rho f^2 l};\ \pi_6 = \xi; \\[2mm] \pi_7 = \dfrac{a}{l};\ \pi_8 = \dfrac{f_g}{f}; \end{cases} \tag{6.87}$$

由于模型与原型要保持相似,则对应的物理量成比例:

$$\begin{cases} x_m = S_x x_p;\ l_m = S_l l_p;\ \sigma_m = S_\sigma \sigma_p;\ \varepsilon_m = S_\varepsilon \varepsilon_p \\[1mm] E_m = S_E E_p;\ \rho_m = S_\rho \rho_p;\ \gamma_m = S_\gamma \gamma_p;\ f_m = S_f f_p \\[1mm] \xi_m = S_\xi \xi_p;\ a_m = S_a a_p;\ f_{gm} = S_{f_g} f_{gp} \end{cases} \tag{6.88}$$

因此由式(6.88)可得到模型设计应满足的相似条件:

$$\begin{cases} \dfrac{S_x}{S_l} = 1;\ \dfrac{S_\sigma}{S_\rho S_f^2 S_l^2} = 1;\ S_\varepsilon = 1 \\[2mm] \dfrac{S_E}{S_\rho S_f^2 S_l^2} = 1;\ \dfrac{S_\gamma}{S_\rho S_f^2 S_l} = 1;\ S_\xi = 1 \\[2mm] \dfrac{S_a}{S_l} = 1;\ \dfrac{S_{f_g}}{S_f} = 1 \end{cases} \tag{6.89}$$

这 8 个相似条件包含 11 个相似常数,故只有 3 个相似常数为预先拟定,而其他 8 个相似常数只能从式(6.89)推算。根据模型材料与原型材料相同,即已定出了 $S_E = 1$ 和 $S_\rho = 1$,模型为缩尺比例模型,所以 S_l 也已确定,由此获得:

$$\begin{cases} S_x = S_l;\ S_a = S_l;\ S_\varepsilon = S_\xi = 1 \\[2mm] S_\sigma = S_E = 1;\ S_f = S_{f_g} = \dfrac{1}{S_l};\ S_\gamma = \dfrac{1}{S_l} \end{cases} \tag{6.90}$$

式(6.90)中,$S_\varepsilon = S_\sigma = 1$ 表明按缩尺比例设计的模型上各点的应力和应变与原型一致。$S_x = S_l$ 则说明模型上各点的变位与原型相应点的变位按缩尺比例减小,故要求试验中测定位移的仪表有较高的精度。$S_\xi = 1$ 这个条件一般较难以满足,因为改变结构尺寸而又要维持阻尼比不变是较困难的,若原型结构阻尼很小,则这个条件可以忽略。$S_a = S_l$ 和 $S_f = S_{f_g} = \dfrac{1}{S_l}$ 是关于振幅和频率的两个关系式,是控制试验中振动台动作的条件。如果模型的缩尺比为 1/10,则要求振动台的振动频率应为地震频率的 10 倍,而振幅应为地震振幅的 1/10。这是因为结构按比例缩尺后的模型本身的频率提高了 10 倍而变位减小了 1/10,从而要求试验的振动台也做相应的变化以满足模型的试验结果与原型相似。最后

的 $S_\gamma = \dfrac{1}{S_l}$ 这一条件要求缩尺比例模型的自重（比重）应比原型自重（比重）按缩尺比例倒数的倍数增加，如前所述，这个条件给模型试验造成了很大的困难。目前解决这个问题的办法是，在不考虑自重（比重）分布不均对结构的影响的情况下，采用附加配重来提高模型的自重（比重）。

上述例题的分析过程进一步表明，模型的设计不仅仅是确定模型的相似条件，而且还要使模型的试验结果可以推算到原型上去，应对整个试验过程做周密的设计。

6.5　配重不足时的相似关系

振动台试验时，为了使小比例模型能够很好地再现原型结构的动力特征，模型与原型的竖向压应变相似常数 S_ε 应该等于 1；即竖向压应力相似常数 S_σ 应该等于弹性模量相似常数 S_E。为此，必须在模型上施加一定数量的人工质量——配重，以满足由量纲分析规定的全部相似第一条件，这样的模型才是具有与原型动力相似的完备模型。以上给出了动力相似完备模型与原型之间的动力反应相似常数及其相似关系。但由于振动台承载能力的限制，许多试验模型难以满足对配重的要求，从而造成因 $S_\varepsilon \neq 1$ 而使模型失真。此时，前述各物理量之间的相似关系将发生变化，必须根据实际的模型参数来推导模型与原型之间的动力反应关系，以便根据模型的试验结果来正确地推算原型的动力性能。下面采用量纲分析法和动力方程法的结合，推导动力试验模型在任意配重条件下与原型结构的相似关系。

假设条件：竖向压应力对结构抗侧刚度无影响，即刚度相似常数 $S_k = S_E S_l$；各集中质量由竖向压应力乘以结构横截面面积求得，即质量相似常数 $S_m = S_\sigma S_l^2$。其中竖向压应力 σ 和弹性模量 E 的相似常数 S_σ 和 S_E 可分别依据模型配重后的实际质量和模型材料首先确定。

6.5.1　弹性阶段的动力相似关系

利用振型正交条件，将多自由度体系的运动方程解耦后，模型与原型对应自由度的动力反应关系可由 Duhamel 积分求出：

$$
\begin{aligned}
x_{\mathrm{m}} &= \frac{1}{m_{\mathrm{m}}\omega_{\mathrm{m}}} \int_0^{t_{\mathrm{m}}} P_{\mathrm{m}}(\tau)\sin\omega_{\mathrm{m}}(t_{\mathrm{m}} - \tau_{\mathrm{m}})\,\mathrm{d}\tau_{\mathrm{m}} = \\
&\frac{1}{m_{\mathrm{m}}\omega_{\mathrm{m}}} \int_0^{t_{\mathrm{m}}} m_{\mathrm{m}}\ddot{x}_{\mathrm{gm}}\sin\omega_{\mathrm{m}}(t_{\mathrm{m}} - \tau_{\mathrm{m}})\,\mathrm{d}\tau_{\mathrm{m}} = \\
&\frac{S_{\ddot{x}_{\mathrm{gm}}}}{S_f^2\omega_{\mathrm{p}}} \int_0^{t_{\mathrm{m}}} \ddot{x}_{\mathrm{gp}}(\tau)\sin\omega_{\mathrm{p}}(t_{\mathrm{p}} - \tau_{\mathrm{p}})\,\mathrm{d}\tau_{\mathrm{p}} = \\
&\frac{S_{\ddot{x}_{\mathrm{g}}}}{S_f^2} x_{\mathrm{p}}
\end{aligned}
\tag{6.91}
$$

由此推得配重不足的动力模型在弹性阶段的动力相似关系，见表 6.8。

表 6.8   配重不足的动力模型在弹性阶段的动力相似关系

类型	物理量	量纲（绝对系统）	相似关系
材料特性	竖向压应力 σ	$[\mathrm{FL}^{-2}]$	S_σ
	竖向压应变 ε	—	$S_\varepsilon = \dfrac{S_\sigma}{S_E}$
	弹性模量 E	$[\mathrm{FL}^{-2}]$	S_E
	泊松比 ν	—	$S_\nu = 1$
	剪应力 τ	$[\mathrm{FL}^{-2}]$	$S_\tau = \dfrac{S_V}{S_l^2} = S_\sigma S_{\ddot{x}g}$
	剪应变 γ	—	$S_\gamma = \dfrac{S_\tau}{S_G} = \dfrac{S_\sigma S_{\ddot{x}g}}{S_E}$
	剪切模量 G	$[\mathrm{FL}^{-2}]$	$S_G = S_E$
	质量密度 ρ	$[\mathrm{FT}^2\mathrm{L}^{-4}]$	$S_\rho = \dfrac{S_m}{S_l^3} = \dfrac{S_\sigma}{S_l}$
几何特性	长度 l	$[\mathrm{L}]$	S_l
	线位移 x	$[\mathrm{L}]$	$S_x = \dfrac{S_{\ddot{x}g}}{S_f^2} = \dfrac{S_\sigma S_{\ddot{x}g} S_l}{S_E}$
	角位移 θ	—	$S_\theta = \dfrac{S_x}{S_l} = \dfrac{S_\sigma S_{\ddot{x}g}}{S_E}$
	面积 A	$[\mathrm{L}^2]$	$S_A = S_l^2$
荷载	地震作用 F	$[\mathrm{F}]$	$S_F = S_m S_{\ddot{x}} = S_\sigma S_{\ddot{x}g} S_l^2$
	剪力 V	$[\mathrm{F}]$	$S_V = S_F = S_\sigma S_{\ddot{x}g} S_l^2$
	弯矩 M	$[\mathrm{FL}]$	$S_M = S_V S_l = S_\sigma S_{\ddot{x}g} S_l^3$
动力性能	质量 m	$[\mathrm{FL}^{-1}\mathrm{T}^2]$	$S_m = S_\sigma S_l^2$
	刚度 k	$[\mathrm{FL}^{-1}]$	$S_k = S_E S_l$
	阻尼 c	$[\mathrm{FL}^{-1}\mathrm{T}]$	$S_c = \dfrac{S_m}{S_l} = (S_E S_\sigma)^{\frac{1}{2}} S_l^{\frac{3}{2}}$
	时间 t,固有周期 T	$[\mathrm{T}]$	$S_t = S_T = \left(\dfrac{S_m}{S_k}\right)^{\frac{1}{2}} = \left(\dfrac{S_\sigma S_l}{S_E}\right)^{\frac{1}{2}}$
	频率 f	$[\mathrm{T}^{-1}]$	$S_f = \dfrac{1}{S_T} = \left(\dfrac{S_E}{S_\sigma S_l}\right)^{\frac{1}{2}}$
	输入加速度 $\ddot{x}_g$	$[\mathrm{LT}^{-2}]$	$S_{\ddot{x}g}$
	反应速度 $\dot{x}$	$[\mathrm{LT}^{-1}]$	$S_{\dot{x}} = S_{\ddot{x}} S_T = S_{\ddot{x}g}\left(\dfrac{S_\sigma S_l}{S_E}\right)^{\frac{1}{2}}$
	反应加速度 $\ddot{x}$	$[\mathrm{LT}^{-2}]$	$S_{\ddot{x}} = S_{\ddot{x}g}$

在弹性阶段,如果确定了输入的地震加速度峰值相似常数 $S_{\ddot{x}_g}$,则可依据上述相似关系,直接由模型试验结果来分析原型结构的动力反应。实际应用中,通常取 $S_{\ddot{x}_g}=1$,当模型与原型材料和施工条件相同时,取 $S_E=1$。值得注意的是,当配重不足,即 $S_{\epsilon}\neq1$ 或 $S_{\sigma}\neq S_E$ 时,因为模型与原型在输入相同的加速度峰值时,具有不同的剪应变状态,故其开裂、屈服和破坏阶段的时程及加卸载历史不同,上述比例系数不能直接套用于弹塑性阶段。

6.5.2　弹性及弹塑性阶段的动力相似关系

若拟定模型与原型的剪应变相同,即剪应变相似常数 $S_{\gamma}=1$,则可由模型试验结果推算原型在与模型同样受力(剪应力相似常数 $S_{\tau}=S_E$)或在破坏状态下所能承受的地震加速度峰值以及在该峰值加速度作用下原型的动力反应。

由剪应变相似常数 $S_{\gamma}=1$,剪切模量相似常数 $S_G=S_E$ 及前述假设条件可推得配重不足的动力模型在弹性及弹塑性阶段的动力相似关系,见表 6.9。

表 6.9　配重不足的动力模型在弹性及弹塑性阶段的动力相似关系

类型	物理量	量纲(绝对系统)	相似关系
材料特性	竖向压应力 σ	$[FL^{-2}]$	S_{σ}
	竖向压应变 ϵ	—	$S_{\epsilon}=\dfrac{S_{\sigma}}{S_E}$
	弹性模量 E	$[FL^{-2}]$	S_E
	泊松比 ν	—	$S_{\nu}=1$
	剪应力 τ	$[FL^{-2}]$	$S_{\tau}=S_G S_{\gamma}=S_E$
	剪应变 γ	—	$S_{\gamma}=1$
	剪切模量 G	$[FL^{-2}]$	$S_G=S_E$
	质量密度 ρ	$[FT^2L^{-4}]$	$S_{\rho}=\dfrac{S_m}{S_l^3}=\dfrac{S_{\sigma}}{S_l}$
几何特性	长度 l	$[L]$	S_l
	线位移 x	$[L]$	$S_x=\dfrac{S_v}{S_k}=S_l$
	角位移 θ	—	$S_{\theta}=\dfrac{S_x}{S_l}=1$
	面积 A	$[L^2]$	$S_A=S_l^2$
荷载	地震作用 F	$[F]$	$S_F=S_V=S_E S_l^2$
	剪力 V	$[F]$	$S_V=S_{\tau}S_l^2=S_E S_l^2$
	弯矩 M	$[FL]$	$S_M=S_V S_l=S_E S_l^3$

续表6.9

类型	物理量	量纲(绝对系统)	相似关系
动力性能	质量 m	$[\mathrm{FL^{-1}T^2}]$	$S_m = S_\sigma S_l^2$
	刚度 k	$[\mathrm{FL^{-1}}]$	$S_k = S_E S_l$
	阻尼 c	$[\mathrm{FL^{-1}T}]$	$S_c = \dfrac{S_m}{S_l} = (S_E S_\sigma)^{\frac{1}{2}} S_l^{\frac{3}{2}}$
	时间 t,固有周期 T	$[\mathrm{T}]$	$S_t = S_T = \left(\dfrac{S_m}{S_k}\right)^{\frac{1}{2}} = \left(\dfrac{S_\sigma S_l}{S_E}\right)^{\frac{1}{2}}$
	频率 f	$[\mathrm{T^{-1}}]$	$S_f = \dfrac{1}{S_T} = \left(\dfrac{S_E}{S_\sigma S_l}\right)^{\frac{1}{2}}$
	输入加速度 $\ddot{x}_\mathrm{g}$	$[\mathrm{LT^{-2}}]$	$S_{\ddot{x}_\mathrm{g}} = S_{\ddot{x}} = \dfrac{S_E}{S_\sigma}$
	反应速度 $\dot{x}$	$[\mathrm{LT^{-1}}]$	$S_{\dot{x}} = \dfrac{S_x}{S_l} = \left(\dfrac{S_l}{S_E S_\sigma}\right)^{\frac{1}{2}}$
	反应加速度 $\ddot{x}$	$[\mathrm{LT^{-2}}]$	$S_{\ddot{x}} = \dfrac{S_F}{S_m} = \left(\dfrac{S_E S_l}{S_\sigma}\right)^{\frac{1}{2}}$

按上述相似常数调整输入加速度峰值,使其模型与原型的剪应变相同,即剪应变相似常数 $S_\gamma = 1$ 或剪应力相似常数 $S_\tau = S_E$,则其相应的相似常数就给出了模型与原型在弹性及弹塑性阶段的动力相似关系。这样就能够根据模型的破坏状态和动力反应来确定原型在同样破坏状态时所能承受的地震加速度峰值(抗震能力)及相应的地震反应。

以上两组相似关系,是在相同条件下,基于不同的基准参数推得的,故虽然形式不同,但具有相同的物理意义。如果将前者的加速度相似常数换成后者相应的加速度相似常数,则两组系数完全相同。

针对振动台试验结构模型,国内外学者提出了多套相似关系,包括真实仿真模型、人工质量模型、忽略重力模型、欠人工质量模型等振动台结构模型相似关系。目前常用的 3 种振动台结构模型为人工质量模型、忽略重力模型、欠人工质量模型。下面对忽略重力模型和欠人工质量模型相似关系进行分析。

因受到振动台承载能力的限制,很多情况无法采用人工质量模型,故提出了忽略重力模型来解决该问题。忽略重力模型忽略了相似关系中输入加速度相似比与重力加速度相似比相等的条件,进而使结构模型满足相似要求。忽略重力模型以弹性模量、密度和长度为基本物理量,其相似关系见表 6.10。

表 6.10　忽略重力模型相似关系

物理量	相似关系	物理量	相似关系
弹性模量	S_E	时间	$S_t = S_l S_\rho^{1/2} S_E^{-1/2}$
密度	S_ρ	频率	$S_f = S_t^{-1}$

续表6.10

物理量	相似关系	物理量	相似关系
长度	S_l	速度	$S_v = S_E^{1/2} S_\rho^{-1/2}$
应变	$S_\varepsilon = 1$	输入加速度	$S_a = S_E/(S_l S_\rho)$
应力	$S_\sigma = S_E$	重力加速度	忽略

由表 6.10 可知,当采用忽略重力模型时,由于模型试验的重力加速度相似比与输入加速度相似比不相等,故该相似关系只适用于弹性阶段的振动台结构模型试验。

由于人工质量模型对振动台承载能力要求高,忽略重力模型不适用于非弹性阶段,故提出了欠人工质量模型来解决该问题。欠人工质量模型通过添加适量的配重使结构模型总重量不超过振动台的最大承载能力,同时也减小了重力失真效应带来的试验误差。欠人工质量模型以弹性模量、密度(等效密度)和长度为基本物理量,其相似关系见表 6.11。

比较 3 种结构模型相似设计可知,人工质量模型试验适用于弹性阶段和非弹性阶段,但对振动台承载能力要求较高;忽略重力模型对于振动台承载能力要求低,但仅适用于弹性阶段;欠人工质量模型适用于弹性阶段和非弹性阶段,其对于振动台承载能力的要求介于上述 2 种模型之间。

表 6.11　欠人工质量模型相似关系

物理量	相似关系	物理量	相似关系
弹性模量	S_E	时间	$S_t = S_l S_\rho^{1/2} S_E^{-1/2}$
密度	S_ρ	频率	$S_f = S_t^{-1}$
长度	S_l	速度	$S_v = S_E^{1/2} S_\rho^{-1/2}$
应变	$S_\varepsilon = 1$	输入加速度	$S_a = S_E/(S_l S_\rho)$
应力	$S_\sigma = S_E$	重力加速度	$S_g = 1$

【例 6.3】某预应力混凝土框架结构振动台试验设计。

该试验原型混凝土框架荷载如图 6.6 所示。框架跨度为 18 m,柱距为 7.2 m,底层层高为 5.2 m,其余层高为 4.8 m;框架抗裂等级为二级,抗震设防烈度为 7 度,抗震等级为三级,场地类别为 Ⅱ 类,近震;楼面板厚为 120 mm,活载为 8 kN/m²,恒载为 5.49 kN/m²(不含梁自重);屋面板厚为 120 mm,活载为 2 kN/m²,恒载为 4.82 kN/m²(不含梁自重);女儿墙高为 1.2 m,墙面荷载为 2.9 kN/m²,楼层外围护墙面荷载为 3.76 kN/m²;楼面梁尺寸为 450 mm×1 400 mm,屋面梁尺寸为 400 mm×1 200 mm,楼面联系梁尺寸为 300 mm×800 mm,屋面联系梁尺寸为 250 mm×600 mm;混凝土强度等级为 C40,预应力筋采用 1860 级钢绞线,非预应力纵筋为 HRB335,箍筋为 HRB235。

【解】由于振动台面尺寸的限制,缩尺比例采用 1：7.2,模型跨度为 2.5 m,总长度为 5 m,底层层高 725 mm,二、三层层高 665 mm。

为了使缩尺模型能够较好地再现原型结构的动力特性,模型与原型结构的竖向压应变相似常数 S_ε 应该等于 1,即竖向压应力相似常数 S_σ 应该等于弹性模量相似常数 S_E。

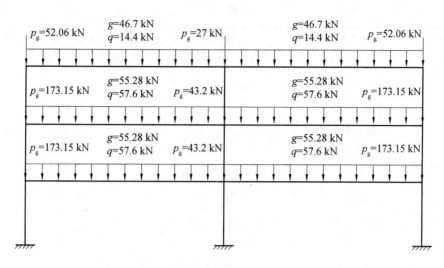

图 6.6　原型混凝土框架荷载

原型重力荷载代表值为 $G_0 = D_0$(恒载)$+ 0.5L_0$(活载)，根据力的相似比 S_F，模型重力荷载代表值 $G_m = S_F G_0$，模型自重已知，从而求得需要加的配重质量。原型结构单榀框架的总质量(恒载 + 0.5 倍活载)$m_0 = 840$ t，则单榀模型质量 $m_m = 840 \times 0.009\,645 = 8.1$ (t)，单榀模型自重为 1.5 t，所以整个模型应加配重 $2 \times (8.1 - 1.5) = 13.2$ (t)，按照原型结构屋面和荷载比例，模型屋面应加配重 3.2 t，楼面应加配重 5 t。模型总质量为 $4.4 + 6.6 \times 2 = 17.6$ (t)，未超过振动台承重能力。模型相似比系数见表 6.12。

表 6.12　模型相似比系数

类型	物理量	理论相似系数	模型相似关系	备注
几何特性	长度 l	S_l	$1/7.2 \approx 0.138\,9$	
	线位移 x	$S_x = S_v/S_k = S_l$	$0.138\,9$	
	角位移 θ	$S_\theta = S_x/S_l$	1	
	面积 A	$S_A = A_l^2$	$0.019\,3$	
材料特性	弹性模量 E	S_E	0.5	
	竖向压应力 σ	S_σ	0.5	
	竖向压应变 ε	$S_\varepsilon = S_\sigma/S_E$	1	
	泊松比 ν	S_ν	1	
	剪切模量 G	S_G	0.5	
	剪应变 γ	S_γ	1	
	剪应力 τ	$S_\tau = S_G S_\gamma$	0.5	
	质量密度 ρ	$S_\rho = S_m/S_l^3$	3.6	

续表6.12

类型	物理量	理论相似系数	模型相似关系	备注
荷载	剪力 V	$S_V = S_\tau S_l^2 = S_E S_l^2$	0.009 645	
	弯矩 M	$S_M = S_V S_l = S_E S_l^3$	0.001 34	
	地震作用 F	$S_F = S_V = S_E S_l^2$	0.009 645	
	线荷载 ω	$S_\omega = S_E S_l$	0.069 4	
	面荷载 q	$S_q = S_E$	0.5	
动力性能	质量 m	$S_m = S_\sigma S_l^2$	0.009 645	
	刚度 k	$S_k = S_E S_l$	0.069 4	
	阻尼系数 δ	$S_\delta = S_m / S_l = (S_E S_\sigma)^{0.5} S_l^{1.5}$	0.025 9	
	时间 t	$S_t = S_T = (S_m / S_k)^{0.5}$	0.372 7	
	频率 f	$S_f = 1/S_T = (S_E / S_l S_\sigma)^{0.5}$	2.683 3	
	输入加速度 $\ddot{x}_g$	$S_{\ddot{x}_g} = S_E / S_\sigma$	1	
	反应速度 $\dot{x}$	$S_{\dot{x}} = S_x / S_t = (S_E S_l / S_\sigma)^{0.5}$	0.372 7	
	反应加速度 $\ddot{x}$	$S_{\ddot{x}} = S_F / S_m = (S_E / S_\sigma)^{0.5}$	1	

【例 6.4】某混凝土减隔震桥地震响应振动台试验设计。

该三跨连续梁桥跨径为 3 m×16 m;上部结构为双幅空心板梁,下部结构为钢筋混凝土双柱墩。梁总宽为 13 m,桥面质量共计 332.8 t,桥墩直径为 1.2 m。原型桥示意图如图 6.7所示。

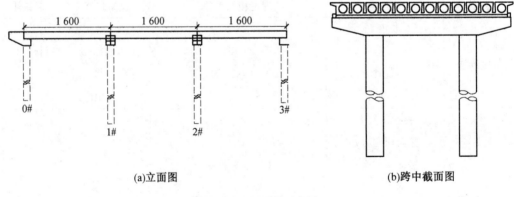

(a)立面图　　　　　　　　　　　　　(b)跨中截面图

图 6.7　原型桥示意图

【解】由于振动台台面尺寸、载重、材料密度与弹性模量等参数的限制,试验模型为一按照几何比例 1:4 缩尺建造的欠人工质量模型单跨简支梁桥。缩尺模型各变量的相似关系见表 6.13。

表 6.13　　缩尺模型各变量的相似关系

类型	变量	符号	量纲	算式	相似系数
几何尺寸	线尺寸	l	[L]	—	1/4
	线位移	x	[L]	$S_x = S_l$	1/4
	角位移	θ	1	—	1
材料特性	弹性模量	E	$[\mathrm{ML^{-1}T^{-2}}]$	—	1
	密度	ρ	$[\mathrm{ML^{-3}}]$	—	1
	泊松比	ν	1	—	1
	应变	ε	1	—	1
	应力	σ	$[\mathrm{ML^{-1}T^{-2}}]$	—	1
	等效质量密度	ρ_e	$[\mathrm{ML^{-3}}]$	—	2
荷载	集中荷载	F	$[\mathrm{MLT^{-2}}]$	$S_F = S_E S_l^2$	1/16
	弯矩	M	$[\mathrm{ML^2T^{-2}}]$	$S_M = S_E S_l^3$	1/64
动力指数	时间	t	[T]	$S_T = S_t \sqrt{S_{\rho_e}/S_E}$	$1/2\sqrt{2}$
	自振频率	ω	$[\mathrm{T^{-1}}]$	$S_\omega = S_T^{-1}$	$2\sqrt{2}$
	加速度幅值	a	$[\mathrm{LT^{-2}}]$	$S_a = S_E/(S_l S_{\rho_e})$	2
	重力加速度	g	$[\mathrm{LT^{-2}}]$	—	1
	刚度	k	$[\mathrm{MT^{-2}}]$	$S_k = S_E S_l$	1/4
	结构自重	m	[M]	$S_m = S_{\rho_e} S_l^3$	1/32

缩尺模型按照表 6.13 所述相似关系由原型转化,考虑到实际试验条件限制以及隔震桥梁的受力特点,对缩尺模型在局部做了一定的修改。有关缩尺模型的各细节简述如下:

① 原型桥上部梁体采用空心板梁桥,按照 1∶4 缩尺后,空心板尺寸较小,板内钢筋间距更小,施工难度较大。同时考虑到混凝土隔震桥梁在地震作用下,上部梁体刚度对桥梁的地震响应影响很小,也很少出现因强度不足而形成的损伤或者破坏,梁体主要体现的是其质量特性。因此,缩尺模型中采用矩形截面(图 6.8)替代空心板梁实际截面,截面上顶面配置构造分布纵筋,下底面配置整块 30 mm 厚的底层钢板替代实际受力钢筋,整块梁体质量按原梁体质量的 1/32 确定,约 10.4 t。

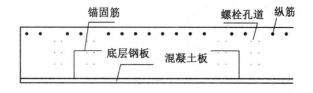

图 6.8　　板梁示意图

② 原型桥中所设支座为板式支座,在缩尺模型中,支座未按照原支座缩尺,而是根据研究需要在主梁两端各设置两个支座,支座分别采用三种类型。

③下部结构采用双柱墩形式,上设盖梁,下部由承台联系。桥墩墩柱直径为 0.3 m,净高 1.2 m,承台尺寸为 2.425 m×0.8 m×0.4 m。承台与振动台之间通过螺栓锚固。下部结构整体立面示意图如图 6.9 所示,桥墩配筋图如图 6.10 所示,盖梁配筋图如图 6.11 所示,承台配筋图如图 6.12 所示。

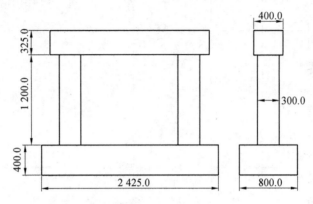

图 6.9   下部结构整体立面示意图(单位:mm)

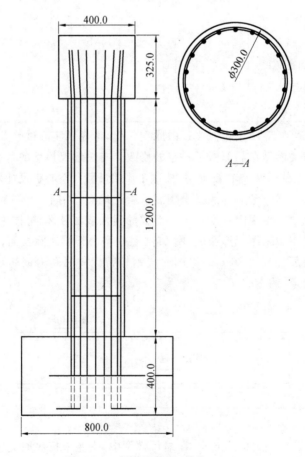

图 6.10   桥墩配筋图(单位:mm)

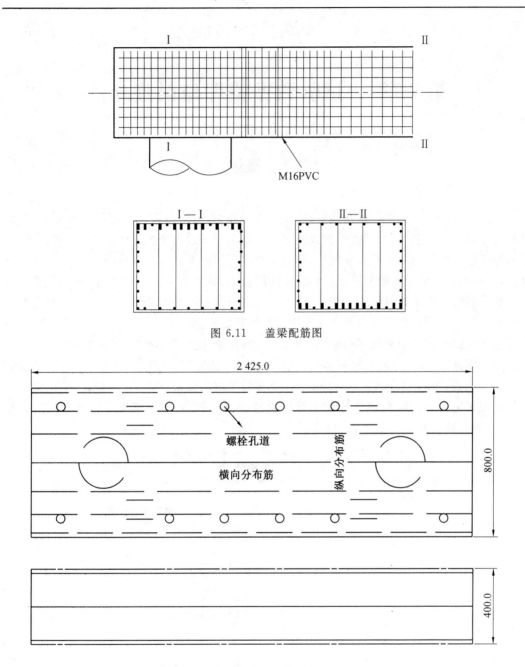

图 6.11　盖梁配筋图

图 6.12　承台配筋图(单位:mm)

第7章　试验数据整理与误差分析

7.1　概述

把试验得到的数据进行整理换算、统计分析和归纳演绎,以得到代表结构性能的指标,并通过公式、图像、表格、数学模型和数值等将这些指标表达出来的过程为数据处理。例如,把位移传感器测得的应变换算成位移,把应变片测得的应变换算成应力,由测得的位移计算挠度,由结构的变形和荷载的关系得到结构的屈服点、延性和恢复力模型等,对原始数据进行统计分析可以得平均值等统计特征值,对动态信号进行变换处理可以得到结构的自振频率等动力特性。采集到的数据是数据处理过程的原始数据。

在工程结构试验中采集到的原始数据量大,有时杂乱无章,有时甚至有错误,所以必须对原始数据进行处理,才能得到可靠的试验结果。试验数据处理的内容和步骤:① 试验数据的整理和换算;② 试验数据的统计分析;③ 试验数据的误差分析;④ 试验数据的表达。

研究采用概率论和数理统计知识对试验数据进行处理(包括搜集、整理、分析、评估等)。试验与理论的关系如图 7.1 所示。

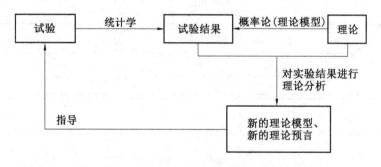

图 7.1　试验与理论的关系

7.2　试验数据的整理与换算

剔除不可靠或不可信数值和统一数据精度的过程为试验数据的整理。利用整理后的试验数据通过基础理论来计算另一物理量的过程为试验数据的换算。

7.2.1　试验数据的整理

当使用试验工具从事测量时,工具的最小刻度限制了测量值的有效位数。通常以仪器最小能读到的刻度值外加一位估计值作为记录的结果。但是由于科技的进步,现代很多仪表显示都已经数字化(直接显示数值),在正常的情形下,最后一位显示的数值,已经包含了仪器估计的成分。

但是并非数字化的仪器所显示的数值都是必须记录的。仪器显示的最小刻度值,应该配合仪器的精密度。但是仪器商生产不同精密度的仪器时,为了成本问题很可能使用相同的显示组件,因此某些仪器显示的数值可能多于实际的精密度。另外一种情形是,仪器虽然的确够精密,但是所测量的环境本身造成的影响使测量超过仪器精密度的范围。

1.影响结构试验数据的因素

① 仪器参数(如应变计的灵敏度系数)设置错误。

② 人工读数错误(如读错 6 和 9、读错 3 和 8、漏读正负号)。

③ 人工记录笔误(如将 3 记录成 8、漏记正负号)。

④ 环境因素造成数据失真(如温度引起应变增加)。

⑤ 测量仪器缺陷或布置错误(如无滤波、仪器参数设置有误)。

⑥ 外界干扰(如人工误碰仪器或者试件,电焊对应变产生影响)。

⑦ 修约(如有效位数不统一)。

2.试验数据修约

试验采集到的数据有时杂乱无章,如不同仪器得到的数据位数长短不一,应该根据试验要求和测量精度,按照有关的规定(如《数值修约规则与极限数值的表示和判定》(GB/T 8170—2008))进行修约,把试验数据修约成规定有效位数的数值。数据修约应按下面的规则进行。

(1) 数据的有效数字

若数据的最末一位有半个单位以内的误差,而其他数字都是准确的,则各位数字都是"有效数字"。

对于小数,第一个非零数字前面的零不是有效数字。如:0.002 3 有效数字为最后 2 位。数据末尾的一个或数个零应为有效数字。如 1 450 有效数字应为 4 位,0.460 有效数字为 3 位。 数字末尾的零的含义有时并不清楚,此时往往采用 10 的次方表示。如:12 000 表示为 1.2×10^4,有效数字为 2 位;若写成 1.20×10^4,有效数字为 3 位。

(2) 数字的舍入规则

① 拟舍弃数字的最左一位数字小于 5 时,则舍去,即保留的数字不变。例如:12.149 8 修约为 12.1。

② 拟舍弃数字的最左一位数字大于 5 时,则进 1,即保留的末位数字加 1。例如:10.68 修约为 11。

③ 拟舍弃数字的最左一位数字等于 5 时,则在舍去多余数字后,保留数字的末位凑成偶数,即当保留数字末位为偶数时不变,当末位数字为奇数时,末位数字加 1。例如:33 500 修约为 2 位有效数字,得 3.4×10^4。

④ 负数修约时,先将其绝对值按照上述规则修约,然后在修约值上面加负号。例如:将 −0.036 50 修约到 0.001,得 −0.036。

⑤ 拟修约数值应在确定修约位数后一次性修约获得结果,不得多次按上述规则连续修约。例如:15.454 6 修约为 15.45;不可将 15.454 6 修约为 15.455,然后再将 15.455 修约为 15.46。按以上规则舍入数字,可保证数据的舍入误差最小,在数据运算中不会造成舍入误差的迅速累积。

【例 7.1】将 3.141 59 取 3、4 位有效数字分别是多少?

【解】根据规则 ①、规则 ②,舍入后的有效数字分别为 3.14 和 3.142。

【例 7.2】2.55 和 2.65 保留 2 位有效数字分别是多少?

【解】根据规则 ③,均为 2.6。

(3)数字的运算规则

① 数据加减运算中,所得运算结果(和或差)的小数点后保留的位数,应与参与加减运算的各数据中小数点后位数最少的那一数据的位数相同。

例如:$4.286 + 1.32 − 0.456 3 = 5.149 7$(修约为 5.15)

② 数据乘除运算时,参与运算的各数据中有效数字位数最少的数据的相对误差最大,运算结果的有效数字位数应与这一数据的有效数字位数相同。

例如:$462.8 × 0.64 ÷ 1.22 = 242.780 33$(修约为 $2.4 × 10^2$)

③ 数据经乘方与开方运算,所得结果的有效数字位数与该数据的位数相同。

例如:$3.25^2 = 10.562 5$(修约为 10.6)

④ 对数计算中,所取对数应与该数据有效数字位数相同。

例如:$\lg 32.8 = 1.515 87\cdots$(修约为 1.52)

⑤ 运算的中间结果的数字可多保留 1 ~ 2 位,以便减小舍入误差的影响。

⑥ 运算中,计算数据的有效位数时,对于常数 π、e、$\sqrt{2}$ 及其他无误差的数值,其有效数字的位数可认为是无限的,在计算中需要几位就取几位。

例如:$1/2 = 0.500 0\cdots$,其有效数字可任意取用。

⑦ 运算中,计算数据的有效位数时,若第一位有效数字等于或大于 8,则其有效数字的位数可多计一位。

例如:$8.5 × 1.38 × 0.267 = 3.131 91$(修约为 3.13)。

7.2.2　试验数据的换算

经过整理的数据还需要进行换算,才能得到所要求的物理量。如图 7.2 所示为试验数据换算关系,把应变仪测得的应变换算成相应的位移、转角、应力等。数据换算应以相应的理论知识为依据,这里不再赘述。实例可参见 2.3.8 节"钢桁架静力试验实例"试验数据的整理换算。

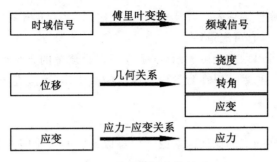

图 7.2　试验数据换算关系

7.3　试验数据的误差分析

7.3.1　真值与误差

被测对象的值是客观存在的,称为真值 x。每次测量所得的值称为实测值 $x_i(i=1,2,\cdots,n)$。实测值与真值的差值即为测量误差:

$$e_i = x_i - x, \quad i = 1,2,3,\cdots,n \tag{7.1}$$

测量的目的是获得被测量的真值。经过等精度、无穷多次重复测量所得的数据,在剔除粗大误差并尽可能消除和修正系统误差之后,其测量结果的算术平均值接近其真值,即被测数据的统计平均值(或数学期望)接近真值。

误差分为两种,一种为绝对误差,一种为相对误差。

(1)绝对误差

实测值 x 与均值 μ 之差称为绝对误差,即

$$\Delta = x - \mu \tag{7.2}$$

(2)相对误差

绝对误差与被测量实测值 x 的比值称为相对误差,即

$$\delta = \frac{\Delta}{x} \tag{7.3}$$

7.3.2　误差的分类及来源

1.误差分类

由于各种主观和客观的原因,任何测量数据不可避免地都包含一定程度的误差。只有了解了试验误差的范围,才能有可能正确评估试验所得到的结果。同时,对试验误差进行分析将有助于在试验中控制和减少误差的产生。

根据误差产生的原因和性质,可以将误差分为系统误差、随机误差和过失误差三类。

(1)系统误差

系统误差是指测量系统(包括测量方法、测量仪表、测量条件、仪器操作)由于某些客观

因素所引起的带有规律性的误差。其特点:原因固定,始终有规律存在,其大小与符号都不变或按某一规律变化,具有可测量性。

系统误差的大小可以用准确度表示,准确度高表示测量的系统误差小。查明系统误差的原因,找出其变化规律,就可以在测量中采取措施减小误差,或在数据处理时对测量结果进行修正。

(2) 随机误差

随机误差是由一些随机的偶然因素或预先难以确定的微小因素造成的,它的绝对值和符号变化无常。随机误差具有随机性质,但多次测量具有统计规律性,一般认为其服从正态分布。随机误差具有以下特点:

① 误差的绝对值不会超过一定的界线。

② 小误差比大误差出现的次数多,近于零的误差出现的次数最多。

③ 绝对值相等的正误差与负误差出现的次数几乎相等。

④ 误差的算术平均值随着测量次数的增加而趋向于零。

另外要注意,在实际试验中往往很难区分随机误差和系统误差,许多误差都是这两类误差的组合。

随机误差的大小可以用精密度表示,精密度高表示测量的随机误差小。对随机误差进行统计分析,或增加测量次数,找出其统计特征值,就可以在数据处理时对测量结果进行修正。

(3) 过失误差

过失误差是指测量时由于测量人员的操作技术不佳、仪表安装不当或粗心大意所造成的误差。应及时发现并剔除过失误差。

2.系统误差的来源

系统误差的来源有:方法误差、仪器误差、环境误差、操作误差等。

① 方法误差:测量方法或数学处理方法不完善造成的误差,如采用简化的测量方法或近似方法以及对某些经常作用的外界条件影响的忽略,导致测量结果偏高或偏低。

② 仪器误差:测量工具结构上不完善或零部件加工制作的缺陷造成的误差,如百分表刻度不均匀。

③ 环境误差:测量条件变化造成的误差。

④ 操作误差:测量人员没有调整好仪器带来的误差。

7.3.3　随机误差统计分析

1.随机误差的正态分布

试验数据处理时,可以通过统计分析方法建立试验数据服从的统计规律。通常认为随机误差服从正态分布,其正态分布曲线如图 7.3 所示。

随机误差分布密度函数和概率函数为

$$P_N(x) = \frac{1}{\sqrt{2\pi}\,\sigma} e^{-\left(\frac{x-\mu}{2\sigma}\right)^2} \tag{7.4}$$

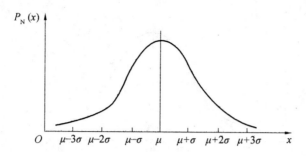

图 7.3　正态分布曲线

$$P(a \leqslant x \leqslant b) = \int_a^b f(x)\,\mathrm{d}x \tag{7.5}$$

式中　μ——随机变量的平均值；

　　　　σ——随机变量的标准差；

　　　　$x - \mu$——随机误差。

对于满足正态分布的曲线族,只要参数 μ 和 σ 已知,曲线就可以确定。图 7.4 所示为正态分布密度函数图,从中可以看出:

①$P_N(x)$ 在 $x = \mu$ 处达到最大值,μ 表示随机变量分布的集中位置。

②$P_N(x)$ 在 $x = \mu \pm \sigma$ 处曲线有拐点。σ 值越小,$P_N(x)$ 曲线的最大值就越大,并且降落得越快,所以 σ 表示随机变量分布的分散程度。

③ 若把 $x - \mu$ 称作偏差,则可见小偏差出现的概率大,大偏差出现的概率小。

④$P_N(x)$ 曲线关于 $x = \mu$ 是对称的,即大小相同的正负偏差出现的概率相同。

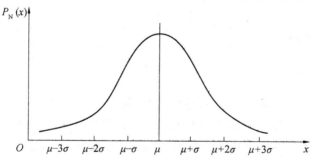

图 7.4　正态分布密度函数图

由图 7.5 可知,随机变量在 $\mu \pm 3\sigma$ 范围内的概率为 99.74%,说明随机变量明显偏离平均值且偏离程度达 $\pm 3\sigma$ 的可能性很小。因此,可以采用 3σ 为界限。

2.正态分布的参数估计

在条件许可的情况下,总是采用多次测量,求其算数平均值作为最佳值。对误差进行参数估计的时候,需要计算其算术平均值、误差和标准差。

设在一次试验中对某一变量进行了 n 次观测,得到观测值 $x_1, x_2, \cdots, x_n$,观测值的平均值为

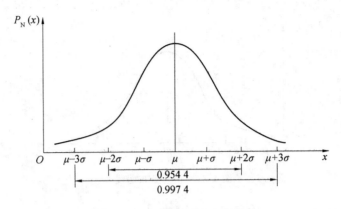

图 7.5 标准正态分布概率

$$\mu_x = \frac{1}{n} \sum_{i=1}^{n} x_i \qquad (7.6)$$

每个观测值的误差为

$$e_i = x_i - \mu_x \qquad (7.7)$$

观测值的标准差为

$$\sigma_x = \sqrt{\frac{1}{n-1} \sum_{i=1}^{n} (x_i - \mu_x)^2} = \sqrt{\frac{1}{n-1} \sum_{i=1}^{n} e_i{}^2} \qquad (7.8)$$

式中　　$x_1, x_1, \cdots, x_n$——直接测量值；

　　　　n——观测次数；

　　　　e——误差；

　　　　μ_x——均值；

　　　　σ_x——标准差。

7.3.4　误差传递

　　每一个分析结果都是通过一系列的操作后获得的,而其中的每一个步骤可能发生的误差都会对分析结果产生影响,称为误差的传递。讨论误差的传递,应研究和解决以下问题:各测量值的误差是否为影响分析结果的原因;如何控制测量误差,使分析结果达到一定的准确度。

　　在对试验结果进行数据处理时,常常需要用若干个直接测量值计算某一物理量的值,比如有如下关系:

$$y = f(x_1, x_1, \cdots, x_n) \qquad (7.9)$$

式中　　$x_1, x_1, \cdots, x_n$——直接测量值；

　　　　y——计算物理量值。

　　若直接测量值 x_i 的最大绝对误差为 $\Delta x_i (i=1,2,\cdots,n)$,则 y 的最大绝对误差 Δy 和最大相对误差 δy 分别为

$$\Delta y = \left| \frac{\partial f}{\partial x_1} \right| \Delta x_1 + \left| \frac{\partial f}{\partial x_2} \right| \Delta x_2 + \cdots + \left| \frac{\partial f}{\partial x_n} \right| \Delta x_n \qquad (7.10)$$

$$\delta y = \frac{\Delta y}{|y|} = \left| \frac{\partial f}{\partial x_1} \right| \frac{\Delta x_1}{|y|} + \left| \frac{\partial f}{\partial x_2} \right| \frac{\Delta x_2}{|y|} + \cdots + \left| \frac{\partial f}{\partial x_n} \right| \frac{\Delta x_n}{|y|} \qquad (7.11)$$

对一些常用的函数形式,可以采用以下关于误差估计的实用公式。

(1) 代数和

$$y = x_1 + x_2 + \cdots + x_n$$

最大绝对误差:$\Delta y = \Delta x_1 + \Delta x_2 + \cdots + \Delta x_n$

最大相对误差:$\delta y = \dfrac{\Delta y}{|y|} = \dfrac{\Delta x_1 + \Delta x_2 + \cdots + \Delta x_n}{|x_1 + x_2 + \cdots + x_n|}$

(2) 乘法

$$y = x_1 \cdot x_2$$

最大绝对误差:$\Delta y = |x_2| \Delta x_1 + |x_1| \Delta x_2$

最大相对误差:$\delta y = \dfrac{\Delta y}{|y|} = \dfrac{\Delta x_1}{|x_1|} + \dfrac{\Delta x_2}{|x_2|}$

(3) 除法

$$y = x_1 / x_2$$

最大绝对误差:$\Delta y = \left| \dfrac{1}{x_2} \right| \Delta x_1 + \left| \dfrac{x_1}{x_2^2} \right| \Delta x_2$

最大相对误差:$\delta y = \dfrac{\Delta y}{|y|} = \dfrac{\Delta x_1}{|x_1|} + \dfrac{\Delta x_2}{|x_2|}$

(4) 幂函数

$$y = x^a$$

最大绝对误差:$\Delta y = |a x^{a-1}| \Delta x$

最大相对误差:$\delta y = \dfrac{\Delta y}{|y|} = \left| \dfrac{a}{x} \right| \Delta x$

(5) 对数

$$y = \ln x$$

最大绝对误差:$\Delta y = \left| \dfrac{1}{x} \right| \Delta x$

最大相对误差:$\delta y = \dfrac{\Delta y}{|y|} = \dfrac{\Delta x}{|x \ln x|}$

【例7.3】若 $y = x_1 \cdot x_2 + x_3 / x_4$,直接测量值 x_i 分别为 10 mm、11 mm、12 mm、13 mm,它们的最大绝对误差分别为 0.01 mm、0.02 mm、0.01 mm、0.03 mm,求 y 的最绝大对误差 Δy 和最大相对误差 δy(单位:mm)。

【解】最大绝对误差为

$$\Delta y = |x_2| \Delta x_1 + |x_1| \Delta x_2 + \left| \frac{1}{x_4} \right| \Delta x_3 + \left| \frac{x_3}{x_4^2} \right| \Delta x_4 =$$

$$11 \times 0.01 + 10 \times 0.02 + \frac{1}{13} \times 0.01 + \frac{12}{13^2} \times 0.03 \approx$$

$$0.312\ 9\ (\text{mm})$$

最大相对误差为

$$\delta y = \frac{\Delta y}{|y|} = \frac{0.312\ 9}{|10 \times 11 + 12/13|} \approx 0.002\ 8$$

【例 7.4】在一根截面尺寸为 $b \times h = 3\ \text{mm} \times 4\ \text{mm}$ 的拉杆上,测得应变为 500×10^{-6},拉杆的弹性模量 $E = 2.1 \times 10^5\ \text{N/mm}^2$,应变测量误差为测量值的 1%,截面尺寸误差为测量值的 1%,弹性模量误差也为测量值的 1%。试分析拉杆轴向力的测量误差。

【解】轴向拉力 $N = \varepsilon EA = \varepsilon Ebh$,是间接测定值,各分项误差将传递给试验结果轴向力 N,故应采用函数误差进行分析。轴向拉力 $N = 500 \times 10^{-6} \times 2.1 \times 10^5 \times 3 \times 4 = 1\ 260\ \text{N}$。

最大绝对误差为

$$\Delta N = \sum_{i=1}^{n} \left| \frac{\partial N}{\partial x_i} \Delta x_i \right| = \left| \frac{\partial N}{\partial \varepsilon} \Delta \varepsilon \right| + \left| \frac{\partial N}{\partial E} \Delta E \right| + \left| \frac{\partial N}{\partial b} \Delta b \right| + \left| \frac{\partial N}{\partial h} \Delta h \right| =$$
$$\left| Ebh \Delta \varepsilon \right| + \left| \varepsilon bh \Delta E \right| + \left| \varepsilon Eh \Delta b \right| + \left| \varepsilon Eb \Delta h \right| =$$
$$2.1 \times 10^5 \times 3 \times 4 \times 5 \times 10^{-6} + 500 \times 10^{-6} \times 3 \times 4 \times$$
$$0.021 \times 10^5 + 500 \times 10^{-6} \times 2.1 \times 10^5 \times 4 \times 0.03 +$$
$$500 \times 10^{-6} \times 2.1 \times 10^5 \times 3 \times 0.04 = 50.4\ (\text{N})$$

最大相对误差为

$$\delta N = \frac{\Delta N}{N} = \frac{50.4}{1\ 260} = 0.04$$

7.3.5　误差检验与剔除

根据误差的统计规律,绝对值越大的随机误差,其出现的概率越小;随机误差的绝对值不会超过某一范围。因此可以选择一个范围来对各个数据进行鉴别,如果某处数据的偏差超出此范围,则认为该数据中包含有过失误差,应予以剔除。常用的判别范围和鉴别方法为 3σ 方法:由于随机误差服从正态分布,误差绝对值大于 3σ 的测试数据出现的概率仅约为 0.3%,即 300 多次才能出现一次。因此,当某个数据的误差绝对值大于 3σ 时,认为是过失误差,应剔除该数据。其判别公式为

$$|x_i - \mu_x| > 3\sigma_x \tag{7.12}$$

其中,μ_x 为观测量的平均值,σ_x 为观测量的标准差,计算公式为

$$\mu_x = \frac{1}{n} \sum_{i=1}^{n} x_i \tag{7.13}$$

$$\sigma_x = \sqrt{\frac{1}{n-1} \sum_{i=1}^{n} (x_i - \mu_x)^2} \tag{7.14}$$

【例 7.5】测定一批构件的承载能力,得 4 520、4 460、4 610、4 540、4 550、4 490、4 680、4 460、4 500、4 830(单位:N・m),问:其中是否包含过失误差?

【解】求平均值:

$$\sum e_i^2 = (4\ 520 - 4\ 564)^2 + \cdots + (4\ 830 - 4\ 564)^2 = 120\ 240\ (\text{N・m})^2$$

按 3σ 方法,如果符合 $|x_i - \mu_x| > 3\sigma_x$,则认为包括过失误差而把它剔除。逐个数据计算后得到 $|x_i - 4\ 564| < 3\sigma_x = 3 \times 115.6 = 346.8\ (\text{N・m})$

所以,所测数据不包括过失误差。

7.4　试验数据的表达

数据的表达是指把试验数据按照一定的规律、方式来表达,以便对数据进行分析。数据的表达方式主要包括:表格、图像、函数。

7.4.1　表格方式

表格按其内容和格式可分为汇总表格和关系表格两大类。汇总表格把试验结果中的主要内容或试验中的某些重要数据汇集于一个表格中,起类似于摘要和结论的作用,表中的行与行、列与列之间一般没有必然的关系;关系表格是把相互有关的数据按一定的格式列于表中,表中行与行、列与列之间均有一定的关系,它的作用是使有一定关系的若干个变量的数据更加清楚地表示变量之间的关系和规律。

表格的主要组成部分和基本要求如下:

① 每个表格都应该有名称,如果文章中有一个以上的表格时,还应该有表格的编号。表格名称和编号通常放在表格的顶部。

② 表格的形式由表格的内容和要求决定,在满足基本要求的情况下,可以对细节做变动。

③ 不论何种表格,每列都必须有列名,它表示该列数据的意义和单位;列名都放在每列的头部,应把各列名都放在第一行对齐,如果第一行空间不够,可以把列名的部分内容放在表格下面的注解中去。应尽量把主要的数据列或自变量列靠左放置。

④ 表格中的内容应尽量完全,能完整地说明问题。

⑤ 表格中的符号和缩写应该采用标准格式,表格中的数字应该整齐、准确。

⑥ 如果需要对表格中的内容加以说明,可以在表格的下方紧挨着表格加注解,不要把注解放在其他任何地方,以免混淆。

⑦ 应突出重点,把主要内容放在醒目的位置。

7.4.2　图像方式

试验数据还可以用图像方式来表达,有曲线图、直方图和散点分布图等形式,其中最常用的是曲线图。

1. 曲线图

曲线可以清楚、直观地显示两个或两个以上变量之间关系的变化过程,或显示若干个变量数据沿某一区域的分布;可以显示变化过程或分布范围中的转折点、最高点、最低点及周期变化规律。对于定性分析和整体分析来说,曲线图是最合适的方法。曲线图的主要组成部分和基本要求如下:

① 每个曲线图必须有图名,如果文章中有一个以上的曲线图,还应该有图的编号。图名和图号通常放在图的底部。

② 每个曲线图应该有一个横坐标和一个或一个以上的纵坐标,每个坐标轴都应有名称;坐标轴的形式、比例和长度可根据数据和范围来决定,但应该使整个曲线图清楚、准确地反映数据的规律。

③ 通常取横坐标作为自变量,取纵坐标作为因变量。自变量通常只有一个,因变量可以有若干个。一个因变量可以组成一条曲线,一个曲线图中可以有若干条曲线。

④ 有若干条曲线时,可以用不同线型(实线、虚线、点画线和点线等)或用不同的标记(△、+、−、×、* 等)加以区别,也可以用文字说明来区别。

⑤ 曲线必须以试验数为根据。对试验时记录得到的连续曲线(如 $X-Y$ 函数记录仪记录的曲线、光线示波器记录的振动曲线等),可以直接采用或加以修整后采用。对试验时非连续记录得到的数据和连续记录离散化得到的数据,可以用直线或曲线顺序相连,并应尽可能用标记标出试验数据点。

⑥ 如果需要对曲线图中的内容加以说明,可以在图中或图名下加注解。

2.直方图

直方图的作用之一是统计分析,通过绘制某个变量的频率直方图和累计频率直方图来判断其随机分布规律。为了研究某个随机变量的分布规律,首先要对该变量进行大量的观测,然后按照以下步骤绘制直方图:

① 从观测数据中找出最大值和最小值。

② 确定分组区间和组数,区间宽度为 Δx,算出各组的中值。

③ 根据原始记录,统计各组内测量值出现的频数 m_i。

④ 计算各组的频率 $f_i (f_i = m_i / \sum m_i)$ 和累积频率。

⑤ 绘制频率直方图和累积频率直方图,以观测值为横坐标,以频率密度 $(f_i / \Delta x)$ 为纵坐标,在每一分组区间作以区间宽度为底、以频率密度为高的矩形,这些矩形所组成的阶梯形称为频率直方图;再以累积频率为纵坐标,绘出累积频率直方图。从频率直方图和累积频率直方图的基本趋向,可以判断随机变量的分布规律。

直方图的另一个作用是比较数值,把大小不同的数据用不同长度的矩形来代表,可以得到更加直观的比较。

3.散点分布图

散点分布图在建立试验结果的经验公式或半经验公式时最常用。先在相对独立的系列试验中得到试验观测数据,采用回归分析确定系列试验中试验变量之间的统计规律,然后用散点分布图给出数据分析的结果。

7.4.3 函数方式

对某一试验结果,在确定了函数形式后,应通过数学方法求其系数,所求得的系数使得这函数与试验结果尽可能相符。常用的数学方法有回归分析等。

1.回归分析

设试验结果为 $(x_i, y_i)(i=1,2,\cdots,n)$,用一函数来模拟 x_i 与 y_i 之间的关系,这个函数

中有待定系数 $\alpha_j(j=1,2,\cdots,m)$，可写为

$$\alpha_j=(x_i,y_i),\ i=1,2,\cdots,n;j=1,2,\cdots,m \tag{7.15}$$

其中的 α_j 也可称为回归系数。

　　求这些回归系数所遵循的原则：将所求得的系数代入函数式中，用函数式计算得到的数值应与试验结果呈最佳近似。通常用最小二乘法来确定回归系数 α_j。

2.一元线性回归分析

　　设试验结果 x_i 与 y_i 之间存在着线性关系，如图 7.6 所示，假定直线方程如下：

$$\hat{y}=A+Bx \tag{7.16}$$

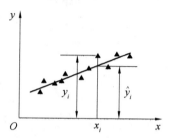

图 7.6　一元线性回归分析

　　相对偏差的平方和作为目标函数 Q：

$$Q=\sum_{i=1}^{n}(y_i-\hat{y}_i)^2=\sum_{i=1}^{n}(y_i-A-Bx_i)^2=Q(A,B) \tag{7.17}$$

　　总体误差函数对 A、B 的一阶偏导数等于 0 处存在极小值。分别对 A、B 求一阶偏导得

$$\frac{\partial Q}{\partial A}=2\sum(y_i-A-Bx_i)(-1)=0 \tag{7.18}$$

$$\frac{\partial Q}{\partial B}=2\sum(y_i-A-Bx_i)(-1)=0 \tag{7.19}$$

所以，可以求得关于 A、B 的方程组：

$$B=\frac{\sum x_iy_i-\dfrac{1}{n}\sum x_i\sum y_i}{\sum x_i^2-\dfrac{1}{n}\left(\sum x_i\right)^2}=\frac{S_{xy}}{S_{xx}} \tag{7.20}$$

$$A=\frac{1}{n}\sum y_i-B\frac{1}{n}\sum x_i=\bar{y}-B\bar{x} \tag{7.21}$$

其中

$$S_{xx}=\sum x_i^2-\frac{1}{n}\left(\sum x_i\right)^2=\sum(x_i-\bar{x})^2 \tag{7.22}$$

$$S_{yy}=\sum y_i^2-\frac{1}{n}\left(\sum y_i\right)^2=\sum(y_i-\bar{y})^2 \tag{7.23}$$

$$S_{xy}=\sum x_iy_i-\frac{1}{n}\sum x_i\sum y_i=\sum(x_i-\bar{x})(y_i-\bar{y}) \tag{7.24}$$

　　设 r 为相关系数，它反映了变量 x 和 y 之间线性相关的密切程度，r 由下式定义：

$$r = \frac{S_{xy}}{\sqrt{S_{xx}S_{yy}}}$$

(7.25)

显然 $|r| \leqslant 1$。当且仅当 $\sum (y_i - y)^2 = 0$，$|r| = 1$ 时，x 与 y 称为完全线性相关，此时所有的数据点 (x_i, y_i) 都在直线上；当 $|r| = 0$，$S_{xy} = 0$ 时，$B = 0$，x 与 y 称为完全线性无关，此时数据点的分布毫无规则。$|r|$ 越大，线性关系越好；当 $|r|$ 很小时，线性关系很差，这时再用一元线性回归方程来代表 x 与 y 之间的关系就不合理了。

第8章　动态数据后处理

信号定义为随着时间、空间或其他自变量变化而变化的物理量。数学上把一个信号描述为一个或者几个自变量的函数。信号可以按照不同的性质进行分类。例如，按照维数可以将语音信号划分为一维信号，将图像信号划分为二维信号。按照周期特征又可以将信号分为周期信号和非周期信号。但从信号处理的角度，一般将信号分为模拟信号、离散信号和数字信号三大类。

（1）模拟信号

模拟信号是时间上连续、幅度上也连续的信号。用电压或电流去模拟其他物理量，如声音、温度、压力、图像等所得到的信号。

$$x_1(t) = \mathrm{e}^{-|t|}, \quad -\infty < t < +\infty \tag{8.1}$$

式中　　t——连续时间；

$\quad\quad x_1(t)$——模拟信号。

（2）离散信号

时间上离散、幅度上连续的信号为离散信号。

$$x_2(t_n) = \mathrm{e}^{-|t_n|}, \quad n = 0, \pm 1, \pm 2, \cdots \tag{8.2}$$

式中　　t_n——离散时间；

$\quad\quad x_2(t_n)$——离散信号。

（3）数字信号

时间上和幅度上都离散的信号为数字信号，可由模拟信号经离散和量化得到，本质上是一系列的数。

$$x_3(t_n) = \mathrm{e}[t_n], \quad n = 0, \pm 1, \pm 2, \cdots \tag{8.3}$$

式中　　t_n——离散时间；

$\quad\quad x_3(t_n)$——数字信号。

数字信号处理中，一般通过 A/D 转换器实现模拟信号 $x(t)$ 的采样，将模拟信号转换成离散信号 $x(n) = x(nT)$，并进一步量化编码形成计算机、DSP（Digital Signal Processor）处理器等数字处理系统能接收和处理的数字信号 $x_{\mathrm{d}}(n)$，如图 8.1 所示。因为模拟信号连续地取值意味着任何一个时间（空间）区域均存在无穷多个信号值，这些信号值不可能被有限容量的存储器所存储，而且模拟信号幅度取值的连续性同样意味着需要无穷个不同的符号来描述信号，这对数字处理系统来说这也是不可能的。因此，数字信号处理的前提是处理对象必须是数字信号。

通过振动测试基本手段可得到激励和响应的时域信号。这一时域信号通常是足够长的模拟电压信号，是进行模态分析的主要数据，可以用磁带记录仪记录下来再进行离线分析，也可立即进行实时在线分析。后续分析的目的是根据实时激励和响应的时间历程，通过一定方法获得测试结构的非参数模型——频响函数或脉冲响应函数。这一过程称为动态测试后处理。

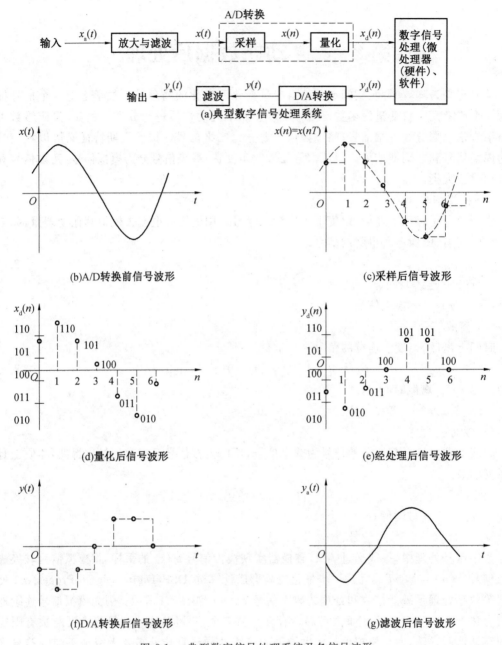

图 8.1　典型数字信号处理系统及各信号波形

需获得何种非参数模型是由拟采用的参数识别方法决定的。如果用频域法,必须求得系统的频响函数;如果用时域法,有时需要由频响函数求得脉冲响应函数,有时只需自由衰减振动的离散数字信号即可。

动态测试后处理分为模拟式和数字式两种。前者由硬件完成,后者由硬件、软件或软硬件结合来实现。动态测试后处理所用仪器和软件名称很多,但一般统称为频率(频谱)分析仪或频率(频谱)分析系统。模拟式频率分析仪的核心是带通滤波器。由于这类仪器分析速度慢、精度差、功能少,也不能使用软件配合处理,现在已基本淘汰。故这里只介绍数字式频率分析仪或分析系统的基本原理。

数字式频率分析系统常称为动态信号分析系统。事实上,后者所包含的功能更多,使用的范围也更大。数字式频率分析系统使用的基本处理技术包括采样和量化、加窗、快速傅里叶变换(FFT)、平均、数字滤波、细化等;涉及的基本问题有采样速率、频率混叠、泄漏、功率谱估计、噪声影响等。

8.1　离散傅里叶变换

离散傅里叶变换是数字信号处理的核心。它不仅存在与无限长连续函数傅里叶变换同样完美对称的数学形式,更能实现对有限序列信号的快速计算。因此,对离散傅里叶变换基本性质,特别是它与无限连续信号傅里叶变换关系的讨论显得尤为重要。

关于推导和解释有限序列离散傅里叶变换的存在性有若干种观点,其中两种对理解离散傅里叶变换有重要意义。一种是从傅里叶变换的积分表达式直接推导出离散傅里叶变换的表达式,这种方法给出了离散傅里叶变换所得频谱与原连续信号傅里叶谱之间的数值关系;另一种是从无限长离散周期序列的傅里叶级数表达式给出离散傅里叶变换的表达式,亦即对有限时间序列的周期延拓所得无限长周期序列的频谱即为离散傅里叶变换的频谱(即离散傅里叶谱),这一解释给出了离散傅里叶谱的周期性。

8.1.1　由傅里叶变换推导离散傅里叶变换

一无限长连续信号 $x(t)$ 的傅里叶变换对为

$$X(\omega) = \int_{-\infty}^{\infty} x(t) \, \mathrm{e}^{-\mathrm{j}\omega t} \, \mathrm{d}t \tag{8.4}$$

$$x(t) = \frac{1}{2\pi} \int_{-\infty}^{\infty} X(\omega) \, \mathrm{e}^{\mathrm{j}\omega t} \, \mathrm{d}\omega \tag{8.5}$$

式中　　$x(t)$ —— 无限长连续信号;

　　　　$X(\omega)$ —— 无限长连续信号的傅里叶变换。

截取其中一段长为 T 的信号 $x_T(t)$,其有限长信号的傅里叶变换对为

$$X_T(\omega) = \int_0^T x_T(t) \, \mathrm{e}^{-\mathrm{j}\omega t} \, \mathrm{d}t \tag{8.6}$$

$$x_T(t) = \frac{1}{2\pi} \int_{-\omega_m}^{\omega_m} X_T(\omega) \, \mathrm{e}^{\mathrm{j}\omega t} \, \mathrm{d}\omega \tag{8.7}$$

式中　　$x_T(t)$ —— 长度为 T 的连续信号;

　　　　$X_T(\omega)$ —— 长度为 T 的连续信号的傅里叶变换。

对截断信号 $x_T(t)$ 进行采样离散化,采样时间间隔 $\Delta t = \dfrac{T}{N}$,采样点数为 N。为方便,设满足采样定理 $\Delta t \leqslant \dfrac{1}{2f_m}$,$f_m$ 为 $x_T(t)$ 包含的最高频率成分,$\omega_m = 2\pi f_m$。同时,对频域 ω 也

进行离散,频率分辨率 $\Delta\omega = \dfrac{2\pi}{T} = \dfrac{2\pi}{N\Delta t} = \dfrac{\omega_s}{N}(\omega_s = 2\pi f_s = \dfrac{2\pi}{\Delta t}$,为采样圆频率$)$,则时域离散点为

$$t_k = k\Delta t = \frac{kT}{N}, \ k = 0,1,\cdots,N-1 \tag{8.8}$$

时域离散信号为

$$\widetilde{x}_T(t_k) = \widetilde{x}_T(k\Delta t) = \widetilde{x}_T(k) \tag{8.9}$$

频域离散点为

$$\omega_n = n\Delta\omega = \frac{2\pi n}{T}, \ n = 0,1,\cdots,N-1 \tag{8.10}$$

频域离散谱为

$$\widetilde{X}_T(\omega_n) = \widetilde{X}_T(n\Delta\omega) = \widetilde{X}_T(n) \tag{8.11}$$

将式(8.8)~(8.11)代入式(8.6)和式(8.7),得

$$\widetilde{X}_T(n) = \sum_{k=0}^{N-1} \widetilde{x}_T(k)\,e^{-j\frac{2\pi n}{T}\cdot\frac{kT}{N}}\Delta t = \Delta t\sum_{k=0}^{N-1}\widetilde{x}_T(k)\,e^{-j2\pi kn/N} \tag{8.12}$$

$$\widetilde{x}_T(k) = \frac{1}{2\pi}\sum_{n=0}^{N-1}\widetilde{X}_T(n)\,e^{j2\pi kn/N}\Delta\omega = \frac{\Delta\omega}{2\pi}\sum_{n=0}^{N-1}\widetilde{X}_T(n)\,e^{j2\pi kn/N} = \frac{1}{N\Delta t}\sum_{k=0}^{N-1}\widetilde{X}_T(n)\,e^{j2\pi kn/N} \tag{8.13}$$

式(8.12)和式(8.13)即为有限序列离散傅里叶变换对。为了保持变换对的对称性,以 $\dfrac{1}{\Delta t}\widetilde{X}_T(n)$ 作为离散傅里叶谱,并仍记为 $\widetilde{X}_T(\omega_n)$,即

$$\widetilde{X}_T(\omega_n) = \frac{1}{\Delta t}\widetilde{X}_T(n) \tag{8.14}$$

$\widetilde{x}(k)$ 仍用 $\widetilde{x}_T(t_k)$ 表示,则式(8.12)和式(8.13)即为

$$\widetilde{X}_T(\omega_n) = \sum_{k=0}^{N-1}\widetilde{x}_T(t_k)\,e^{-j2\pi kn/N} \tag{8.15}$$

$$\widetilde{x}_T(t_k) = \frac{1}{N}\sum_{n=0}^{N-1}\widetilde{X}_T(\omega_n)\,e^{j2\pi kn/N} \tag{8.16}$$

式(8.14)说明,由式(8.15)表示的离散傅里叶谱是原信号频谱的 $\dfrac{1}{\Delta t} = f_s$ 倍。

值得注意的是,上述推导离散傅里叶变换的过程虽是由连续傅里叶变换近似得到的,但离散傅里叶变换对式(8.15)和式(8.16)之间存在着精确的对应关系,它们是精确的变换对。

8.1.2 由无限长离散周期时间序列傅里叶级数推导离散傅里叶变换

考查一无限长周期序列 $\widetilde{x}(k)$,周期为 N,即对任意整数 m,$\widetilde{x}(k+mN) = \widetilde{x}(k)$。显然,周期序列 $\widetilde{x}(k)$ 可以用复指数形式的序列傅里叶级数表示,傅里叶级数基频为 $\dfrac{2\pi}{N}$。由于复指数 $e^{j2\pi kn/N}$ 是 n 的(以 N 为周期)周期函数,所以周期序列 $\widetilde{x}(k)$ 的傅里叶级数表达式只

包含 N 个复指数,即有表达式:

$$\widetilde{x}(k) = \frac{1}{N} \sum_{k=0}^{N-1} \widetilde{X}(n) \, e^{j2\pi kn/N} \tag{8.17}$$

其中,系数 $\dfrac{1}{N}$ 是为了表达方便加上去的。

式(8.17)两边乘以 $e^{-j2\pi kr/N}$,r 为整数,并对 k 从 0 到 $N-1$ 求和,得

$$\sum_{k=0}^{N-1} \widetilde{x}(k) \, e^{-j2\pi kr/N} = \frac{1}{N} \sum_{k=0}^{N-1} \sum_{n=0}^{N-1} \widetilde{X}(n) \, e^{j2\pi(n-r)/N} \tag{8.18}$$

变换右端求和次序,有

$$\sum_{k=0}^{N-1} \widetilde{x}(k) \, e^{-j2\pi kr/N} = \sum_{n=0}^{N-1} \widetilde{X}(n) \left[\frac{1}{N} \sum_{k=0}^{N-1} e^{j2\pi(n-r)k/N} \right] \tag{8.19}$$

当 N 为偶数时,利用复指数的正交性,有

$$\frac{1}{N} \sum_{k=0}^{N-1} e^{j2\pi(n-r)k/N} = \begin{cases} 1, & n=r \\ 0, & n \neq r \end{cases} \quad (0 \leqslant n \leqslant N-1) \tag{8.20}$$

代入式(8.19),有

$$\sum_{k=0}^{N-1} \widetilde{x}(k) \, e^{-j2\pi kr/N} = \widetilde{X}(r) \tag{8.21}$$

将式(8.21)中 r 记为 n,则得式(8.17)的傅里叶系数表达式:

$$\widetilde{X}(n) = \sum_{k=0}^{N-1} \widetilde{x}(k) \, e^{-j2\pi kn/N} \tag{8.22}$$

显然,周期序列 $\widetilde{x}(k)$ 的傅里叶级数表达式(8.17)及其系数表达式(8.22)与离散傅里叶变换对式(8.15)、式(8.16)完全相同。因此可以认为,对有限序列 $\widetilde{x}_T(t_k)$ 所做离散傅里叶变换式(8.15),即是将 $\widetilde{x}_T(t_k)$ 做周期延拓所得无限长周期序列 $\widetilde{x}(k)$ 的傅里叶级数系数表达式(8.22)。所以,周期序列 $\widetilde{x}(k)$ 傅里叶级数变换对与有限序列 $\widetilde{x}_T(t_k)$ 离散傅里叶变换对的性质完全相同。

有了以上解释,可以对泄漏现象有进一步理解。一个无限长连续信号经截断、采样并做离散傅里叶变换后,在一定条件下可以完全消除泄漏现象。这一条件是,如果原信号为周期信号,周期为 T_0,截断信号长度 T 恰好为 T_0 的正整数倍,即 $T = mT_0$,m 为正整数,则截断信号的离散傅里叶变换相当于对截断信号离散并做周期延拓所得周期序列的傅里叶级数系数表达式,而这一周期序列相当于对原无限长信号的离散。所以,此时不会产生截断误差。

8.2　从无线长连续信号到有限长离散信号的实现过程

无限长连续信号 $x(t)$ 的傅里叶变换(FT)和反傅里叶变换(IFT)谱为

$$X(\omega) = \int_{-\infty}^{\infty} x(t) \, e^{-jwt} dt \quad (\text{FT}) \tag{8.23}$$

$$X(t) = \frac{1}{2\pi} \int_{-\infty}^{\infty} X(\omega) \, e^{jwt} d\omega \quad (\text{IFT}) \tag{8.24}$$

如果 $x(t)$ 是非周期连续时域信号，则傅里叶谱 $X(\omega)$ 是连续谱，如图8.2所示。非周期连续时域信号的双边傅里叶谱（幅值）是连续谱，包含 $(-\infty,\infty)$ 所有频率成分。

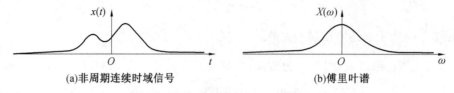

(a)非周期连续时域信号　　　　　(b)傅里叶谱

图 8.2　非周期连续信号及其傅里叶谱

实际测得的激励和响应的时域信号虽不是无限长信号，但也是足够长的连续信号。对这种信号进行处理的第一步是将其数字化。数字化的方法是等间隔采样和量化。等间隔采样简称采样，连续信号每经过一个时间间隔 Δt 进行一次快速启闭，得到一组脉冲序列信号，$f_s=\dfrac{1}{\Delta t}$ 称为采样频率或采样速率，$\omega_s=2\pi f_s=\dfrac{2\pi}{\Delta t}$ 称为采样圆频率。这一组脉冲序列信号仍为模拟信号，必须经过量化，才能得到离散数字信号。量化就是将采样后的脉冲序列幅值与一组离散电平值比较，以最接近脉冲序列幅值的电平值代替该幅值，从而转换成数字序列。这样，就完成了由连续模拟信号到离散数字信号的转换。显然，这一转换过程中已存在所谓的量化误差。这一过程是由 A/D 转换器（模数转换器）完成的。离散后的数字信号如图8.3(a) 所示。

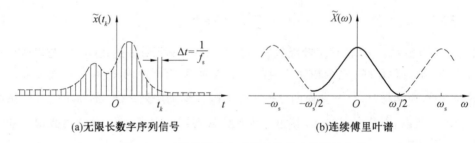

(a)无限长数字序列信号　　　　　(b)连续傅里叶谱

图 8.3　无限长数字序列信号及其连续傅里叶谱

可以证明，离散后的无限长数字序列信号 $\widetilde{x}(t_k)$ 的傅里叶谱 $\widetilde{X}(\omega)$ 是原信号 $x(t)$ 傅里叶谱 $X(\omega)$ 的周期延拓，且放大为 $X(\omega)$ 的 f_s 倍，延拓周期亦为 f_s 或 ω_s。对无限长数字序列信号 $\widetilde{x}(t_k)$ 所做离散时间傅里叶变换（DTFT）和离散时间反傅里叶变换（IDTFT），如图8.3 所示。其变换对为

$$\widetilde{X}(\omega)=\sum_{k=-\infty}^{\infty}\widetilde{x}(t_k)\,\mathrm{e}^{-\mathrm{j}\omega tk}\ (\mathrm{DTFT}) \tag{8.25}$$

$$\widetilde{x}(t_k)=\frac{1}{\omega_s}\int_{-\frac{\omega_s}{2}}^{\frac{\omega_s}{2}}\widetilde{X}(\omega)\,\mathrm{e}^{\mathrm{j}\omega tk}\,\mathrm{d}\omega\ (\mathrm{IDTFT}) \tag{8.26}$$

无限长连续信号 $x(t)$ 经采样后获得的无限长数字序列信号 $\widetilde{x}(t_k)$ 一般不能完全反映原信号的频谱信息。$\widetilde{X}(\omega)$ 在一个周期 ω_s 内与 $X(\omega)$ 除了在数值上差 f_s 倍外，主要误差在于相邻周期内傅里叶谱的影响，使得在两周期相邻处（甚至扩展到整个周期内）出现所谓的频率混叠。只有在一定条件下（满足采样定理），这一频率混叠所造成的误差才能消除。

至此还不能实现对实际信号的真正处理。因为实际的数字信号分析系统不能实现对无限长离散信号数字序列的处理,而只能对有限长离散信号数字序列进行分析处理,即必须对信号进行截断。截断的过程是,对实测连续信号 $x(t)$ 截取一段长为 T 的信号 $x_T(t)$,称为样本;$T = N\Delta t$ 称为样本长度,N 为采样点数。样本信号经过 A/D 转换,得到离散的有限长数字序列 $\widetilde{x}_T(t_k)$,$t_k = k\Delta t(k = 0,1,\cdots,N-1)$,如图 8.4(a) 所示。由于截断,对此有限长数字序列信号 $\widetilde{x_T}(t_k)$ 所做傅里叶变换得到的频谱不再保持周期连续,而是离散的周期序列或周期离散谱,周期仍为 ω_s,在一个周期 ω_s 内有 N 条谱线或 N 个谱值 $\widetilde{X}_T = (\omega_n)$,$\omega_n = n\Delta\omega(n = 0,1,\cdots,N-1)$,如图 8.4(b) 所示。易知频率分辨率 $\Delta\omega = \dfrac{2\pi}{T}$。对样本信号 $\widetilde{x}_T(t_k)$ 所做傅里叶变换称为离散傅里叶变换(DFT)和离散反傅里叶变换(IDFT)。其傅里叶变换为

$$\widetilde{X}_T(\omega_n) = \sum_{k=0}^{N-1} \widetilde{x}_T(t_k) \, \mathrm{e}^{-\mathrm{j}2\pi kn/N} \quad \text{(DFT)} \tag{8.27}$$

$$\widetilde{x}_T(t_k) = \frac{1}{N} \sum_{n=0}^{N-1} \widetilde{X}_T(\omega_n) \, \mathrm{e}^{\mathrm{j}2\pi kn/N} \quad \text{(IDFT)} \tag{8.28}$$

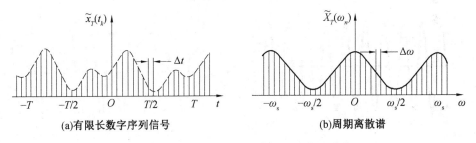

(a)有限长数字序列信号　　　　　　　　　(b)周期离散谱

图 8.4　有限长数字序列信号及其傅里叶谱

对有限数字序列所做离散傅里叶变换得到的频谱相当于对序列傅里叶变换所得频谱的频域离散采样。因此,离散傅里叶变换所得频谱除了具有序列傅里叶变换所得频谱的全部误差外,还增加了时域截断带来的截断误差,出现频率泄漏现象,即某些频率成分处的能量渗透到其他频率成分上。只有在一定条件下,这一截断误差才能消除。

离散傅里叶变换真正实现了对实际信号的数字处理,但对一个含 N 个数字序列的样本进行离散傅里叶变换需要 N^2 次复数乘法运算和 $N(N-1)$ 次复数加法运算,运算量十分庞大。因此,在 1965 年快速傅里叶变换被提出以前,离散傅里叶变换尚未进入实用阶段。1965 年由 J. W. Cooley 和 J. W. Turkey 提出的"有限离散序列傅里叶变换的快速算法"即"快速傅里叶变换",巧妙地利用了复指数函数的周期性和对称性,大大减少了离散傅里叶变换的计算工作量,使这种算法在数字信号处理中迅速发展起来并成为信号处理的核心内容。顺便指出,快速傅里叶变换要求采样点数 $N = 2^m$(m 为正整数),如 $m = 10$ 时,$N = 1\,024$。

在由无限长连续信号到有限长离散信号并进行离散傅里叶变换的过程中,即使没有量化误差、频率混叠和截断误差,最后所得离散谱值仍为原连续谱相应谱值的 f_s 倍。这种差异对频响函数的结果并无影响,只要对激励和响应做相同采样和截断即可。

8.3   采样、采样定理和混频现象

从本节开始，详细阐述 8.2 节内容的各个环节，目的是引出信号处理中造成各种误差的现象和机理，并提出消除或减少这些误差影响的相应措施。

进行数字信号处理的第一步是对连续模拟信号的离散化（即采样）。离散化本身一般会带来频率混叠误差。为了讨论方便，先不考虑对信号的截断，即只讨论理想情况下对无限长连续信号进行采样时所带来的混叠误差和治理措施。

模拟信号经过 A/D 变换转换为数字信号的过程称为采样。关键问题是一个时间独立的信号究竟按多高频率检测才能确定其频率成分。图 8.5(a) 描绘了以 10 Hz 频率变化的正弦信号幅值在 t_f 时间内的变化情况。假定连续按增量 $\Delta\delta$ 重复检测该正弦波。这相当于按固定的采样频率 f_s 检测信号。每次检测中，正弦信号的幅值转换成一个数值。为便于对照，图 8.5(b)～(d) 画出了采样频率分别为 100 Hz、27 Hz 和 12 Hz 的测试曲线。由图 8.5

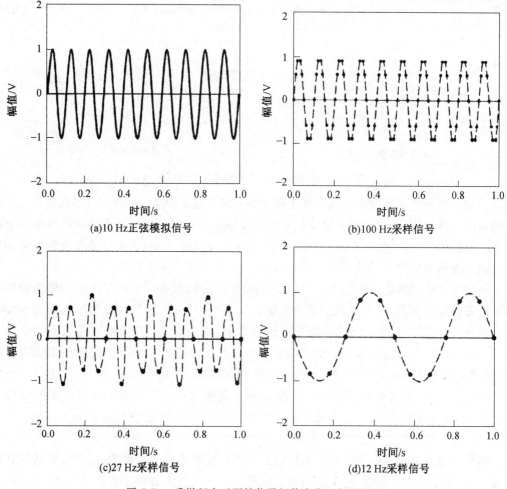

图 8.5   采样频率对原始信号幅值变化理解的影响

可见,采样频率对理解和重构时域模拟信号具有显著影响。随着采样频率减小,单位时间内描述信号的信息量逐渐减少。在图 8.5(c) 中还可以辨别出原始信号的 10 Hz 频率成分。如果采样频率太小,则正弦信号变成低频信号,如图 8.5(d) 所示。由此可以看出:采样频率对信号频率成分表达具有重要影响。

信号采样后其频谱产生了周期延拓,每隔一个采样频率,重复出现一次。当采样信号的频率低于被采样信号的最高频率时,采样所得的信号中混入了虚假的低频分量,这种现象叫作频率混叠,如图 8.6 所示。

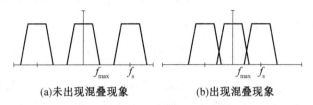

(a)未出现混叠现象　　　　(b)出现混叠现象

图 8.6　频率混叠现象

设无限长连续信号 $x(t)$ 如图 8.2(a) 所示,对其离散化得到的无限长离散信号 $\widetilde{x}(t_k)$ 如图 8.3 所示。这一过程的数学描述为

$$\widetilde{x}(t_k) = x(t)\widetilde{\delta}(t_k) = \sum_{k=-\infty}^{\infty} x(t)\delta(t-k\Delta t) \tag{8.29}$$

其中

$$\widetilde{\delta}(t_k) = \sum_{k=-\infty}^{\infty} \delta(t-k\Delta t) \tag{8.30}$$

为单位脉冲时间序列,是由在 $k=0,\pm1,\pm2,\cdots$ 各点处的单位脉冲按 Δt 等间隔排列所组成的序列,如图 8.7(a) 所示。单位脉冲时间序列 $\widetilde{\delta}(t_k)$ 的傅里叶谱 $\widetilde{\Delta}(\omega_n)$ 仍为脉冲序列,但其谱值为 ω_s,谱线间隔为 ω_s,如图 8.7(b) 所示。

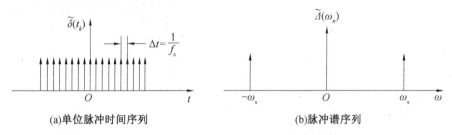

(a)单位脉冲时间序列　　　　(b)脉冲谱序列

图 8.7　单位脉冲时间序列及其谱

单位脉冲时间序列 $\widetilde{\delta}(t_k)$ 的傅里叶谱可以写成

$$\widetilde{\Delta}(\omega_n) = \omega_s \sum_{n=-\infty}^{\infty} \delta(\omega-n\omega_s) \tag{8.31}$$

设无线长连续信号 $x(t)$ 的傅里叶谱为 $X(\omega)$。根据卷积定理,由式(8.29),得 $\widetilde{x}(t_k)$ 的傅里叶谱 $\widetilde{X}(\omega)$ 应为

$$\widetilde{X}(\omega) = \frac{1}{2\pi} X(\omega) * \widetilde{\Delta}(\omega_n) = \frac{1}{2\pi} \int_{-\infty}^{\infty} X(\Omega)\omega_s \sum_{n=-\infty}^{\infty} \delta(\omega-\Omega-n\omega_s)\, \mathrm{d}\Omega =$$

$$\frac{\omega_s}{2\pi}\sum_{n=-\infty}^{\infty}\int_{-\infty}^{\infty}X(\Omega)\delta(\omega-\Omega-n\omega_s)\,\mathrm{d}\Omega=$$

$$f_s\sum_{n=-\infty}^{\infty}X(\omega-n\omega_s) \tag{8.32}$$

可见,无限长离散信号 $\widetilde{x}(t_k)$ 的傅里叶谱为原信号 $x(t)$ 的傅里叶谱 f_s 倍的周期延拓,延拓周期为 ω_s,如图 8.3 所示。

如果原信号 $x(t)$ 中包含的最高频率成分 $\omega_m>\dfrac{\omega_s}{2}$,则在离散信号谱 $\widetilde{X}(\omega)$ 中相应周期的谱会出现重叠(即频率混叠,也称混频)。反之,如果

$$\omega_m\leqslant\frac{\omega_s}{2}\ 或\ \omega_s\geqslant 2\omega_m \tag{8.33}$$

即采样频率大于等于分析信号中最高频率成分的两倍,或在分析信号最高频率成分一个周期内至少采样两点,则采样后离散信号频谱中不会出现频率混叠,如图 8.6(a) 所示,这就是采样定理或称均匀采样定理。定义

$$\omega_N=\frac{\omega_s}{2} \tag{8.34}$$

为混叠频率或 Nyquist 频率。故采样定理又可叙述为:如果分析信号中最高频率成分 ω_m 不超过混叠频率,则不出现频率混叠。

图 8.8 进一步从时域信号重构的角度说明了频率混叠现象。图 8.8(a) 中信号在一个周期内采样 8 次,即 $\omega_s=8\omega_m$。采样信号能重构原信号,即不出现频率混叠。图 8.8(b) 中信号在 7 个周期内采样 8 次,即 $\omega_s=8/7\omega_m$。采样信号不能重构原信号,出现频率混叠,即采样信号不能保持原信号的频谐特性。

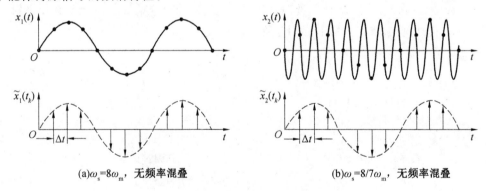

(a)$\omega_s=8\omega_m$,无频率混叠　　　　　　(b)$\omega_s=8/7\omega_m$,无频率混叠

图 8.8　从时域信号重构看频域混叠

由采样定理知,消除频率混叠的途径有两种:

① 提高采样频率 ω_s,即缩小采样时间间隔 Δt,使 $\omega_s\geqslant 2\omega_m$。然而实际的信号处理系统不可能达到很大的采样频率,处理不了很多的数据。另外,许多信号本身可能包含 $0\sim\infty$ 的频率成分,不可能将采样频率提高到 ∞。所以,靠提高采样频率避免频率混叠是有限制的。事实上,每一种信号处理系统都有一个确定的采样频率上限。

② 采用抗混滤波器。在采样频率 ω_s 一定的前提下,用低通滤波器滤掉高于 $\omega_N=\omega_s/2$

的信号频率成分,此时通过低通滤波的信号可避免出现频率混叠。此处低通滤波器的作用是抵抗混叠,故称为抗混滤波器。

抗混滤波的实际意义不仅在于能有效避免频率混叠,还在于大部分问题所关心的频率成分是有限的,高频成分对实际问题并无意义。因此,滤掉信号中的高频成分为后续信号处理提供了方便。当然,信号分析系统的最高采样频率决定了信号处理的最高频率分量。

抗混滤波有两种形式。一种是模拟滤波,用于信号采样之前,一般由独立的多通道低通滤波器完成;另一种是数字滤波,用于信号采样之后,由信号分析系统中的数字滤波部分完成,该数字滤波还用于信号的选带分析。

在对信号进行采样时,满足了采样定理,只能保证不发生频率混叠;在对信号的频谱做逆傅里叶变换时,可以完全变换为原时域采样信号,但不能保证此时的采样信号能真实地反映原信号。工程实际中采样频率通常大于信号中最高频率成分的 $3 \sim 5$ 倍。当不符合采样定理时会发生混频现象。混叠频率 =| 与采样频率最接近的整数倍值 - 输入频率 |。

【例 8.1】如采样频率 $f_s = 100$ Hz,输入信号包括下列 4 种频率:$f_1 = 25$ Hz,$f_2 = 70$ Hz,$f_3 = 160$ Hz,$f_4 = 510$ Hz,计算混叠频率。

【解】$f_1 = 25$ Hz 在采样中可以正确复现,而 $f_2 = 70$ Hz,$f_3 = 160$ Hz,$f_4 = 510$ Hz 三个频率会出现混叠。

混叠 $f_2 = 70$ Hz 的频率:$f_2' =| 100 - 70 |= 30$ Hz;

混叠 $f_3 = 160$ Hz 的频率:$f_3' =| 2 \times 100 - 160 |= 40$ Hz;

混叠 $f_4 = 510$ Hz 的频率:$f_4' =| 5 \times 100 - 510 |= 10$ Hz。

每个 A/D 转换器都具有确定的分辨率。采样过程中,将模拟信号幅值经通过舍入方法离散化的过程称为量化。若采样信号最大值为 A,将其分为 B 个间隔,则每个间隔 $\Delta x = A/B$,Δx 称为量化电平,每个量化电平对应一个二进制编码。任何处在相邻数字化输出值之间的模拟信号都会因取整转化为离散值而产生一定的量化误差 e_Q。e_Q 表现为噪声叠加到数字信号中。由图 8.9 中可以看出两位 A/D 转换器工作中 $0 \sim 4$ V 模拟输入量与二进制数字输出值之间的关系。A/D 转换器的分辨率为 1 V。A/D 转换器 0 V 输入电压与 0.9 V 输入电压对应的输出都是 00,而 1.1 V 输入电压对应的输出是 01。显然,其输出误差与 A/D 转换器分辨率有关。以上二进制编码方案在数字输出装置中应用比较普遍,其量化误差在 $0 \sim$ LSB(LSB 为最低有效位),可以用分辨率 Q 估计量化误差 e_Q。

量化误差大小主要取决于 A/D 转换器位数。A/D 转换器位数越高,量化电平 Δx 越小,量化误差也越小。若用 8 位 A/D 转换器,则量化电平为所测信号最大幅值的 1/256(8 位二进制数 $2^8 = 256$),最大量化误差为被测信号最大幅值的 $\pm 1/512$。

量化误差与取整算法有关,数据采集系统中常用四舍五入方法,可以使最大误差值相对于量化电平对称,限制在 $\pm 0.5\Delta x$ 的范围内。为此,将输入电压平移一个电位值 E_{bias},使输入电压值落在 A/D 转换器量化电平值内部。一般取最低量化电压值的一半(1/2LSB)。可从图 8.9 下方第 2 数轴上看出,这种偏移效应使量化误差限制在 $\pm 1/2$LSB 范围内。无论采用什么方法,量化误差都在 $\pm 1/2$LSB 范围内。

量化误差的影响在微小电压测试中更加显著。在不确定性分析中,一般把量化误差值设定为分辨率误差。

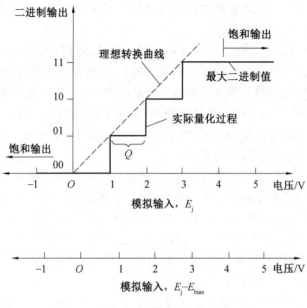

图 8.9　A/D 转换器输入与输出的关系

8.4　泄漏和窗函数

如前所述,数字信号处理中有实际意义的一步是对无限长连续信号截断后所得有限长信号进行处理。截断信号,即截取测量信号中的一段信号,一般会带来截断误差,截取的有限长信号不能完全反映原信号的频率特性。具体地说,会增加新的频率成分,并且使谱值大小发生变化,这种现象称为频率泄漏。从能量角度来讲,该现象相当于原信号各种频率成分处的能量渗透到其他频率成分上,所以又称为功率泄漏。

理想泄漏最直观的例子是,直流信号 $x(t)$ 的频谱是位于零频谱处的 δ 函数 $\delta(f)$,如图 8.10(a) 所示。但截取其中一段长为 T 的信号 $x_T(t)$ 后,其傅里叶谱变为覆盖整个频率轴上的连续谱,如图 8.10(b) 所示,即原信号零频率处的能量泄漏到整个频率轴上。如果将信号视为力信号,原信号相当于常力,而截断信号相当于矩形脉冲力,两种信号的性质显然不同。

为了讨论方便,先不考虑对截断信号的离散化,即只考虑对无限长连续信号的截取。

从数学意义上讲,无限长连续信号的截取相当于用一高度为 1、宽度为 T 的矩形窗函数 $\omega(t)$ 去乘原信号 $x(t)$,则截断信号 $x_T(t)$ 及其傅里叶谱 $X_T(f)$ 为

$$x_T(t) = x(t)\omega(t) \tag{8.35}$$

$$X_T(f) = X(f)W(f) \tag{8.36}$$

其中,$X(f) = h[x(t)]$,$W(f) = h[\omega(t)]$。

以余弦信号为例。余弦信号 $x(t) = A\cos 2\pi f_0 t$ 的傅里叶谱为

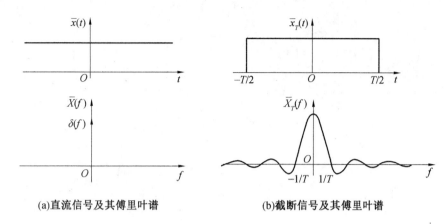

(a)直流信号及其傅里叶谱　　　　　　　(b)截断信号及其傅里叶谱

图 8.10　　泄漏现象的简单例子

$$X(f) = \frac{A}{2} \left[\delta(f - f_0) + \delta(f + f_0) \right] \tag{8.37}$$

如图 8.11(a) 所示,矩形窗函数:

$$\omega(t) = \begin{cases} 1, & |t| \leqslant \dfrac{T}{2} \\[2mm] 0, & |t| > \dfrac{T}{2} \end{cases} \tag{8.38}$$

的傅里叶谱为

$$W(f) = T \frac{\sin \pi T f}{\pi T f} \tag{8.39}$$

如图 8.11(b) 所示,二者时域信号乘积为

$$x_T(t) = x(t)\omega(t) = \begin{cases} A\cos 2\pi f_0 t, & |t| \leqslant \dfrac{T}{2} \\[2mm] 0, & |t| > \dfrac{T}{2} \end{cases} \tag{8.40}$$

即截取长为 T 的余弦信号,其傅里叶谱(图 8.11(c)) 为

$$X_T(f) = X(f)W(f) = \frac{1}{2}AT \left[\frac{\sin \pi T(f + f_0)}{\pi T(f + f_0)} + \frac{\sin \pi T(f - f_0)}{\pi T(f - f_0)} \right] \tag{8.41}$$

由此看出,截断后余弦信号的频谱由截断前信号位于 $\pm f_0$ 的单一频率变成了位于 $\pm f_0$ 附近的连续频谱,且分布于整个频率轴上。这就是加矩形窗后产生的泄漏现象。

对具有宽频带的无限长连续信号,截断后的泄漏现象如图 8.12(a) 所示。由于矩形窗的作用,使截断后信号的频谱出现所谓的"皱波现象"(图 8.12(b))。

由上述分析可知,泄漏是由于对无限长信号的突然截断造成的。因此自然想到,如果能改变这种突然截断方式,泄漏会得到改善。选择异于矩形窗的适当窗函数,对所取样本函数进行不等权处理,便是一种有效的措施。

为了保证加窗后信号的能量不变,要求窗函数与时间轴所围面积与矩形窗面积 T 相等。即对任意窗函数 $\omega(t)$,要求:

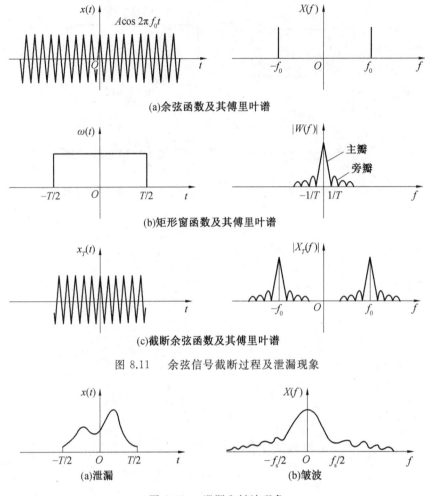

(a)余弦函数及其傅里叶谱

(b)矩形窗函数及其傅里叶谱

(c)截断余弦函数及其傅里叶谱

图 8.11　余弦信号截断过程及泄漏现象

(a)泄漏　　　　　　　　　　(b)皱波

图 8.12　泄漏和皱波现象

$$\int_0^T \omega(t)\,\mathrm{d}t = T \tag{8.42}$$

　　事实上,前述分析是针对一般稳态信号的,如随机信号、周期信号等。在实验模态分析中,常用信号还有瞬态信号。因此,对不同类型的信号,在截断处理中所用窗函数亦不相同。对稳态信号,常用窗函数有汉宁窗(Hanning Window)、凯赛 — 贝塞尔窗(Kaiser — Bessel Window)以及平顶窗(Flat Top Window);对瞬态响应信号,常用窗函数为指数窗(Exponential Window);对瞬态激励信号,常用窗函数为力窗(Force Window)。下面介绍这几种常用的窗函数。

8.4.1　用于稳态信号的窗函数

(1) 汉宁窗

$$\omega(t) = 1 - \cos\frac{2\pi}{T}t, \ 0 \leqslant t \leqslant T \tag{8.43}$$

（2）凯赛－贝塞尔窗

$$\omega(t) = 1 - 1.24\cos\frac{2\pi}{T}t + 0.244\cos\frac{4\pi}{T}t - 0.003\,05\cos\frac{6\pi}{T}t, \quad 0 \leqslant t \leqslant T \qquad (8.44)$$

（3）平顶窗

$$\omega(t) = 1 - 1.93\cos\frac{2\pi}{T}t + 1.29\cos\frac{4\pi}{T}t - 0.388\cos\frac{6\pi}{T}t + 0.032\,2\cos\frac{8\pi}{T}t, \quad 0 \leqslant t \leqslant T$$

$$(8.45)$$

以上 3 种窗函数与矩形窗的时域图形和幅值谱如图 8.13 和图 8.14 所示，主要频谱参数见表 8.1。

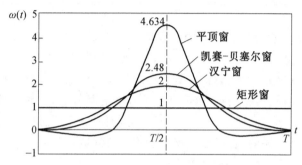

图 8.13　4 种窗函数的时域图形

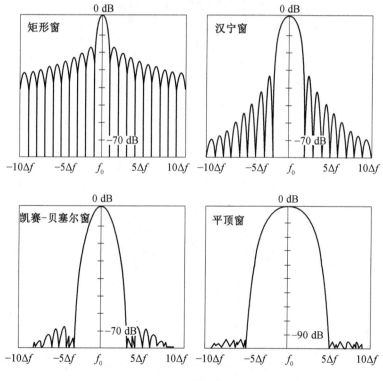

图 8.14　4 种窗函数的幅值谱

表 8.1　4 种窗函数的主要频谱参数

窗函数	主瓣有效噪声带宽 (1/T 或 Δf)	主瓣 3 dB 带宽 (1/T 或 Δf)	旁瓣最大值 /dB	旁瓣滚降率 /(dB · Decade⁻¹)
矩形窗	1	0.89	− 13.3	20
汉宁窗	1.50	1.44	− 31.5	60
凯赛－贝塞尔窗	1.80	1.71	− 66.6	20
平顶窗	3.77	3.72	− 93.6	0

注:Decade 指 10 倍频。

由图 8.13 看出,矩形窗在$[0,T]$内的权重均为 1,而其他 3 种窗函数在$[0,T]$内的权重是变化的,在两端的权重最小(为零)。这种不等权处理使得原信号在截断处时域幅值为零,如图 8.15 所示。从窗函数的幅值谱(图 8.14)及表 8.1 看出,虽然矩形窗函数的主瓣较窄,然而旁瓣却很高。其余 3 种窗函数的旁瓣都有很大程度的降低,但主瓣却加宽了。图 8.15 所示余弦信号加汉宁窗后亦有同样的结果。一般来讲,主瓣宽度所造成的泄漏是次要的,而旁瓣变高所造成的泄漏是主要的,它能导致较严重的皱波效应。因此,加窗减少泄漏的副作用是增加了主瓣宽度,但总体效果得到改善。

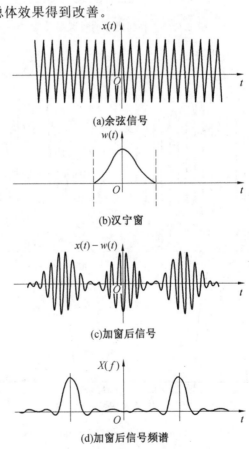

(a)余弦信号

(b)汉宁窗

(c)加窗后信号

(d)加窗后信号频谱

图 8.15　余弦信号加窗过程及效果

值得提出,加窗虽然使原信号时域波形发生较大变化,但却更有效地保留了原信号的频率信息。

8.4.2　用于瞬态时域信号的窗函数

瞬态时域信号与稳态时域信号有着重要差别。瞬态时域信号本身不是无限长信号,在有限时间内能衰减至零。如果一次采集样本能覆盖整个衰减过程,则截断信号与原信号没有任何差别,这种信号称为自加窗信号。显然这种信号截断后不会带来泄漏误差,这是主要优点之一。

然而,进一步考查瞬态响应信号,如果阻尼较小,自由衰减时间较长,一次采集样本时间内信号不能衰减至零,截断信号仍会带来泄漏。为此,在截断时可认为给信号加上"阻尼",使截断信号在末尾近乎衰减至零,这一过程由加指数窗实现。

实际应用的窗函数,可分为以下主要类型:

① 指数窗:采用指数时间函数;如 $e^{-\omega t}$ 形式,例如高斯窗等。

② 幂窗:采用时间变量某种幂次的函数,如时间(t)的高次幂。

③ 三角函数窗:应用三角函数,即正弦或余弦函数等组合成复合函数,例如汉宁窗、海明窗等。

信号的截断产生了能量泄漏,而用 FFT 算法计算频谱又产生了栅栏效应,从原理上讲这两种误差都是不能消除的,但是可以通过选择不同的窗函数对它们的影响进行抑制。

1.指数窗

指数窗的窗函数为

$$\omega(t) = e^{-\omega t} \tag{8.46}$$

式中　　ω —— 指数窗的衰减指数。

设瞬态响应信号为

$$x(t) = \sum_{i=1}^{N} D_i e^{-\sigma i t} \sin(\omega_{di} t + \theta_i) \tag{8.47}$$

加指数窗后的信号为

$$x_T(t) = \sum_{i=1}^{N} D_i e^{-(\sigma_i + \omega)t} \sin(\omega_{di} + \theta_i) \tag{8.48}$$

加指数窗的效果如图 8.16 所示。

利用加指数窗的瞬态响应信号及相应激励信号求得频响函数,进一步识别出衰减系数后,应从中减去指数窗的衰减指数 ω,才能得到试验结构真实的衰减系数。

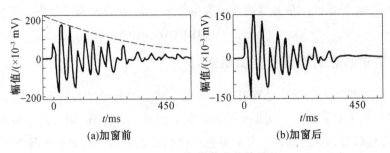

(a)加窗前　　　　　　　　(b)加窗后

图 8.16　加指数窗的效果

2. 幂窗

以式(8.49)所示的函数为例,对该函数加幂窗,进行分析。

$$\begin{cases} x_1(t)=4\times\sin(2\pi\times 202.5\times t) \\ x_2(t)=4\times\sin(2\pi\times 202.5\times t)+4\times(2\pi\times 514\times t) \end{cases} \tag{8.49}$$

对 $x_1(t)$ 信号加不同幂窗的谱分析,如图 8.17 所示。

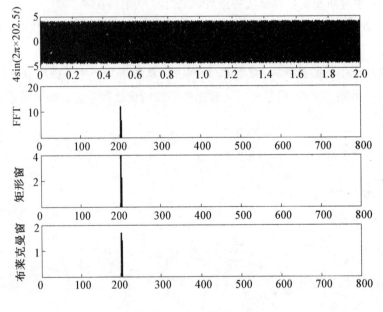

图 8.17　加幂窗的谱分析

放大图形进行观察分析,如图 8.18 所示。可以看出加窗可以很好地减少泄漏,且布莱克曼窗(Blakman)的效果更好。在信号处理中加窗可以减少频率的泄漏,但是选不同的窗函数将有不同的影响。

除上述介绍的窗函数外,许多现代动态数字分析系统也被用于定义窗函数,以达到不同的分析目的。

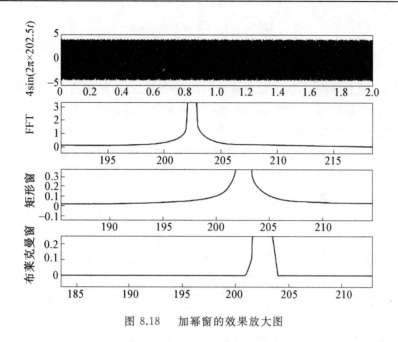

图 8.18　加幂窗的效果放大图

8.5　选带分析技术

对长为 T 的截断信号进行 N 点采样,采样时间间隔 $\Delta t = \dfrac{T}{N}$,采样频率 $f_s = \dfrac{1}{\Delta t}$。经离散傅里叶变换得到周期序列的离散傅里叶谱,周期仍为 N。考查一个周期内的 N 条谱线,由于傅里叶谱正负频域上的对称性,独立的谱线只有 $\dfrac{N}{2}$ 条。这 $\dfrac{N}{2}$ 条谱线均匀分布在 $0 \sim \dfrac{f_s}{2}$ 的频率范围内,频率间隔为

$$\Delta f = \frac{f_s}{N} = \frac{1}{N\Delta t} = \frac{1}{T} \tag{8.50}$$

假设抗混滤波器具有理想特性,取 $f_s = 2f_m$,则显示的 $\dfrac{N}{2}$ 条谱线完全没有频率混叠,那么

$$\Delta f = \frac{2f_m}{N} = \frac{f_m}{N/2} = \frac{f_m}{N_d} \tag{8.51}$$

式中　N_d—— 显示有效(无混频)谱线数,$N_d = \dfrac{N}{2}$。

事实上,抗混滤波器特性均为非理想特性,一般采样频率取 $f_s = (2.5 \sim 4)f_m$,则频率间隔为

$$\Delta f = \frac{(2.5 \sim 4)f_m}{N} = \frac{f_m}{(0.25 \sim 0.4)N} = \frac{f_m}{N_d} \tag{8.52}$$

显示有效谱线数为

$$N_d = (0.25 \sim 0.4) N \tag{8.53}$$

比如,若取 $N=1\,024$,$f_s=4f_m$,则显示有效谱线数为 $N_d=0.25N=256$。

以上分析称为基带分析,分析频率范围(即分析频带)为 $0 \sim f_m$。

在许多问题的谱分析中,为了显示详细的谱线分布情况,往往需要较高的频率分辨率,即要求较小的频率间隔 Δf,特别是经常关心某一频带内的谱分布情况。由式(8.52)看出,减小 Δf 的途径是增加 N 或降低 f_m。如果分析频带 $0 \sim f_m$ 不变,增加采样点数 N 将会提高频率分辨率。而事实上,受信号分析系统的限制,采样点数 N 不能很大,一般 N 是固定的。所以,如采用基带分析,提高频率分辨率只能靠牺牲分析最高频率 f_m 实现。因此,用基带分析无法有效地提高频率分辨率。

如果能通过某种途径,在不改变 N 和 f_m 的前提下将很小的重要频带 $[f_0-B, f_0+B]$ 在整个有效谱线显示范围 $0 \sim N_d$ 上展开或放大,而不是将整个分析频带 $0 \sim f_m$ 展开,无疑会得到一种提高频率分辨率的有效方法。这种分析方法称为选带分析技术,又称为细化 FFT 或 Zoom FFT。下面介绍一种称为 HR−FA 的选带分析算法。

HR−FA 算法的基本思想是,将经过抗混滤波并经过采样的信号进行数字移频、数字低通滤波后重新采样(采样率缩减),再进行 FFT 得到 $[-B, B]$ 范围内的高频率分辨率的傅里叶谱,如图 8.19 和图 8.20 所示。下面简要介绍其工作原理。

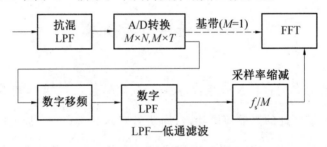

图 8.19　选带分析技术

设正常采样和基带 FFT 点数为 N,即一次采样 N 点后直接进行 FFT,采样速率为 f_s,采样时间间隔为 Δt,采样时间为 T。现在仍保持 Δt 和 f_s 不变,连续采样 M 个样本,每个样本长 T,点数为 N,故共采集 $M \times N$ 点,序列长度为 $M \times T$,先不进行 FFT。采集的 $M \times N$ 点序列记为 $x(k\Delta t)$,$k=0,1,\cdots,M \times N-1$。

将 $x(k\Delta t)$ 乘以 $e^{j2\pi f_0 k\Delta t}$,记

$$y(k\Delta t) = x(k\Delta t)\, e^{j2\pi f_0 k\Delta t} \tag{8.54}$$

根据数字移频定理(即积分变换中的位移定理),$y(k\Delta t)$ 的傅里叶谱为

$$Y(f) = H[y(k\Delta t)] = X(f-f_0) \tag{8.55}$$

相当于将 $X(f)$ 的频谱左移 f_0,而谱的形状未变,如图 8.20(b) 所示。

此时我们并不关心整个 $Y(f)$ 的谱线分布,而是关心附近带宽为 2B 的频带 $[-B, B]$ 内的谱线情况。为此,对 $y(k\Delta t)$ 进行数字低通滤波,截止频率为 B。假设滤波特性为理想的。对具有 $M \times N$ 个点的经过数字低通滤波的 $y(k\Delta t)$ 进行重新采样,采样时间间隔为 $\Delta t' = M\Delta t$,采样速率为 $f_s' = \dfrac{f_s}{M}$。由采样定理,不产生频率混叠的条件是

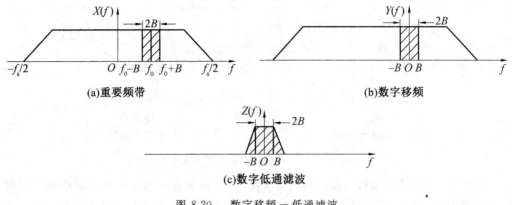

图 8.20   数字移频 — 低通滤波

$$f_s' = \frac{f_s}{M} \geqslant 2B \tag{8.56}$$

这一过程称为采样率缩减,采样点数仍为 N,此序列记为 $z(l\Delta t')$,$l = 0, 1, \cdots, N-1$。对 $z(l\Delta t')$ 进行 FFT,得到 $[-B, B]$ 范围内的 N 条谱线。如考虑理想数字低通滤波,取 $f_s' = 2B$,则频率分辨率为

$$\Delta f' = \frac{f_s'}{N} = \frac{f_s}{MN} = \frac{2B}{N} \tag{8.57}$$

可见,$\dfrac{\Delta f}{\Delta f'} = M$,即频率分辨率提高到基带分析的 M 倍,M 称为细化倍数。

如考虑数字低通滤波的非理想特性,可取较大的 f_s' 或增大分析带宽,如取 $f_s' = (2.5 \sim 4)B$,则显示有效谱线数为

$$N_d = (0.25 \sim 4)N \tag{8.58}$$

上述过程表明,选带分析需要使用较多的原始采样数据($M \times N$ 个),这就要求信号是平稳的。对随机激励、正弦扫频激励可采用较大的细化倍数;而对于瞬态激励,则不宜选用较大的细化倍数。

8.6   噪声平均技术与数字滤波算法

至此,已讨论了从测量到的无限长连续信号得到离散傅里叶谱的全过程,并分析了其中可能出现的误差及解决办法。如果同时得到激励和响应信号的傅里叶谱,可以求得相应的频响函数。然而,这样求得的频响函数曲线仍然很不光滑(图 8.21),原因是测量到的激励和响应信号中都混有大量噪声。

8.6.1   噪声平均技术

在模态试验中,噪声可能来自结构本身,也可能来自测试仪器的电源及周围环境的影响等,一般是指非正常激励及响应。无论激励信号还是响应信号,都有不同程度的噪声污染问题。

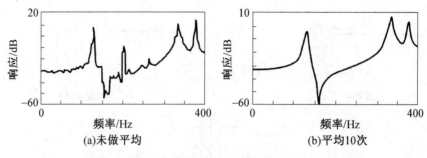

图 8.21　受到噪声影响的频响函数及多次平均后的效果

通常在信号测试阶段就已设法做到减少噪声污染,如良好的接地技术等措施。即使如此,测试信号中的噪声仍会存在。在信号处理阶段,通过平均技术可降低噪声的影响。平均技术的前提是认为噪声为随机信号。对周期性噪声,必须通过其他方法解决。

不同类型信号所用平均方法是不同的。对确定性信号,可采用时域平均技术:取多个等长度时域信号样本,采样后对数据进行平均,得到噪声较小的有效信号。时域平均的限制条件很严格,如对周期信号,时域平均必须满足以下两个条件之一:① 样本长度为信号周期的正整倍数;② 样本初始相位相同。否则,时域平均的结果可能为零。时域平均不仅可消除噪声的偏差,也能消除噪声信号的均值,即在足够多次平均后可完全消除噪声影响,提高信噪比。

使用更普遍的平均技术是频域平均,即对某些频谱做的平均。由于傅里叶谱中包含幅值和相位两种特性,而相位在各次测量中具有随机性,故一般不对傅里叶谱进行平均,而是对进一步得到的功率谱进行平均,再进一步估算频响函数、相干函数、相关函数或其他谱。

进行频域平均的问题是,这种平均只能降低噪声的偏差,而不能减少噪声的平均值,即不能提高信噪比。因此,平均后的谱曲线只是趋于光滑,仍包含噪声均值。

本节只讨论频域平均。按照样本截取的方式不同,频域平均技术有顺序平均和叠盖平均;按照平均时样本权重的不同,频域平均技术有线性平均(稳态平均)和指数平均(衰减平均或动态平均)。

1.谱的线性平均

谱的线性平均是一种最基本的平均类型。采用这一平均类型时,对每个给定长度的记录逐一做 FFT 和其他运算,然后对每一频率点的谱值分别进行等权线性平均,即

$$\bar{A}(n\Delta f)=\frac{1}{n_d}\sum_{i=1}^{n_d}A_i(n\Delta f),\quad n=0,1,\cdots,N-1 \tag{8.59}$$

式中　　$A(f)$ —— 自谱、互谱、有效值谱、频响函数、相干函数等频域函数;

　　　　i —— 被分析记录的序号;

　　　　n_d —— 平均次数。

对于平稳随机过程的测量分析,增加平均次数可减小相对标准偏差。对于平稳的确定性过程,例如周期过程和准周期过程,其理论上的相对标准差应该总是零,平均次数没有意义。不过实际的确定性信号总是或多或少地混杂有随机的干扰噪声,采用线性谱平均技术能减少干扰噪声谱分量的偏差,但并不降低该谱分量的均值,因此实质上并不增强确定性过

程谱分析的信噪比。

2.时间记录的线性平均

增强确定性过程的谱分析信噪比的有效途径是采用时间记录的线性平均,或称时域平均。时域平均首先设定平均次数 n_d,对于 n_d 次时间记录的数据,按相同的序号样点进行线性平均,即

$$\bar{x}(k\Delta t) = \frac{1}{n_d}\sum_{i=1}^{n_d} x_i(k\Delta t), \quad n=0,1,\cdots,N-1 \tag{8.60}$$

然后对平均后的时间序列再做 FFT 和其他处理。

为了避免起始时刻的相位随机性使确定性过程的平均趋于零,时域平均应有一个同步触发信号。例如在分析转轴或轴承座的振动时,可用光电传感器或电涡流传感器获得一个与转速同频的键相脉冲信号 $u(t)$,如图 8.22 所示,以该信号作为转轴(或轴承的振动信号)的触发采样信号,便可使每一段时间记录都在振动波形的同一相位开始抽样。对于冲击激励时某一测点的自由振动响应信号的平均,可以采用自信号同步触发采样,如图 8.23 所示,虽然各段记录的起始相位会稍有偏差,但求和及平均的结果不丧失确定性过程的基本特征,如衰减振动的周期、振幅和衰减系数等。

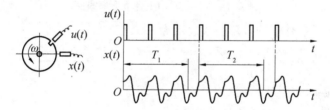

图 8.22　转轴振动信号的同步触发时域平均

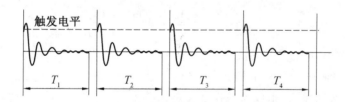

图 8.23　冲击瞬态过程的自信号同步触发时域平均

时间记录的线性平均可以在时域上抑制随机噪声,提高确定性过程谱分析的信噪比。由于在数字信号分析中,占有时间较多的是 FFT 运算,采用时域平均只需最后做一次 FFT,与多次 FFT 的谱平均相比,可以节省时间,提高分析速度。然而,随机过程的测量一般不能采用时域平均。

3.指数平均

上述两种频域平均技术都是线性平均,其参与平均的所有 n_d 个频域子集或时域子集赋予相等的权,即 $\frac{1}{n_d}$。

指数平均与线性平均不同,它对新的子集赋予较大的加权,对越是旧的子集赋予越小的

加权。例如 HP3582A 谱分析仪的指数平均就是对最新的子集赋予 $\frac{1}{4}$ 加权，而对于此前经过指数平均的谱再赋予 $\frac{3}{4}$ 加权，二者相加后作为新的显示或输出的谱。也就是说，在显示或输出的谱中，最新的一个谱子集（序号 m）的权是 $\frac{1}{4}$，从它往回数序号为 $m-n$ 的子集的权是 $\frac{1}{4} \times \left(\frac{3}{4}\right)^n$，如图 8.24 所示。

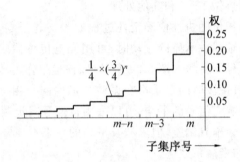

图 8.24　指数平均中各个子集的权

一般连续进行的线性平均可用公式表示为

$$A_m = A_{m-1} + \frac{Z_m - A_{m-1}}{m} = \frac{(m-1)A_{m-1} - Z_m}{m} \tag{8.61}$$

式中　　Z_m—— 第 m 个子样的值；

A_m—— 前 m 个子样的线性平均值。

而指数平均则可表示为

$$A_m = A_{m-1} + \frac{Z_m - A_{m-1}}{K} = \frac{(K-1)A_{m-1} - Z_m}{K} \tag{8.62}$$

式中　　Z_m—— 第 m 个子样的值；

A_m—— 前 m 个子样的指数平均值；

K—— 衰减系数，由仪器操作者设定。

指数平均常用于非平稳过程的分析。因此采用这种平均方式，既可考察"最新"测量信号的基本特性，又可通过与"原有"测量值的平均（频域平均或时域平均）来减小测量的偏差或提高信噪比。

有关的平均技术还有许多种，如峰值保持平均技术、无重叠平均技术、重叠平均技术等，它们各有特点和用途。选择平均技术是振动测量中的一个重要过程，在实际测量中要依据所选用的数字信号分析仪功能，选用相适应的平均技术，以提高振动测量结果的精度。

8.6.2　常用数字滤波算法

测试信号转换成数字信号，不能保证数字信号中没有干扰。串入仪表的随机干扰、仪器内部器件噪声和 A/D 量化噪声等常常引起随机误差，在信号分析中加入数字滤波器对于解决以上问题是非常有效的。引入数据滤波算法，可解决许多靠硬件电路难以实现的信号处理问题,从而弥补测量环节中硬件本身的缺陷或弱点,提高仪器的综合性能。

利用数字设备,通过一定的算法对信号进行处理,将干扰信号或某个频段的信号滤除,获得新信号的过程叫作数字滤波。数字滤波算法可以分为两大类:经典滤波算法和现代滤波算法。

经典滤波算法中,假定输入信号 $x(n)$ 中有用成分和希望滤除的成分位于不同的频带,可以通过一个线性系统滤除噪声信号。经典滤波器通常有高通滤波器、低通滤波器、带通滤波器、带阻滤波器。如果噪声和信号的频谱相互混叠,则经典滤波器达不到消除噪声信号的要求。

数字滤波算法的优点:① 数字滤波只是一个计算过程,无需硬件,不存在阻抗匹配、特性波动、非一致性等问题,因而可靠性高。数字滤波器不存在频率很低时较难实现的问题。② 数字滤波使用方便灵活。只要改变数字滤波程序有关参数,就能改变滤波特性。

常用的传统数字滤波算法:① 克服大脉冲干扰的数字滤波法,通常采用简单的非线性滤波法,如限幅滤波法、中值滤波法、基于拉依达准则的奇异数据滤波法(剔除粗大误差)和基于中值数绝对偏差的决策滤波器等。② 抑制小幅度高频噪声的平均滤波法,如算数平均滤波法、滑动平均滤波法和加权滑动平均滤波法等。③ 复合滤波法。

数字滤波器设计中(选取滤波器形式和参数)涉及采样信号的傅里叶变换,可以通过对目标频率范围信号进行幅值放大获得期望的频率响应,或者通过傅里叶逆变换把信号转换成时域形式。

1.传统数字滤波算法

(1) 克服大脉冲干扰的数字滤波法

克服由仪器外部环境偶然因素引起的突变性扰动或仪器内部不稳定引起误码等因素造成的尖脉冲干扰,是仪器数据处理的第一步。

① 限幅滤波法。

限幅滤波法(又称程序判别法)通过程序判断消除缓变被测信号中由尖脉冲干扰引起的变化幅度。具体方法:依赖已有的时域采样结果,将本次采样值与上次采样值进行比较,若它们的差值超出允许范围,则认为本次采样值受到了干扰,剔除本次采样值。

已滤波的采样结果:

$$\bar{y}_{n-1}, \bar{y}_{n-1}, \cdots$$

若本次采样值为 y_n,则本次滤波的结果由下式确定:

$$\bar{y}_n = \begin{cases} y_n, & \Delta y_n = \left| y_n - \bar{y}_{n-1} \right| \leqslant a \\ \bar{y}_{n-1} \text{ 或 } 2\bar{y}_{n-1} - \bar{y}_{n-2}, & \Delta y_n = \left| y_n - \bar{y}_{n-1} \right| > a \end{cases} \tag{8.63}$$

式中　　a—— 相邻两个采样值的最大允许增量,其数值可根据 y 的最大变化速率 $V_{\max}$ 及采样周期 T 确定,即 $a = V_{\max} \times T$。

实现本算法的关键是设定相邻两次采样值的最大允许增量 a。要求准确估计被测量最大变化速率 $V_{\max}$ 及采样周期 T。

② 中值滤波法。

中值滤波法运算简单,在滤除脉冲噪声的同时可以保护信号的细节信息,是一种典型的非线性滤波器。运算过程:对某一被测参数连续采样 n 次(一般 n 应为奇数),然后将这些采样值进行排序,选取中间值为本次采样值。

设滤波器窗口的宽度为 $n = 2k + 1$,离散时间信号 $X(i)$ 的长度为 $N(i = 1, 2, \cdots, N;$ $N \gg n)$,则当窗口在信号序列上滑动时,一维中值滤波器的输出为

$$[X(i)]^{\text{med}} = X(k) \tag{8.64}$$

用于表示在窗口 $2k + 1$ 内,排序为 k 的值(即排序后的中间值)。对温度、液位等缓慢变化的被测参数,采用中值滤波法能获得良好的滤波效果。

③ 基于拉依达准则的奇异数据滤波法(剔除粗大误差)。

基于拉依达准则的奇异数据滤波法的应用场合与程序判别法类似,可更准确地剔除严重失真的奇异数据。

拉依达准则:当测量次数 N 足够多,且测量信号服从正态分布时,在测量值中若某次测量值 X 对应的剩余误差 $V_i > 3\sigma$,则认为该 X_i 为坏值,予以剔除。

拉依达准则法实施步骤:

a.求 N 次测量值 X_1 至 X_N 的算术平均值。

$$\bar{X} = \frac{1}{N} \sum_{i=1}^{N} X_i \tag{8.65}$$

b.求各项的剩余误差 V_i。

$$V_i = X_i - \bar{X} \tag{8.66}$$

c.计算标准偏差 σ。

$$\sigma = \sqrt{\left(\sum_{i=1}^{N} V_i^2\right) / (N - 1)} \tag{8.67}$$

d.判断并剔除奇异项。

若 $V_i > 3\sigma$,则认为该 X_i 为坏值,予以剔除。

有的仪器通过选择 L_σ 中的 L 值($L = 2$、3、4、5)调整净化门限:$L \geqslant 3$,门限放宽;$L < 3$,门限紧缩。

依据拉依达准则净化数据的局限性:① 在样本值少于 10 个时,该准则不能判别任何奇异数据;②$3\sigma$ 准则建立在正态分布等精度重复测量的基础上,易造成奇异数据的干扰或噪声难以满足正态分布。

④ 基于中值数绝对偏差的决策滤波器。

基于中值数绝对偏差的决策滤波器能够判别奇异数据,并以有效性的数值来取代奇异数据。其算法为:采用一个移动窗口 $x_0(k) x_{m-1}(k)$,利用 m 个数据来确定的有效性。如果滤波器判定该数据有效,则输出;否则判定该数据为奇异数据,用中值来取代。

a.确定当前数据有效性的判别准则。

一个序列的中值对奇异数据的灵敏度远远小于序列平均值,构造一个中值为 Z 的尺度序列,设 $\{X_i(k)\}$ 中值为 Z,则每个数据点偏离中值 Z 的尺度 $\{d(k)\}$ 为

$$\{d(k)\} = \{|X_0(k) - Z|, |X_1(k) - Z|, \cdots, |X_{m-1}(k) - Z|\} \tag{8.68}$$

令 $\{d(k)\}$ 的中值为 D。统计学家 FR. Hampel 提出并证明了中值数绝对偏差 MAD $=$ $1.4826 \times D$。可以用 MAD 代替标准偏差 σ。对 3σ 法则的这一修正有时称为"Hampel 标识符"。

b.基于 $L \times$ MAD 准则的滤波算法操作步骤。

ⅰ.建立移动数据窗口(宽度为 m)。

$$\{\omega_0(k), \omega_1(k), \cdots, \omega_{m-1}(k)\} = \{X_0(k), X_1(k), \cdots, X_{m-1}(k)\} \tag{8.69}$$

ⅱ.计算出窗口序列 $d_i(k) = |\omega_i(k) - Z|$ 的中值 D(排序法)。

ⅲ.令 $Q = 1.4826 \times D = $ MAD。

ⅳ.计算 $q = |X_m(k) - Z|$。

ⅴ.如果 $q < L \times Q$,则 $y_m(k) = X_m(k)$,否则 $y_m(k) = Z$。

可以用窗口宽度 m 和门限 L 调整滤波器的特性。m 影响滤波器的总一致性,m 至少为7。L 直接决定滤波器主动进取程度,这种非线性滤波器具有比例不变性、因果性和算法快捷等特点,可以完成实时数据净化。

(2) 抑制小幅度高频噪声的平均滤波法

小幅度高频电子噪声的来源包括电子器件热噪声、A/D 量化噪声和交流电源噪声等。通常采用具有低通特性的线性滤波器抑制高频噪声信号,如算术平均滤波法、滑动平均滤波法、滑动加权平均滤波法等。本质上,这些滤波器都是基于一系列连续采样的数据,用平均值代替当前数据值。

① 算术平均滤波法。

N 个连续采样值($X_1 \sim X_N$)相加,然后取其算术平均值作为本次测量的滤波值,即

$$\bar{X} = \frac{1}{N} \sum_{i=1}^{N} X_i \tag{8.70}$$

设

$$X_i = S_i + n_i \tag{8.71}$$

式中　S_i——采样值中的有用部分;

　　　n_i——采样值中的随机误差。

$$\bar{X} = \frac{1}{N} \sum_{i=1}^{N} (S_i + n_i) = \frac{1}{N} \sum_{i=1}^{N} S_i + \frac{1}{N} \sum_{i=1}^{N} n_i \tag{8.72}$$

$$\bar{X} = \frac{1}{N} \sum_{i=1}^{N} S_i \tag{8.73}$$

滤波效果主要取决于采样次数 N,N 越大滤波效果越好,但系统的灵敏度越低。因此这种方法只适用于变化较慢的信号。

② 滑动平均滤波法。

算术平均滤波法无法用于采样速度较慢或数据更新率较高的实时系统。滑动平均滤波法把 N 个测量数据看成一个队列,每进行一次新的采样后,把测量结果放入队尾,同时去掉原来队首的一个数据,在队列中始终有 N 个"最新"数据。滑动平均滤波法有多种形式,如前向滑动平均滤波法、后向滑动平均滤波法和中位值滑动平均滤波法。

a.前向滑动平均滤波法表达式。

$$\bar{X}_n = \frac{1}{N} \sum_{i=0}^{N} X_{n-i} \tag{8.74}$$

式中　$\bar{X}_n$——第 n 次采样经滤波后的输出；

X_{n-i}——未经滤波的第 $n-i$ 次采样值；

N——滑动平均项数。

b.后向滑动平均滤波法表达式。

$$\bar{X}_n = \frac{1}{N}\sum_{i=1}^{N} X_{n+i} \tag{8.75}$$

c.中位值滑动平均滤波法表达式。

$$\bar{X}_n = \frac{1}{2N+1}\sum_{i=n-N}^{n+N} X_{n+i} \tag{8.76}$$

滑动平均滤波法平滑度高,但对偶然出现的脉冲性干扰的抑制作用差,灵敏度低。

③ 加权滑动平均滤波法。

加权滑动平均滤波法通过增加新的采样数据在滑动平均中的权重提高系统对当前采样值的灵敏度,即对不同时刻的数据加以不同的权,通常越接近现时刻的数据,权值越大。

$$\bar{X}_n = \frac{1}{N}\sum_{i=0}^{N} C_i X_{n-i} \tag{8.77}$$

$$C_0 + C_1 + \cdots + C_{N-1} = 1 \tag{8.78}$$

$$C_0 > C_1 > \cdots > C_{N-1} > 0 \tag{8.79}$$

按有限长单位冲激响应滤波(FIR 滤波)设计确定权重系数。实际应用时,通过观察不同 N 值向下滑动的平均输出响应来选取 N 值。最简单的过滤器 N 取 3,而复杂的过滤方法 N 可能取 10 以上。这些算法在电子表格类软件中很容易实现。

(3)复合滤波法

在实际测试中,往往既要消除大幅度的脉冲干扰,又要做数据平滑。因此,常把两种以上的滤波算法结合起来使用,形成复合滤波。如去极值平均滤波法、限幅平均滤波法和限幅消抖滤波法等。

去极值平均滤波法(也称中位值平均滤波法):先用中值滤波法滤除采样值中的脉冲性干扰,然后把剩余采样值平均滤波。连续采样 N 次,剔除其最大值和最小值,再求余下 $N-2$ 个采样的平均值。这种算法既能滤除明显的脉冲干扰,又能抑制随机干扰。为便于计算,N 常用的取值为 4、6、10、18。

并非所有数据采集板都有模拟过滤器。因此,在采样前采用模拟滤波器控制被采样信号的频率成分是很有必要的,如用抗混叠滤波器去掉奈奎斯特频率以上的高频成分。

2.现代数字滤波算法

现代滤波思想和常用的传统滤波思想截然不同。现代滤波器利用信号的随机特征,将信号及其噪声都看成随机信号,通过统计如自相关函数、互相关函数、自功率谱、互功率谱等特征参数,引导出信号的估计算法,识别和估计有用信号,去掉噪声信号。一旦信号被估计出,还原得到的信号质量比原信号高出许多。典型的现代数字滤波算法有 Kalman 滤波、Wenner 滤波、自适应滤波和小波变换(Wavelet)等。

数字滤波具有高精度、高可靠性、可程控改变以及便于复用和集成等优点,在复杂力学系统动态测试、语言信号处理、图像信号处理、医学生物信号处理等领域都得到了广泛应用。

8.7　噪声对频响函数估算形式的影响

在通过快速傅立叶变换及平均技术求得激励与响应的自谱和互谱后,可进一步估算被测结构的频响函数和相干函数。针对不同的噪声影响,选择适当的频响函数估算形式,可达到最佳估计。

频响函数的 3 种一般估算形式如下:

① 第一估算形式。

$$H_1(\omega) = \frac{G_{fx}(\omega)}{G_{xf}(\omega)} \tag{8.80}$$

② 第二估算形式。

$$H_2(\omega) = \frac{G_{xx}(\omega)}{G_{xf}(\omega)} \tag{8.81}$$

③ 第三估算形式。

$$|H_a(\omega)|^2 = \frac{G_{xx}(\omega)}{G_{ff}(\omega)} \tag{8.82}$$

为方便,式(8.80)～(8.82)中功率谱可理解为双边功率谱的平均值。在没有噪声污染的理想情况下,这 3 种估算形式等价。实际上,由于噪声影响,3 种估算形式有所差异。下面以只有响应信号受到噪声污染(输出端噪声影响)这一情况,讨论这 3 种估算形式与真值的差别。

8.7.1　响应信号噪声

如图 8.25 所示,如果只有响应信号 $x(t)$ 受到噪声 $n(t)$ 污染,并设噪声 $n(t)$ 与激励信号 $f(t)$ 和响应信号 $x(t)$ 无关。$f(t)$、$x(t)$ 和 $n(t)$ 的傅里叶谱分别为 $F(\omega)$、$X(\omega)$ 和 $N(\omega)$,实测受到噪声污染的响应信号 $y(t) = x(t) + n(t)$ 的傅里叶谱为

$$Y(\omega) = X(\omega) + N(\omega) \tag{8.83}$$

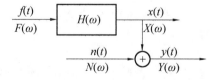

图 8.25　只有响应信号受到噪声污染

(1) 第一估算形式

$$H_1(\omega) = \frac{G_{fy}(\omega)}{G_{ff}(\omega)} = \frac{\dfrac{1}{T}E[F^*(\omega)Y(\omega)]}{G_{ff}(\omega)} =$$

$$\frac{\dfrac{1}{T}\left[F^{*}(\omega)X(\omega)\right]+\dfrac{1}{T}E\left[F^{*}(\omega)N(\omega)\right]}{G_{ff}(\omega)}=$$

$$\frac{G_{fx}(\omega)+G_{fn}(\omega)}{G_{ff}(\omega)} \tag{8.84}$$

由于噪声 $n(t)$ 与激励信号 $f(t)$ 无关,故平均次数足够多时 $G_{fn}(\omega)=0$,则

$$H_1(\omega)=\frac{G_{fx}(\omega)}{G_{ff}(\omega)}=H(\omega) \tag{8.85}$$

(2) 第二估算形式

$$H_2(\omega)=\frac{G_{yy}(\omega)}{G_{yf}(\omega)}=\frac{\dfrac{1}{T}E\left[Y^{*}(\omega)Y(\omega)\right]}{\dfrac{1}{T}E\left[Y^{*}(\omega)F(\omega)\right]}=$$

$$\frac{\dfrac{1}{T}E\left[X^{*}(\omega)X(\omega)\right]+\dfrac{1}{T}E\left[N^{*}(\omega)N(\omega)\right]+\dfrac{1}{T}E\left[X^{*}(\omega)N(\omega)\right]+\dfrac{1}{T}E\left[N^{*}(\omega)X(\omega)\right]}{G_{ff}(\omega)}=$$

$$\frac{G_{xx}(\omega)+G_{nn}(\omega)+G_{xn}(\omega)+G_{nx}(\omega)}{G_{xf}(\omega)+G_{nf}(\omega)} \tag{8.86}$$

考虑噪声 $n(t)$ 与激励信号 $f(t)$ 无关,故平均次数足够多时 $G_{xn}(\omega)=G_{nx}(\omega)=G_{nf}(\omega)=0$,则

$$H_2(\omega)=\frac{G_{xx}(\omega)+G_{nn}(\omega)}{G_{xf}(\omega)}=H(\omega)\left[1+\frac{G_{nn}(\omega)}{G_{xx}(\omega)}\right] \tag{8.87}$$

其中

$$H_2(\omega)=\frac{G_{xx}(\omega)}{G_{xf}(\omega)} \tag{8.88}$$

可见,当只有响应信号受到噪声污染时,不断增加平均次数得到的频响函数第二估算形式 $H_2(\omega)$ 是实际频响函数 $H(\omega)$ 的过估计。

(3) 第三估算形式

$$|H_a(\omega)|^2=\frac{G_{yy}(\omega)}{G_{ff}(\omega)}=\frac{G_{xx}(\omega)+G_{nn}(\omega)+G_{xn}(\omega)+G_{nx}(\omega)}{G_{ff}(\omega)} \tag{8.89}$$

当平均次数足够多时,$G_{xn}(\omega)=G_{nx}(\omega)=0$,上式(8.89)可改为

$$|H_a(\omega)|^2=\frac{G_{xx}(\omega)+G_{nn}(\omega)}{G_{ff}(\omega)}=|H(\omega)|^2\left[1+\frac{G_{nn}(\omega)}{G_{xx}(\omega)}\right] \tag{8.90}$$

可见,当只有响应信号受到噪声污染时,不断增加平均次数得到的频响函数第三估算形式 $|H_a(\omega)|$ 是实际频响函数 $H(\omega)$ 的过估计。

综上所述,当只有响应信号受到噪声污染时,频响函数的 3 种估算形式有如下关系:

$$|H_1(\omega)|=|H(\omega)|<|H_a(\omega)|<|H_2(\omega)| \tag{8.91}$$

8.7.2   激励信号噪声

如图 8.26 所示,如果只有激励信号 $f(t)$ 受到噪声 $m(t)$ 污染,并设噪声 $m(t)$ 与激励

$f(t)$ 和响应 $x(t)$ 无关。噪声 $m(t)$ 的傅里叶谱为 $M(\omega)$，实测受到噪声污染的激励信号 $r(t)=f(t)+m(t)$ 的傅里叶谱为

$$R(\omega)=F(\omega)+M(\omega) \tag{8.92}$$

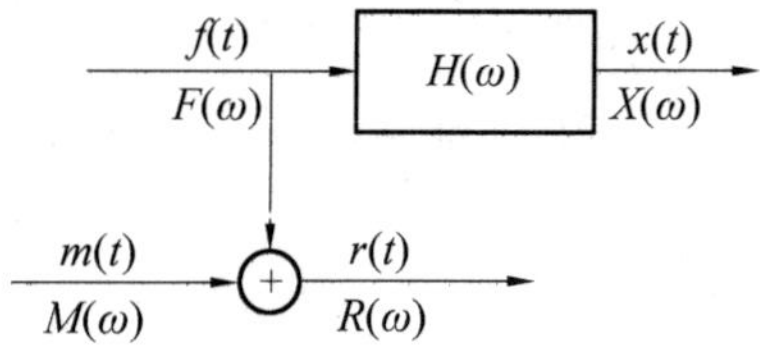

图 8.26　只有激励信号受到噪声污染

经过类似推导，可得到当只有激励信号受到噪声污染时，频响函数的 3 种估算形式。

（1）第一估算形式

$$H_1(\omega)=\frac{G_{fx}(\omega)}{G_{ff}(\omega)+G_{mm}(\omega)}=\frac{H(\omega)}{1+\dfrac{G_{mm}(\omega)}{G_{ff}(\omega)}} \tag{8.93}$$

可见，当只有激励信号受到噪声污染时，不断增加平均次数得到的频响函数第一估算形式 $H_1(\omega)$ 是实际频响函数 $H_1(\omega)$ 的欠估计。

（2）第二估算形式

$$H_2(\omega)=\frac{G_{xx}(\omega)}{G_{xf}(\omega)}=H(\omega) \tag{8.94}$$

可见，当只有激励信号受到噪声污染时，不断增加平均次数得到的频响函数第二估算形式 $H_2(\omega)$ 是实际频响函数 $H(\omega)$ 的真估计。

（3）第三估算形式

$$|H_a(\omega)|^2=\frac{G_{xx}(\omega)}{G_{ff}(\omega)+G_{mm}(\omega)}=\frac{|H(\omega)|^2}{1+\dfrac{G_{mm}(\omega)}{G_{ff}(\omega)}} \tag{8.95}$$

可见，当只有激励信号受到噪声污染时，不断增加平均次数得到的频响函数第三估算形式 $|H_a(\omega)|$ 是实际频响函数 $H(\omega)$ 的欠估计。

综上所述，当只有激励信号受到噪声污染时，频响函数的 3 种估算形式有如下关系：

$$|H_1(\omega)|<|H_a(\omega)|<|H(\omega)|=|H_2(\omega)| \tag{8.96}$$

8.7.3　激励和响应信号噪声

更普遍的情况是，实测激励信号和响应信号都受到噪声污染，如图 8.27 所示。假设各种噪声信号与激励信号和响应信号无关，运用同样方法，可以推得频响函数的 3 种估算形式。

（1）第一估算形式

$$H_1(\omega)=\frac{H(\omega)}{1+\dfrac{G_{mm}(\omega)}{G_{ff}(\omega)}} \tag{8.97}$$

可见，此时第一估算形式 $H_1(\omega)$ 是实际频响函数 $H(\omega)$ 的欠估计，且与响应信号中噪

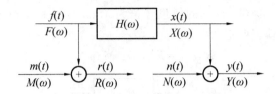

图 8.27　激励信号和响应信号都受到噪声污染

声无关。

（2）第二估算形式

$$H_2(\omega) = H(\omega)\left[1 + \frac{G_{nn}(\omega)}{G_{xx}(\omega)}\right] \tag{8.98}$$

可见，此时第二估算形式 $H_2(\omega)$ 是实际频响函数 $H(\omega)$ 的过估计，且与激励信号中噪声无关。

（3）第三估算形式

$$|H_a(\omega)|^2 = |H(\omega)|^2 \left[\frac{1 + \dfrac{G_{nn}(\omega)}{G_{xx}(\omega)}}{1 + \dfrac{G_{mm}(\omega)}{G_{ff}(\omega)}}\right] \tag{8.99}$$

可见，此时第三估算形式 $|H_a(\omega)|$ 是较 $|H_1(\omega)|$、$|H_2(\omega)|$ 更接近实际频响函数 $H(\omega)$ 的估算形式。

综上所述，在激励信号和响应信号都受到噪声污染情况下，频响函数的 3 种估算形式有如下关系：

$$|H_1(\omega)| < |H_a(\omega)| \approx |H(\omega)| = |H_2(\omega)| \tag{8.100}$$

根据上述结论，可以进一步讨论以下几点内容：

① 频响函数的第一估算形式和第二估算形式可给出实际频响函数的范围：

$$|H_1(\omega)| \leqslant |H(\omega)| \leqslant |H_2(\omega)| \tag{8.101}$$

在受噪声污染情况下，第三估计形式 $|H_a(\omega)|$ 虽与实际频响函数幅值最为接近，但它只能给出频响函数幅值的估计信息，无法得到其他信息，故应用不多。

② 式（8.101）表明：

$$0 \leqslant \frac{|H_1(\omega)|}{|H_2(\omega)|} \leqslant 1 \tag{8.102}$$

其中

$$\frac{|H_1(\omega)|}{|H_2(\omega)|} = \frac{|G_{fx}(\omega)|^2}{|G_{ff}(\omega)G_{xx}(\omega)|} = \frac{G_{fx}(\omega)G_{fx}^*(\omega)}{G_{ff}(\omega)G_{xx}(\omega)} = \frac{G_{fx}(\omega)G_{xf}(\omega)}{G_{ff}(\omega)G_{xx}(\omega)} = \frac{H_1(\omega)}{H_2(\omega)} \tag{8.103}$$

称为相干函数，记为

$$\gamma^2(\omega) = \frac{|G_{fx}(\omega)|^2}{G_{ff}(\omega)G_{xx}(\omega)} = \frac{H_1(\omega)}{H_2(\omega)} \tag{8.104}$$

显然

$$0 \leqslant \gamma^2(\omega) \leqslant 1 \tag{8.105}$$

如果测试信号不受噪声污染，$H_1(\omega) = H_2(\omega)$，$\gamma^2(\omega) = 1$；如果测试信号完全被噪声淹没，$\dfrac{H_1(\omega)}{H_2(\omega)} \to 0$，$\gamma^2(\omega) = 0$。所以相干函数反映了测试信号受噪声污染的情况，相干函数值越大，说明噪声污染越小。

③ 相干函数更重要的意义在于，它反映了激励信号和响应信号的相干关系。如果 $\gamma^2(\omega) = 1$，说明响应信号完全对应激励信号而产生；如果 $\gamma^2(\omega) = 0$，说明实测响应信号与实测激励信号完全无关。事实上，相干函数可以表示任意两个信号的相关程度。相干关系的好坏程度除了与噪声有关外，还与信号本身的强弱和信噪比有关。当使用随机激励时，即使噪声水平一定，在共振区和反共振区信号的强弱相差悬殊，因而导致相干函数的值也相差很多。在共振区，激励信号弱，响应信号强，相当于只有激励信号受到噪声污染的情形，$H_1(\omega)$ 偏小，$H_2(\omega)$ 较接近 $H(\omega)$，导致相干函数较小。在反共振区，激励信号强，响应信号弱，相当于只有响应信号受到噪声污染的情形，$H_1(\omega)$ 接近 $H(\omega)$，但 $H_2(\omega)$ 偏大，也导致相干函数小。因此，在共振区和反共振区，即使噪声水平较低，也会导致相干函数下降较多，如图 8.28 所示。

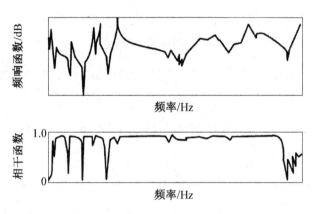

图 8.28　随机激励时共振区和反共振区信号相干性较差

④ 大部分信号分析系统只给出一种频响函数的估计形式。因此，在测量频响函数时，需要同时测得相干函数。一般认为，在非共振区或非反共振区，若 $\gamma^2(\omega) \geqslant 0.8$，表明频响函数质量可靠。前述抑制噪声的各种方法都会提高频响函数的测试质量，提高相干函数值。

⑤ 本节所述是针对单点激励方式讨论的。对多点输入多点输出方式，可用类似方法讨论噪声的影响。同时，尚须引入反映两点激励相干性的偏相干函数、反映一点响应与所有输入信号之间相干性的重相干函数，而反映某点激励与某点响应相干性的相干函数称为常相干函数。

8.7.4　频响函数的无偏估计

近年来，人们不断探索一些频响函数的无偏估计。其主要思想是，摒弃原来只由激励信号和响应信号二阶功率谱求频响函数的方法，改用其他辅助信号求新形式的功率谱，从而得到频响函数的无偏估计。如 H_c 估计和三通道法利用了激励原信号或第三点响应信号；H_c

估计和 H_b 估计则利用了激励、响应信号的三阶谱。其中 H_c 估计方法更为简单,下面予以介绍。

设激励信号和响应信号都受到噪声污染,如图 8.27 所示。对单点激励情形有

$$X(\omega) = H(\omega) F(\omega) \tag{8.106}$$

即

$$Y(\omega) - N(\omega) = H(\omega) [R(\omega) - M(\omega)] \tag{8.107}$$

式中　$X(\omega)$、$F(\omega)$、$Y(\omega)$、$N(\omega)$、$R(\omega)$、$M(\omega)$ —— 相应时域信号的有限傅里叶谱。

仍设噪声与真实激励和响应无关,则 $G_{ry}(\omega) = G_{fx}(\omega)$,且与噪声无关。以 $G_{ry}^*(\omega)$ 乘以式(8.107),并取数学期望,得

$$G_{ry,y}(\omega) - G_{ry,n}(\omega) = H(\omega) [G_{ry,r}(\omega) - G_{ry,m}(\omega)] \tag{8.108}$$

而

$$G_{ry,r}(\omega) = G_{ry,m}(\omega) = 0 \tag{8.109}$$

则

$$G_{ry,y}(\omega) = H(\omega) G_{ry,r}(\omega) \tag{8.110}$$

定义

$$H_c(\omega) = \frac{G_{ry,y}(\omega)}{G_{ry,r}(\omega)} \tag{8.111}$$

为频响函数的 $H_c(\omega)$ 估计。当平均次数足够多时,$H_c(\omega)$ 趋于频响函数真值 $H(\omega)$。

其中

$$\begin{cases} G_{ry,y}(\omega) = \dfrac{1}{T} E [G_{ry}^*(\omega) Y(\omega)] \\[2mm] G_{ry,r}(\omega) = \dfrac{1}{T} E [G_{ry}^*(\omega) R(\omega)] \end{cases} \tag{8.112}$$

参 考 文 献

[1] 马永欣,郑山锁. 结构试验[M]. 北京:科学出版社,2001.

[2] 傅军. 建筑结构试验基础[M]. 北京:机械工业出版社,2011.

[3] 易伟健,张望喜. 建筑结构试验[M]. 北京:中国建筑工业出版社,2020.

[4] 刘杰,闫西康. 建筑结构试验[M]. 北京:机械工业出版社,2012.

[5] 王燕华. 地震模拟振动台试验及案例[M]. 南京:东南大学出版社,2018.

[6] 李平,刘应慈,周楷,等. 振动台模型试验相似设计综述[J]. 防灾科技学院学报,2020,
22(4):29-35.

[7] 张力,林建龙,项辉宇. 模态分析与试验[M]. 北京:清华大学出版社,2011.

[8] 孙裕晶,王超飞. 农业工程测试系统设计与技术[M]. 北京:电子工业出版社,2016.

[9] 俞一彪. 数字信号处理理论与应用[M]. 南京:东南大学出版社,2017.

[10] 邱法维,钱稼茹,陈志鹏. 结构抗震实验方法[M]. 北京:科学出版社,2000.

[11] 中华人民共和国住房和城乡建设部. 建筑抗震试验规程:JGJ/T 101—2015 [S]. 北京:
中国建筑工业出版社,2015.

[12] 王贞,王照然,吴斌. 采用位移外环控制的拟动力试验方法及验证[J]. 地震工程与工程
振动,2016,36(2):9-15.

[13] CHEN C, RICLES J M, MARULLO T M, et al. Real-time hybrid testing using the
unconditionally stable explicit CR integration algorithm[J]. Earthquake engineering
and structural dynamics,2009,38(1):23-44.

[14] NAKASHIMA M, KATO H, TAKAOKA E. Development of real-time
pseudodynamic testing[J]. Earthquake engineering and structural dynamics,1992,
21(1):79-92.

[15] 姚振纲. 建筑结构试验[M]. 上海:同济大学出版社,2002.

[16] 王娴明. 建筑结构试验[M]. 北京:清华大学出版社,1987.

[17] 中国工程建设标准化协会. 超声法检测混凝土缺陷技术规程:CECS 21:2000 [S].北
京:中国建筑工业出版社,2001.

[18] 中国工程建设标准化协会. 超声回弹综合法检测混凝土强度技术规程:T/CECS 02:
2020 [S]. 北京:中国计划出版社,2020.

[19] 中华人民共和国住房和城乡建设部. 回弹法检测混凝土抗压强度技术规程:JGJ/T
23—2011 [S]. 北京:中国建筑工业出版社,2011.

[20] 中华人民共和国住房和城乡建设部. 回弹仪:GB/T 9138—2015 [S]. 北京:中国标准出
版社,2015.

[21] 中华人民共和国住房和城乡建设部. 钻芯法检测混凝土强度技术规程:JGJ/T
384—2016 [S]. 北京:中国建筑工业出版社,2016.

［22］中华人民共和国住房和城乡建设部,国家市场监督管理总局. 建筑结构检测技术标准：GB/T 50344—2019［S］. 北京：中国建筑工业出版社,2019.

［23］中华人民共和国住房和城乡建设部,中华人民共和国国家质量监督检验检疫总局. 建筑工程施工质量验收统一标准：GB 50300—2013［S］. 北京：中国建筑工业出版社出版,2013.

［24］中国工程建设标准化协会. 拔出法检测混凝土强度技术规程：CECS 69:2011［S］. 北京：中国计划出版社,2011.

［25］中华人民共和国住房和城乡建设部,中华人民共和国国家质量监督检验检疫总局. 砌体工程现场检测技术标准：GB/T 50315—2011［S］. 北京：中国建筑工业出版社,2011.

［26］中华人民共和国住房和城乡建设部,中华人民共和国国家质量监督检验检疫总局.混凝土结构试验方法标准：GB/T 50152—2012［S］.北京：中国建筑工业出版社,2012.

［27］中华人民共和国住房和城乡建设部,中华人民共和国国家质量监督检验检疫总局. 砌体基本力学性能试验方法标准：GB/T 50129—2011［S］. 北京：北京中国建筑工业出版社,2011.

［28］中华人民共和国住房和城乡建设部,国家市场监督管理总局. 混凝土物理力学性能试验方法标准：GB/T 50081—2019［S］. 北京：中国建筑工业出版社,2019.

［29］王笑天. 回弹法和钻芯法在混凝土强度检测中的应用［J］. 四川建材,2019,45(5)：32-33.

［30］全国统计方法应用标准化技术委员会. 数值修约规则与极限数值的表示和判定：GB/T 8170—2008［S］. 北京：中国标准出版社,2008.

［31］吴晓枫. 建筑结构试验与检测［M］. 北京：化学工业出版社,2011.

［32］于俊英. 建筑结构试验［M］. 天津：天津大学出版社,2003.

［33］张力,林建龙,项辉宇. 模态分析与试验［M］. 北京：清华大学出版社,2011.

［34］孙裕晶,王超飞. 农业工程测试系统设计与技术［M］. 北京：电子工业出版社,2016.

［35］俞一彪. 数字信号处理理论与应用［M］. 南京：东南大学出版社,2017.

［36］中华人民共和国住房和城乡建设部,中华人民共和国国家质量监督检验检疫总局. 混凝土结构设计规范(2015 年版)：GB 50010—2010［S］. 北京：中国建筑工业出版社,2015.

［37］中华人民共和国住房和城乡建设部,中华人民共和国国家质量监督检验检疫总局. 砌体结构设计规范：GB 50003—2011［S］. 北京：中国建筑工业出版社,2011.

［38］中华人民共和国住房和城乡建设部,中华人民共和国国家质量监督检验检疫总局. 钢结构设计标准：GB 50017—2017［S］. 北京：中国建筑工业出版社,2017.